农村供水工程规划设计指南

主　编　杨继富

副主编　胡亚琼　李　斌　赵　翠

中国水利水电出版社
www.waterpub.com.cn
·北京·

内 容 提 要

2005年以来全国开展了大规模农村饮水安全工程建设，农村供水工程规划设计任务十分巨大。本指南由绪论、区域农村供水工程规划篇和农村供水工程规划设计篇组成，集中介绍了县级农村供水工程规划和集中供水工程规划设计的主要内容和方法，内容系统、规范、科学、实用、突出重点，囊括了农村供水领域最新研究成果及新技术、新工艺、新思路、新方法。

本指南适用于从事农村供水工程规划设计的技术人员、审查人员、施工人员及农村水厂管理人员，也可为大专院校相关专业师生参考。

图书在版编目（CIP）数据

农村供水工程规划设计指南 / 杨继富主编. -- 北京：中国水利水电出版社，2019.12
ISBN 978-7-5170-8326-9

Ⅰ. ①农… Ⅱ. ①杨… Ⅲ. ①农村给水－给水工程－水利规划－设计－指南 Ⅳ. ①S277.7-62

中国版本图书馆CIP数据核字(2019)第299751号

书 名	农村供水工程规划设计指南 NONGCUN GONGSHUI GONGCHENG GUIHUA SHEJI ZHINAN
作 者	主 编 杨继富 副主编 胡亚琼 李 斌 赵 翠
出版发行	中国水利水电出版社 （北京市海淀区玉渊潭南路1号D座 100038） 网址：www.waterpub.com.cn E-mail：sales@waterpub.com.cn 电话：(010) 68367658（营销中心）
经 售	北京科水图书销售中心（零售） 电话：(010) 88383994、63202643、68545874 全国各地新华书店和相关出版物销售网点
排 版	中国水利水电出版社微机排版中心
印 刷	清淞永业（天津）印刷有限公司
规 格	184mm×260mm 16开本 14.5印张 353千字
版 次	2019年12月第1版 2019年12月第1次印刷
印 数	0001—2000册
定 价	**68.00**元

《农村供水工程规划设计指南》编著人员

主　　　编： 杨继富

副　主　编： 胡亚琼　李　斌　赵　翠

参加编著人员： 崔招女　刘学功　林　文　杨玉思　李晓琴
雷忠仁　沈　军　杨利伟　金　丽　刘行刚
吕育锋　郝桂玲　孙　毅　解中辉　邹添丞
刘克俭　赵　微　纪雪梅　杨　斌　景兆瑞
马俊芳　张艳华　黄　宁　郑　强　李佳宁

主要编著单位： 中国水利水电科学研究院

参加编著单位： 白银市水电勘测设计院
长安大学
山东省水利科学研究院
北京环渤利水科技有限公司

主要编著人员简介：

杨继富：中国水利水电科学研究院水利研究所
博士，教授级高级工程师、博士生导师

胡亚琼：中国水利水电科学研究院水利研究所
教授级高级工程师

李　斌：中国水利水电科学研究院水利研究所
博士，高级工程师

赵　翠：中国水利水电科学研究院水利研究所
博士，高级工程师

前言

水是生命之源，获得安全卫生的饮用水是人类生存的基本需要。农村供水系指向县城以外广大的乡镇、村供水，以满足居民生活及企事业单位日常用水需要。发展农村供水、保障饮水安全是农村居民生活生产不可或缺的基础设施和条件，是全面建成小康社会、实现乡村振兴战略的必然要求，对减少介水疾病、提高卫生健康水平、解放劳动力、促进农村社会经济发展具有重大意义和作用。

中华人民共和国成立以来，党和国家高度重视农村供水事业。1974—2004 年，全国解决了 2.8 亿多农村人口饮水困难问题；2005—2015 年，全国实施了大规模农村饮水安全工程建设，总投资 2800 多亿元，新建集中供水工程 50 多万处，解决了 5.2 亿农村居民饮水安全问题，集中供水率由 2004 年的 40%提高到 2015 年的 80%以上，大幅改善了农村供水状况；2016 年开始全国农村供水进入饮水安全巩固提升新阶段，计划到 2020 年全国农村集中供水率达到 85%以上，自来水普及率达到 80%以上，水质达标率显著提升，总体满足全面建成农村小康社会要求。从 2021 年开始全国进入建设社会主义现代化强国的新征程，对农村供水提出了新的更高要求。2019 年 6 月国务院常务会议明确要求研究提升农村饮水安全标准，编制下一步农村供水规划。

农村供水工程类型主要有城镇供水管网延伸工程、跨乡镇/联村供水工程和单村供水工程，一般供水规模 5000m^3/d 以下。农村供水工程一般由取水工程、输水工程、净水工程、配水工程及调节构筑物组成。工程规划设计事关工程建设的成败，对工程可持续运行具有基础性作用。由于以往全国农村供水以饮水解困、解决饮水不安全问题为重点，多数地区缺乏县级城乡供水统筹规划与合理布局，已有和新建小型单村供水工程多，制约和影响了农村供水可持续发展。由于许多供水工程规划设计简单，存在水源及工艺选择不合理、设计供水规模偏大等问题，难于升级改造、水质提升与可持续运行。

为适应建设社会主义现代化强国、乡村振兴和城镇化对农村供水的新要求，需要按照城乡供水一体化、工程建设规模化、管理专业化与信息化的发展趋势和方向，扎实做好县级农村供水工程统筹规划、合理布局；工程规划设计力求思路正确、布局合理、工艺技术先进、运行管理高效，全面提升农村供水工程规划设计水平。

《农村供水工程规划设计指南》（以下简称《指南》）编制任务来源于中国水利水电科学研究院牵头完成的“十一五”国家科技计划重点项目“农村安全供水集成技术研究与示范”（编号：2006BAD01B00），2010年基本形成，经过“十二五”和“十三五”期间部分农村供水工程规划设计应用验证与修改完善。本《指南》由绪论、区域农村供水工程规划篇和农村供水工程规划设计篇三部分组成，集中介绍了县级农村供水工程规划和集中供水工程规划设计的主要内容和方法，吸取了城市供水及2005年以来农村供水工程规划设计经验，囊括了全国农村供水领域最新研究成果及新技术、新工艺、新思路、新方法。绪论及各篇章内容力求系统、规范、科学、实用、突出重点。绪论由指南编写背景和目的、规划设计依据和标准、规划设计前期调查组成；第一篇区域农村供水工程规划由十章组成，包括概述，区域供水现状与发展需求，规划原则与目标任务，区域水资源条件与水源选择，工程规划与总体布局，典型工程设计，投资估算与资金筹措，工程建设与管理，经济分析与环境影响评价，保障措施；第二篇农村供水工程规划设计由二十章组成，包括概述，设计供水规模确定，水源选择与保护，供水系统与供水方式，取水构筑物，常规净水工艺与构筑物，劣质水与微污染水处理工艺，水厂总体设计，输配水管网设计，泵站，建筑与结构设计，供电与自动监控系统，主要工程量及设备材料，工程用地与定员编制，环境保护与水土保持，防火、节能与安全生产，投资估算与工程概算，经济分析与评价，施工组织设计，工程建设管理与保障措施。

本《指南》由中国水利水电科学研究院主编，长安大学、白银市水电勘测设计院、山东省水利科学研究院、北京环渤利水科技有限公司等单位参编；我国农村供水行业知名专家崔招女教授和刘学功教授作为编写组主要成员全程参加并指导编著工作，中青年骨干充分发挥作用，使《指南》具有承前启后的意义。该《指南》主要适用于县级农村供水工程规划和农村集中供水工程规划设计，可与2012年中国水利水电出版社出版的《农村供水工程设计图集》配套使用。

在《指南》编写与应用验证过程中，得到有关部门和单位的大力支持和帮助，参考了国内外相关文献资料，在此深表谢意！

由于《指南》编著技术性强，标准要求高，受到编著人员水平局限，难免存在不妥之处，敬请读者不吝赐教，批评指正！

主编

2019年10月于北京

目录

第二篇　农村供水工程规划设计

一、指南编写背景和目的

（一）指南编写背景

水是生命之源，获得安全卫生的饮用水是人类生存的基本需要。农村供水系指向广大的村庄、乡镇所在地供水，以满足农村居民和企事业单位日常用水需要。农村饮水安全是指农村居民能够及时、方便地获得足量、水质安全的生活饮用水。发展农村供水、保障饮水安全是改善农村居民生活生产条件的重要措施，是贯彻落实“以人为本”“构建和谐社会”的必然要求，是实施乡村振兴战略、全面建成小康社会的重要任务，对减少介水疾病危害、提高卫生健康水平、解放农村劳动力、促进农村社会经济发展具有重大的意义和作用。在农村解决温饱问题后，广大农村居民对发展农村供水、实现饮水安全的要求更加迫切。

中华人民共和国成立以来，党和国家高度重视农村供水事业。从 1974 年到 2004 年，国家通过以工代赈、专项贷款、世行贷款、国债资金，以及地方配套资金、农民自筹等方式，解决了 2.8 亿多农村人口的饮水困难问题，基本完成了全国农村饮水解困任务，结束了长期以来农村饮水困难的历史。但由于工程建设标准低，主要解决“没水吃”问题，很少采取水处理措施，供水工程的安全性与持续性比较差。

为摸清全国农村饮水安全现状，2005 年水利部、国家发改委和卫生部联合组织实施了《全国农村饮水安全现状调查评估》。根据调查评估结果，到 2004 年底，全国农村集中供水人口 3.62 亿人，占农村总人口的 38%，其中绝大多数为规模较小的单村供水工程，普遍缺少水处理措施；分散供水人口 5.81 亿人，占农村总人口的 62%，其中采用手压井等方式提取浅层地下水的占 67%，从河、溪、坑塘、山泉等直接取水的占 30%，多数为农户自建、自管、自用，普遍缺少水处理与水质检验措施。到 2004 年底，全国农村饮水不安全人口为 3.23 亿人，占农村总人口的 34%，其中水质不安全人口为 2.27 亿人，占饮水不安全人口的 70%；水量不足、保证率低和取水不便人口为 9558 万人，占饮水不安全人口的 30%。水质不安全是当时农村饮水安全的首要问题。这种现状严重制约了农村社会经济发展和农民生活质量的提高，不能满足小康社会和新农村建设的要求。

为加快解决农村饮水安全问题，2005 年国务院审议通过了国家发改委、水利部和卫生部编制的《2005—2006 年农村饮水安全应急工程规划》，标志着全国农村供水事业由饮水解困转入饮水安全阶段。2006 年，农村饮水安全列入《国民经济和社会发展第十一个五年规划纲要》中的新农村建设重点工程，同年国务院审议通过了《全国农村饮水安全工程“十一五”规划》。2006—2010年期间，全国总投资1053亿元，新建集中供水工程22.1万处，新建分散供水工程66.21万处，解决了2.12亿农村居民的饮水安全问题，集中供水人口比例由2005年底的40%提高到2010年底的58%。为全面解决农村饮水安全问题，2012年国务院批复实施了《全国农村饮水安全工程“十二五”规划》。2011—2015年期间，全国总投资1768亿元，新建集中供水工程28万处，解决了3.04亿农村居民的饮水安全问题，集中供水人口比例由2010年底的58%提高到2015年底的80%以上。

总之，2005—2015年期间全国开展了大规模的农村饮水安全工程建设，大幅改善了农村供水状况。但由于工程建设标准低、规模小、供水保证率低、可持续性差等问题，巩固饮水安全成果，实现可持续安全供水的任务还十分艰巨。一是多数供水工程规模小，可持续性差，全国100万处集中供水工程，其中90%以上为小型供水工程，供水人口占60%以上，平均每处受益人口750人。二是水源可靠性差，水源保护薄弱，大多数工程没有划定水源保护区或保护范围，更缺少污染防控措施。三是净水消毒设施不完备、使用不规范，水质合格率比较低。四是部分工程设施和管网老化失修，特别是2004年以前建设的集中供水工程，取水、净水设施和管网老化严重，供水可靠性差，漏损率高。五是农村供水法律法规体系和管理体制机制不健全，全国及大部分地方尚未出台农村供水管理条例或管理办法，存在工程产权不清、管护责任不明、水价政策不落实等问题，直接影响供水工程可持续运行。

从2016年开始全国农村供水进入饮水安全巩固提升阶段，不再以解决多少饮水不安全人口为目标开展工程建设，而是瞄准小康社会目标需求，针对薄弱环节和重点问题，进行巩固提升工程，加强管理。要按照“规模化发展、标准化建设、专业化管理、准市场运营”的原则，以县为单位做好农村供水统筹规划，合理布局，通过新建扩建、配套、改造、联网并网等工程措施，以及建立健全长效运行机制，促进农村供水发展方式实现“三个转变”。一是由基本满足农村饮水需要向全面提供安全供水转变；二是由粗放管理向“从源头到龙头”的专业化管理转变；三是由工程建设主要依靠财政投入向政府引导、广泛吸引社会资金等多形式、多渠道转变。到2020年，全国农村集中供水率达到85%以上，自来水普及率达到80%以上；水质合格率有较大提升，集中供水工程达到县城水平；供水保证率达到95%以上，严重缺水地区达到90%以上，全面提高农村饮水安全保障水平。

根据2019年6月国务院常务会议要求，“十四五”将编制全国农村供水发展规划，进一步提升农村供水标准，全国进入农村安全供水新阶段。

（二）指南编写目的

工程规划设计事关工程建设的成败与运行效益，对工程建设与管理具有基础性和决定性的作用。由于全国农村饮水安全工程建设以解决饮水不全安全人口为重点，大多数地区缺乏县级农村供水工程统筹规划与合理布局，制约和影响了农村供水可持续发展；由于以往水利行业规划设计人员相对不足，对技术及标准规范理解和把握不准，农村供水工程规划设计工作滞后，规划设计内容存在老化现象，许多集中供水工程设计规模偏大，造成“大马拉小车”、设施闲置和资金浪费，加大了工程运行费用。

为适应全国农村饮水安全巩固提升和“十四五”农村供水发展需要，特别是全面建成小康社会和国家实施乡村振兴战略对农村供水安全的新要求，需要汲取以往农村供水工程规划设计经验和成果，编制适合我国国情、城乡统筹的农村供水工程规划设计指南，力求规划设计思路明确，技术先进、适用，规划设计规模合理，资源优化配置，运行管理方便、高效，环境良好，推动和促进全国农村供水工程规划设计水平的提升。

二、农村供水工程组成及特点

农村供水工程包括集中供水工程和分散供水工程。集中供水工程是当前和今后农村供水工程的主要形式，一般由取水工程、输水工程、净水工程、配水工程及调节构筑物组成。农村集中供水工程类型主要有城镇供水管网延伸工程、跨乡村供水工程和单村供水工程，供水规模一般在5000t/d以下。分散供水工程一般由水源、配水、净水及储水设施组成，主要用于不能实行集中供水的单户或联户供水，以满足分散居住农户饮用水需求。

与城市供水相比，农村供水工程有其自身特点。一是供水工程量大、面广，工程规模小、形式多种多样，需要简单实用、价格适中的技术和设备；二是农村水源条件千差万别，包括雨水、泉水、劣质水、污染水等，部分农村受自然地理条件与经济条件的制约，没有良好的水源可供选择，只能采取必要的水处理措施；三是广大的山丘区农村，由于地形条件复杂，工程建设与管理的难度较大；四是农村经济水平比较低、居民经济承受能力低，技术力量薄弱，需要操作简单、运行可靠，建设和运行成本比较低的技术和设备。因此，在工程规划设计上，要充分考虑农村供水工程的特点和实际，不能照搬城市供水工程规划设计模式和标准。

三、指南特点与适用范围

（一）指南特点

紧密结合农村供水工程特点和实际，着力满足全面建成小康社会和乡村振兴对农村供水安全的要求。内容力求系统、规范、科学、实用、重点突出，集中展现适合农村供水工程特点的新技术、新工艺。如区域工程规划和单个工程规划的新思想、劣质水与污染水处理新工艺、一体化净水构筑物、农村供水特有净水技术、管网优化设计与长距离安全输水技术、节能节水技术、水厂自动监控技术等。

（二）指南适用范围

区域供水工程规划，主要适用于县级农村供水工程规划编制，同时可为省级和地（市）农村供水工程规划编制提供参考。

供水工程设计，主要适用于县城以下农村供水工程的初步设计，包括供水工程改造与管网延伸、跨乡村集中供水工程、单村供水工程。

四、规划设计依据和标准

（一）规划设计依据

1. 法律法规

（1）有关法律：《中华人民共和国水法》《中华人民共和国水污染防治法》。

（2）有关法规：《中华人民共和国城市供水条例》等。

2. 技术标准

（1）设计类标准：《室外给水设计标准》(GB 50013—2018)、《村镇供水工程技术规范》(SL 310—2019)、《农村饮水安全工程实施方案编制规程》(SL 559—2011)、《镇（乡）村给水工程技术规程》(CJJ 123—2008）等。

（2）水源类标准：《地表水环境质量标准》(GB 3838—2002)、《地下水质量标准》(GB/T 14848—2017)、《生活饮用水水源水质标准》(CJ 3020）等。

（3）供水水质与检测类标准：《生活饮用水卫生标准》(GB 5749—2006)、《农村生活饮用水量卫生标准》(GB 11730)、《生活饮用水标准检验方法》(GB 5750）等。

（4）管理类标准：《村镇供水单位资质标准》(SL 308—2004)。

3. 政策与规划

（1）有关政策：国家发展和改革委员会、水利部等五部委关于印发《农村饮水安全工程建设管理办法》的通知（发改农经〔2013〕2673 号)、水利部、卫生部关于印发《农村饮用水安全卫生评价指标体系》的通知（水农〔2004〕5473 号)、水利部关于进一步农村饮水安全工程建设和运行管理工作的通知（水农〔2011〕197 号）等。

（2）有关规划：国家发展和改革委员会、水利部等六部委关于做好“十三五”期间农村饮水安全巩固提升及规划编制工作的通知（发改农经〔2016〕112 号）等。

（二）规划设计标准

1. 规划设计年限

现状基准年：为规划编制参照年，规划中各项数据的增加或减少均以此年为基准进行对比。现状基准年一般为规划期起始年的前一年，如“十四五”规划的基准年为 2020 年。受条件限制无法得到前一年数据资料时，可再往前推一年。

规划水平年：为规划目标年，是规划目标任务的完成年，根据规划的目的和需求确定。如“十四五”农村供水工程规划的水平年为 2025 年。

2. 供水标准

（1）供水水质：符合国家《生活饮用水卫生标准》(GB 5749—2006）的要求。

（2）供水量：按照《村镇供水工程技术规范》(SL 310—2019）确定，满足不同地区、不同用水条件的要求。以居民生活用水为主，统筹考虑饲养畜禽和第二、三产业等用水需求，注意避免设计供水规模过大问题。应急供水和分质供水时，饮用水定额可按 5.0～7.5L/(人·d）确定。

（3）供水水压：满足《村镇供水工程技术规范》(SL 310—2019）的要求。

（4）用水方便程度：做到供水到户，日供水 8h 以上。

（5）水源保证率：一般地区不低于 95%，严重缺水地区不低于 90%。

（6）供水工程各种构筑物和输配水管网材料设备及工程建设质量应符合相关技术标准要求。

3. 防洪与抗震能力

（1）防洪标准，应符合《防洪标准》(GB 50201）及《水利水电工程等级划分及洪水标准》(SL 252）的有关规定。Ⅰ～Ⅲ型供水工程的主要建（构）筑物，应按 20～30 年一遇洪水进行设计、50～100 年一遇洪水进行校核；Ⅳ、Ⅴ型供水工程的主要建（构）筑物，应按 10～20 年一遇洪水进行设计、30～50 年一遇洪水进行校核。

（2）抗震设计，应符合《建筑工程抗震设防分类标准》(GB 50223)、《建筑抗震设计规范》(GB 50011) 和《构筑物抗震设计规范》(GB 50191) 的有关规定。Ⅰ～Ⅲ型供水工程的主要建（构）筑物，应按本地区抗震设防烈度提高 1 度采取抗震措施；Ⅳ、Ⅴ型供水工程的主要建（构）筑物，可按本地区抗震设防烈度采取抗震措施。

五、规划设计前期调查

（一）前期调查技术要点

前期调查是做好农村供水工程规划设计的基础和前提。内容包括资料收集、资料分析和现场调查。前期调查要根据区域供水规划和工程规划设计的实际需要，有计划地进行，做到目的明确、全面系统、深入细致、重点突出，为规划设计提供可靠依据和参考。

资料收集的目的是了解和掌握与规划设计有关的情况和问题，要全面、系统、有的放矢的收集和利用资料，避免与规划设计编制“两张皮”。然后是资料分析，通过全面分析和梳理，弄清现状，找准问题，掌握未来发展趋势。在此基础上，对于缺乏的资料和最新情况，如农村供水与用水现状和问题、水源条件、水质净化工艺、已有供水工程建设与管理情况等进行现场调查，掌握第一手资料。

（二）区域规划前期调查

1. 基本情况

（1）社会经济状况及发展趋势，包括人口分布、城镇化及未来 10～15 年发展趋势、经济发展水平（如财政能力、人均收入等），为分析确定供水发展需求提供依据。

（2）自然条件和主要特征，包括气候（干旱、寒冷、湿润等）、水文气象、地形地质条件，为因地制宜编制规划提供依据。

（3）水资源条件和生态环境状况，包括水源状况、周边环境条件，洪水、地震、旱灾、冰雪灾害及水污染状况，为水源规划、保护与净水工艺选择提供参考。

2. 基础资料

（1）供水现状和问题，包括城乡供水工程分布、供水能力、水源及其运行管理状况、存在主要问题。

（2）水源条件，包括水资源论证报告，水文、水文地质资料，水质检验报告。如新建地表水源工程，还应包括取水许可、用地许可、地形图、工程地质勘察报告、配套资金落实计划、工程建设环境影响报告；如要开采地下水，还应包括可开采量、水质状况、可否作为地下水源；如果区域水源条件不足，还需要跨区域调水的有关水源及其可行性资料。

（3）工程建设技术及材料设备资料，能否满足工程建设需要。

（4）区域内外典型供水工程运行管理状况和经验。

（5）与水有关地方病及其水源情况。

3. 相关规划

（1）上级规划，如省、地（市）水资源综合规划、防洪及水功能区划、城乡供水发展规划。

（2）本地规划，如国民经济与社会发展规划、工业和城镇化发展规划、村镇（新农村）发展规划、土地利用规划、移民搬迁规划；水利发展规划、水资源综合规划、城乡供水规划、防洪及水功能区划、环境保护规划。

4. 有关标准与法规

有关水源、水质、规划设计、工程建设与管理等方面的技术标准；《中华人民共和国水法》《中华人民共和国水污染防治法》《中华人民共和国水土保持法》等。

（三）工程设计前期调查

除上述规划前期调查内容外，还需要以下方面的资料收集与现场调查：

（1）确定供水范围和供水量的资料。

（2）为确定供水设施位置及构造所需的自然、社会条件调查。

（3）已有类似或同规模供水工程的设计、技术、投资及其运行管理情况调查。

（4）可利用的水源及其水量、水质情况调查。

（5）拟更新改造供水工程的调查评价。

（6）公害防止及环境影响评价。

（7）工程设计标准。

第一篇

区域农村供水工程规划

第一章

概述

第一节　区域规划定位和特点

我国区域农村供水工程规划分为省级、地（市）级和县级规划。省级和地（市）级规划与全国规划的性质基本一致，是宏观、综合性规划，对工程建设具有指导意义和作用。由于涉及人口多、范围广，水源条件千差万别，工程类型多，水质问题及成因十分复杂，难以进行工程规划与布局，有时只能把各地工程建设和供水发展中的共性问题高度凝练概括，把众多小工程建设内容当作一个大项目、大工程处理，从宏观层面进行总体布局，提出措施方案。县级农村供水工程规划与省级、地（市）级规划的功能和特点有很大区别，是上级规划的原则、目标任务与本地经济社会发展、农村供水发展需求相结合的产物，可具体进行工程规划与布局，把工程建设的任务目标分解到到乡镇、村，落实到每个供水工程。因而县级供水规划是实施性的规划，对工程建设具有约束作用。本指南主要介绍县级农村供水工程规划的原则、目标任务、区域水资源条件与水源选择、工程规划与总体布局、典型工程设计、投资估算与资金筹措、工程建设与管理、经济分析与环境影响评价和规划实施的保障措施。

县级规划的主要特点如下：

（1）充分反映本地自然、经济与社会发展条件和农村供水特点，具有很强的针对性。

（2）具体落实“统筹规划，合理布局，突出重点”的基本原则，统筹考虑人口分布与发展趋势、地形条件、区域内外水源条件、城乡供水现状与发展趋势等做好工程布局，坚持近期与远期相结合，与新农村和小城镇建设规划相衔接，突出发展城乡一体化供水和规模化集中供水。

（3）有很强的指导性、实用性、可操作性。

由于全国和省级规划已对大的思路、原则、措施做出安排，县级规划不应该停留在重复这些内容上，而要深入对资源条件、技术方案、工程选址、建设规模、设备选型、建设内容、实施进度和资金筹措等做出具体的分析、评价、安排，尽可能达到可行性研究报告的深度要求。只有这样的区域规划才能对工程规划设计与建设起到指导作用。

第二节　区域规划内容和程序

区域规划内容包括规划范围，供水现状与需求分析，规划原则与目标任务，区域水资源条件与水源选择，工程规划与总体布局，典型工程设计，投资估算与资金筹措，工程建设与管理，经济分析与环境影响评价，规划实施的保障措施。

区域供水规划一般程序为：①前期调查；②区域供水现状与需求分析；③确定规划的目标任务；④区域水资源条件分析与水源选择；⑤工程规划；⑥投资估算与资金筹措。

第二章

区域供水现状与发展需求

第一节　规　划　范　围

县级农村供水工程规划范围为行政区域所辖县城以下的乡镇、村、学校、农林场，以及新疆生产建设兵团的团场和连队。根据区域农村供水工程现状、发展需求和规划建设标准，确定规划范围内农村总人口、规划受益人口以及规划供水的企业、机关、学校、公共设施、饲养畜禽等。

第二节　自然、社会经济和水资源状况

一、自然条件

自然条件包括规划区的地理位置、地形地貌、地质构造、气候气象、水文地质、工程地质及河流水系等。

二、社会经济状况

说明规划区行政范围、人口规模及农村人口所占比例，民族组成；农业生产、乡镇企业、农村特色；国内生产总值、财政收入、农民人均纯收入；水利、交通、电力、通信等基础设施情况；区域社会经济发展趋势、城镇化发展布局及其对农村供水发展与布局的要求和影响。

三、水资源状况

根据区域水资源规划和水文地质条件，概述全区地表水和地下水水资源状况及其分布、开发利用现状、水质状况及发展趋势。如区域水资源条件不能满足农村供水需求时，应简介区域外可利用的水资源条件。

第三节　农村供水现状

一、农村供水发展概况

区域农村供水发展历程，特别是2005年以来农村饮水安全工程建设情况，包括规划、投资、工程建设与管理、解决饮水不安全人口、自来水普及率等。

二、农村供水工程现状

集中供水工程现状，包括供水工程的数量、类型（城乡一体化、跨乡村供水、单村供水等）及分布、供水规模（供水能力）及其余缺状况、供水范围和受益人口；供水方式、供水水量、水质、水压状况、供水保证率；水源类型、水量和水质状况、取水方式、水源保证率及水源保护情况；用水状况，包括用水总量、用水结构、人均用水量、水价政策；供水工程完好程度（是否有水净化消毒设施、能否正常运行等）、供水能力、可靠性、安全性和用水方便程度等；运行管理体制机制，包括经营管理组织、管理方式、管护人员和制度、工程运行管理与维修养护情况、水质监督检验情况等。在统计供水方式和受益人口时，应严格划分供水到户（自来水入户）、供水到点，全天24h供水、分时段供水，供水安全和供水不安全的分类，以确定农村自来水普及率和供水安全程度。全面评价集中供水工程现状、运行管理体制机制是否健全、能否实现可持续运行。

分散式供水现状，包括分散供水工程的数量、类型、分布和供水人口、供水量；水源类型、水质状况、供水方式及可靠性。全面评价分散供水的可靠性、安全性，能否发展集中供水。

三、农村供水存在的主要问题

供水安全性、可靠性、运行管理等方面存在的主要问题；供水不安全人口分布及其成因，工程建设与管理面临的主要问题。

第四节　供水发展需求与工程建设条件

一、供水发展需求分析

供水发展需求分析是制定规划目标任务的主要依据之一。主要根据上级（国家、省、市）和县级政府有关农村供水发展的规划和要求，针对农村供水现状及其存在的主要问题，从农村经济社会发展与改善民生的实际需要出发，特别是全面建设小康社会、乡村振兴以及城镇化发展对农村供水发展的新要求，具体阐述农村供水发展的必要性和紧迫性。

在进行需求分析时，既要考虑现状需求，也要考虑今后10～20年区域农村经济社会发展变化对供水需求的影响。如有些乡镇或集镇的人口随城镇化发展而增加，而一般农村特别是山丘区农村的人口呈减少趋势；要统筹考虑解决农村供水安全问题与实现当地政府全面建成小康社会、乡村振兴的总体要求。需求分析要科学、定量、准确，要与国家和当地经济社会发展水平相适应，要避免需求估计过高，目标任务过于超前，导致工程建设规模偏大，造成规划实施中的被动和资源浪费。由于以往一些工程规划的需求分析过高，设计供水规模偏大，造成部分已建设施闲置，既增加了供水成本，也带来经营上的困难。

二、工程建设条件

从工程建设的重要性（当地政府和社会的认识）、经济条件、技术条件和工程建设与管理条件等方面阐述工程建设的可行性。经济条件包括国家和地方政府经济发展状况、财政收入和受益乡村、农户自筹资金能力等；技术条件包括水质安全净化技术和设备、设计与施工技术、工程建设标准等是否成熟；工程建设与管理条件包括前期工作基础、工程建设与管理经验、组织领导、管理人员等是否满足工程建设需要。

第三章

规划原则与目标任务

第一节　基　本　原　则

一、统筹规划，合理布局

根据区域经济社会发展和农村供水发展的实际需要，站在全局的高度，统筹考虑城乡供水发展规划，统筹利用与整合城乡水资源和已有供水设施，统筹考虑近期重点解决供水安全问题与长期实现村村通自来水的关系，着力推进城乡一体化供水和规模化集中供水。工程建设规模与布局要与城镇发展规划和乡村振兴规划相衔接，充分考虑水资源条件、统筹考虑供水区农村居民生活用水、学校师生用水和第二、三产业用水需求；设计供水规模要以满足近期用水需求为主，兼顾远期，防止设计供水规模过大、供水设施闲置的问题。

二、因地制宜，突出重点

根据当地的自然、社会、经济、水资源等条件以及村镇发展需要，因地制宜地做好区域供水工程规划，合理选择水源，合理确定工程布局、供水范围、供水规模、工程型式和水质净化措施。创造条件，积极推进适度规模集中供水、供水到户；制水成本较高的劣质水地区，实行分质供水；山丘区居住分散的农户，可采取分散式供水。在工程建设与更新改造上，要区分轻重缓急，统筹安排，突出重点，分步实施；优先解决影响农村居民正常生活和身体健康的劣质水、污染水、干旱缺水等突出问题，优先发展城镇供水管网延伸、规模化集中供水和跨乡村供水，优先保障生活用水。

三、水源保护与水质净化并重

针对农村饮用水源分散、污染问题突出的实际，首先要加强水源保护，划定保护区，做好水源地防护，防止水源污染和人为破坏；特别要防止采矿、工业等引起的水源污染和破坏，落实“谁污染、谁破坏、谁付费”的政策；加强对农村污水、垃圾、粪便的处理，引导农民科学施用化肥、农药，减少农村内部污染。在此基础上，根据水源水质状况，在工程建设与管理中采取先进实用的水质净化措施，加强水源和供水水质检测，建立水质监测体系，保障供水安全。

四、建管并重，良性运行

实现农村供水安全是一项系统工程，工程建设与管理同等重要。要严格规划设计审批，落实项目法人负责制，加强工程监理、材料设备质量检测，严格施工验收。在工程开工前，明晰产权，明确工程管理主体，落实管护责任，推行用水户全过程参与工程建设管理。按照成本加微利的原则合理确定供水水价，推行用水计量；建立工程良性运行管理机制，加强水利、卫生、环保行政监管、水质监测、人员培训，加快农村供水服务体系建设。

第二节 目标任务

科学、合理确定规划目标任务是规划编制的核心。要在弄清本地区农村供水现状和问题的基础上，充分考虑国家和上级政府有关农村供水发展规划和要求，充分考虑本地区农村供水发展需求与有利条件，遵循规划编制的基本原则提出规划的目标任务，并充分征求有关部门意见。

规划的目标任务一般分为总体目标、阶段目标和重点任务。总体目标反映规划要达到的终期目标。如“十四五”农村供水工程规划总体目标是，到2025年全面提升水质，实现可持续安全供水，同时展望2030年农村供水发展目标。为便于规划实施，一般将规划分为几个阶段或年度，并将总体目标分解到各个阶段。为突出规划的主要目的和任务，需要确定规划优先解决农村供水的问题与重点任务。根据各地区实际情况划分和明确阶段目标和重点任务。

第三节 技术路线

区域规划的技术路线是在农村供水现状、问题已经明确、规划的目标任务已经确定的基础上，提出规划制定与实施的技术途径和方法。由于区域规划的主要任务是工程规划与布局，其总体技术路线是，从农村供水发展需求出发，紧紧围绕规划的目标任务，研究确定工程规划与布局的技术途径、方法和要点，为规划编制和具体工程的规划、设计及施工提供指导。

规划编制要坚持从下到上、上下结合的技术路线。根据规划编制的基本原则和要求，先由乡镇、村提出工程建设需求，包括已有供水工程扩建、改造或管网延伸、新建工程等；县级有关部门在调查、核实的基础上，站在全局的高度，统筹考虑区域内外水源条件、已有城乡供水设施有效利用、发展适度规模集中供水、有利于供水工程可持续运行管理等，统筹考虑农村城镇化和乡村振兴发展规划与发展趋势，研究提出区域农村供水工程规划方案，并广泛征求乡镇、村和有关部门的意见，进行修改、完善。规划编制的关键环节和技术要点如下：

一、科学选择水源，优化配置水资源

水源选择是工程规划的首要问题，事关工程建设的成败与可持续运行。水源选择要进行深入细致的勘查与论证，充分考虑区域水资源条件。尽可能选择水质良好、水量充沛、易于保护的水源；尽可能选择工程建设投资少、技术可行、制水成本低的水源，有利于建设适度规模的集中供水工程。当有两个以上水源可供选择时，要进行方案比较，择优确定。如果当地没有合适的水源，可在更大区域范围内选择，或根据长远发展需要，规划建设引水、蓄水等水利工程，从根本上解决水源问题。如山东省沾化县境内无可用的地表水源，地下水又普遍为苦咸水或高氟水，通过兴建平原水库引蓄黄河水，兴建三处较大规模的集中供水工程，实现了村村通自来水。天津市武清区为解决部分乡村饮用高氟水的问题，在附近的非高氟水地区建成桶装水生产厂，为其配送生活饮用水，其他生活用水仍由当地供水工程供水。这些事例为合理选择水源、实现区域水资源优化配置提供了成功经验。

二、着力规划建设适度规模集中供水工程

根据我国小康社会和乡村振兴的要求和国内外经验，发展集中供水，实现村村通自来水是农村供水的发展目标和方向。由于规模较小的单村供水和分散供水工程很难实现可持续运行与安全供水，凡具备建设集中供水工程的乡村都要规划建设适度规模的集中供水工程，特别是人口稠密的平原地区。在工程措施上，要充分利用现有城乡供水设施，优先采取水厂更新改造、管网延伸等方式扩大供水规模和范围；新建供水工程，要突破行政区划的界限，按水源条件、经济合理的原则建设跨乡村适度规模集中供水工程。以往不少县级规划缺少对发展适度规模集中供水的论证和要求，大部分已建供水工程是小型单村工程。实践证明，这些规模较小的单村供水工程，缺乏规模效益，很难实现专业化管理与可持续运行，不符合农村供水的发展方向。如河北省巨鹿县，过去采用一村一井解决供水，每眼井的供水人口平均1000人，全县298眼井，管护人员600人。后来推行联村集中供水，每个供水站服务人口扩大到10000人，管护人员减至96人，规模化供水效益十分明显。甘肃省庄浪县，位于黄土高原沟壑区，水资源短缺，历史上许多农村靠集雨、打井解决生活用水，但反反复复，始终找不到根本的解决办法。在“十五”饮水解困工程建设期间，该县统一规划了七处集中供水工程，在开发利用当地水资源的同时，在县东部降水稍多的高山林区建截潜流工程，解决了全县80%的农村供水问题。

三、正确选择适宜水处理措施

对于水质良好的地下水，仅需采取消毒措施。但对于污染水源、水质超标水源，必须采取适宜的水处理措施，以实现供水水质达标。对于饮用高氟水、苦咸水等劣质水地区的农村，在难于找到替代水源的条件下，需要采用特殊水处理措施。当制水成本较高时，建议采取分质供水。河北省东光县在分质供水工程建设与管理上成功实践，有效地解决了农村饮水安全与保障其他生活用水的问题。

第四章

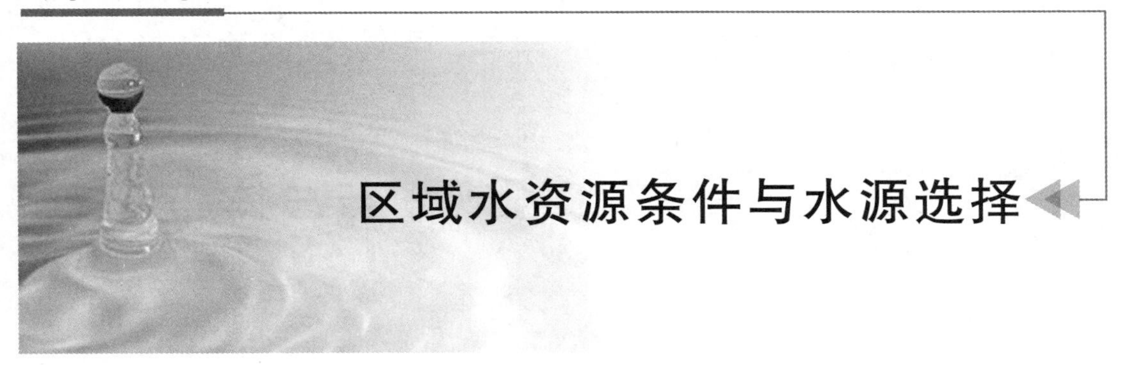

区域水资源条件与水源选择

第一节　水 资 源 条 件

根据区域水资源规划和水文地质条件，概述全区地表水和地下水水资源状况及其分布、开发利用现状、水质状况及发展趋势。如区域水资源条件不能满足农村供水发展需求时，应考虑区域外可利用的水资源条件。

第二节　水　源　选　择

根据区域内外水资源条件和规划确定的目标任务需求，按照统筹、科学、水资源优化配置、有利于发展规模化供水的原则选择水源。对拟选水源要进行深入细致的勘查与论证，弄清水量、水质、年季变化、水源补给、保证程度及影响因素等。当有两个以上水源可供选择时，要进行方案比较，择优确定。

第五章

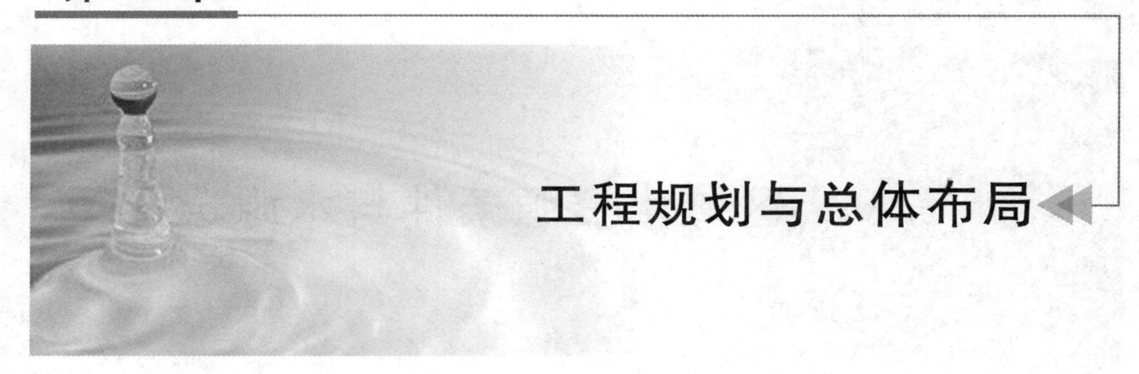

工程规划与总体布局

工程规划是区域规划的主体，是规划编制的主要任务。工程规划要根据区域农村供水发展的不同阶段，按照全面建成小康社会和乡村振兴的总要求统筹工程总体布局、规划分区和工程规划。

第一节 工程总体布局

工程总体布局是对本地区城乡供水发展、已有供水工程改造和新建供水工程的整体安排。要站在全局和战略的高度，明确区域农村供水的发展方向和重点，全面审核已有供水工程，确定是否需要加强、改造或合并、调整。在此基础上，确定新建工程需求与布局。根本目的是促进实现城乡供水工程的合理布局、供水设施和供水能力的充分发挥，防止重复建设和短期行为。如四川省《通江县农村饮水安全工程“十一五”规划》，以解决全县农村饮水安全为目标，在工程总体布局上，充分考虑水资源、地形、人居状况等因素。一是充分利用优质、可靠的水源，布设适度规模集中供水工程；二是优先发展以场镇（乡镇所在地）、集镇、中心村为核心的规模化集中供水工程；在工程建设上，优先采取现有水厂管网延伸或改扩建的方式扩大供水规模和范围；三是在人口居住分散、水源良好的山丘区，规划建设以村或社区为单位的独立供水系统，尽力扩大工程规模；在地广人稀的边远山区，采取引水、提水或打井等方式建设单户或联户供水工程。

第二节 规划分区

规划分区是将区域内农村供水问题类型、地形条件、水源条件相似，地理位置相近，工程措施基本相同的乡镇、村划分为一个区。规划分区是规划编制的重要环节，是从实际出发、紧密结合分区特点做好工程规划的有效途径和方法，也有利于明确区域农村供水的主要问题和工程措施。

为做好规划分区，要认真梳理区域农村供水的主要问题及分布状况，全面掌握区域自然、地理条件、乡镇、村及人口居住状况。在确定规划分区方案时，要综合考虑行政区划，但不受行政区划限制，以利发展规模化集中供水；在规划分区原则的指导下，拟定多个分区方案，进行综合比较，择优确定。规划分区完成后，应简述各分区的范围、面积、总人口、供水问题的类型、人口等。如区域农村供水问题和条件基本一致，也可不进行规划分区。

第三节　工　程　规　划

首先根据区域规划的原则、技术路线和工程总体布局，提出每个分区的工程规划方案。内容包括现有工程更新改造和新建供水工程的类型、数量、规模、受益人口等，确保规划目标任务的实现。然后，对规模较大的重点工程进行总体规划，包括工程地点、供水范围和规模、水源工程、净水工程、主干管网等，并在区域规划图上标明。最后，汇总分区规划，通过整合，形成区域工程规划方案，并通过图、表形式说明。

第四节　水资源供需平衡分析

首先要全面评价区域范围内可供生活饮用的优质淡水资源数量、水质状况、地域分布，分析其与用水需求在地域空间和时间过程上的匹配关系，进行供需平衡分析。在极度缺乏饮用水源的地方，对水源的可靠性评价在一定程度上决定供水工程的成败，必须站在全区、甚至从更大区域范围合理调配水源。已建供水工程能力也是一种资源，如果有富裕，或略加改造扩建，采用管网延伸、扩大供水范围，做到城乡统一供水，应当是解决农村供水安全的最佳方式。以往一些县级规划在进行水资源评价、供需分析平衡时，将全区水资源总量扣除已开发利用水量后，与新增供水工程需水量比较，由此得出不存在问题的结论。这种做法过于简单，起不到应有作用。应分区进行水资源供需平衡分析，同时对规模较大的集中供水工程的水源进行监测和实地勘察，对水量、水质、保证率等做出具体分析评价。许多已建农村供水工程失败的主要原因是对水源保证率缺乏准确评估，对此应予高度重视。

第六章

典型工程设计

根据规划分区及其建设内容，按照工程类型、工程规模、水源类型、水处理工艺等不同情况选择有代表性的典型工程。典型工程可以是拟建或新建工程，也可以是已建工程。若为已建工程，要审核设计是否满足规划建设的标准要求。若不满足，需要修改完善。应对各类典型工程进行具体设计，以估算工程投资。设计过程中应列出主要设计参数及其依据，主要构筑物、设备的名称、型式（型号）、规模、规格和选用依据等。

设计内容包括：供水规模和用水量的确定、供水水质和水压、水源及配置、供水范围和供水方式、水厂厂址选择、取水构筑物设计、泵站和调节构筑物设计、输配水设计、净水设计等。集中供水工程设计应按照《村镇供水工程技术规范》(SL 310—2019）的要求设计，并注意以下几点：

（1）合理确定供水规模、用水量组成与用水定额标准。供水规模的确定，应综合考虑需水量、水源条件、制水成本、已有供水能力、类似工程的供水情况。鉴于目前部分农村供水工程设计供水规模偏大的状况，供水规模的确定，应综合考虑现状用水量、用水条件及其设计年限内社会经济的发展情况。

（2）详细调查和搜集规划区域水资源资料，并据此进行水源论证，选择适宜的供水水源。若规划区有多个水源可供选择时，应对其水质、水量、工程投资、运行成本、施工和管理条件、卫生防护条件等进行综合比较，择优确定。

干旱年枯水期设计取水量的保证率，严重缺水地区不低于 90%，其他地区不低于 95%。

（3）供水范围和供水方式应根据区域的水资源条件、用水需求、地形条件、居民点分布等进行技术经济比较，按照优水优用、便于管理、工程投资和运行成本合理的原则确定。

（4）水厂厂址的选择与水源类型、取水点位置、洪涝灾害、供水范围、供水规模、净水工艺、输配水管线布置、周边环境、地形、工程地质和水文地质、交通、电源、村镇建设规划等条件有关，影响因素较多，应综合考虑，通过技术经济比较确定。

（5）输配水管道的投资占供水工程总投资的比例较大，线路的选择对其有较大影响。

管道系统的布置与地形和地质条件、取水构筑物、水厂和调节构筑物的布置以及用水户的分布等有关。输配水管道的选线应使整个供水系统布局合理、供水安全可靠、节能、降低工程投资、便于施工和维护。

（6）采用适宜的净水工艺与消毒措施是水厂设计的关键。应根据原水水质、设计规模、参照相似条件水厂的运行经验，结合当地条件，选择技术可靠、经济合理的净水工艺和技术。千吨万人以上规模化供水工程的水质净化方案应优先考虑采用净水构筑物。

（7）典型工程设计应提供工程总平面布置图、工艺流程图、水厂平面布置图、配水管网水力计算图、水源工程布置图等。

第七章

投资估算与资金筹措

第一节　投　资　估　算

一、投资估算方法

根据《建设项目经济评价方法与参数》（第二版）和《投资项目可行性研究指南》，工程建设投资估算采用综合指标估算法。工程总投资由各单项工程的工程费、其他费和预备费三部分组成。其中工程费包括各单项工程的建筑工程费、设备费及工具购置费、安装工程费；其他费还包括征地、拆迁、监理、农民投劳折资费等；预备费为基本预备费，建议取前述总费用的8%～10%。

农村供水工程项目由多个子项目构成，单项工程数量甚多，形式多样，规模不一，可采用人均综合投资指标估算法。即从大量不同类型子项目中，分类选出有代表性的典型工程，估算出每处典型工程投资和人均投资，据此估算出不同类型工程的投资和规划总投资。在估算工程投资时，可充分利用已建同类工程的有关数据。

二、编制依据

（1）按各省水利工程概算编制规定进行，若水利工程概算定额缺项，可参照市政工程确定。

（2）近年来建成的类似工程决算投资和人均投资指标。

（3）主要原材料价格及人工单价。

三、典型工程投资估算

根据典型工程的工程量，分别计算取水、输水、净水、配水的投资估算值，汇总成典型工程的总投资（包括工程费、其他费、预备费）。

按典型工程的总投资除以该工程解决的人口数，计算出此类工程的人均综合投资指标。比照近年来建成的类似工程的决算投资和人均投资指标、物价指数，分析确定人均综合投资指标。

四、总投资估算

根据分类工程的规划人数和人均综合投资指标，计算出各类工程的投资。将各类工程投资汇总，计算出该规划的总投资。

第二节　资　金　筹　措

农村供水工程建设资金，实行政府投入为主，社会资本和受益农户投入为辅。各级政府投入主体工程及材料设备费，受益农户投工投劳和入户费，有条件的地方，可吸引社会资本和银行贷款加大工程投入。按照有关政策制定资金筹措计划，内容包括资金筹措原则、资金筹措方式与筹措金额。在此基础上，对各级政府、社会资本和受益农户投入能力进行分析。

第八章

工程建设与管理

第一节　工 程 建 设 管 理

工程建设管理主要包括项目的组织管理、资金保证措施、质量保证措施及建设进度计划。

第二节　工 程 运 行 管 理

一、管理体制

根据国家发展和改革委员会、水利部等五部委关于印发《农村饮水安全工程建设管理办法》的通知（发改农经〔2013〕2673 号）、水利部《关于进一步加强农村饮水安全工程建设和运行管理工作的通知》（水农〔2011〕197 号）等文件和要求，明确工程管护体制和运行机制，确定供水工程所有权和经营权，制定管护措施。

工程管理体制的核心是明晰工程产权、确定工程管理主体。由于农村供水工程社会公益性很强，是农村居民生活和社会经济发展不可或缺的基础设施，工程投资大、效益低，建设投资以国家和地方政府为主，产权公有为主，一般归县级政府管理。规模较小的集中供水工程，国家补助资金所形成的资产归乡镇、村集体所有；由政府、社会资本等共同出资兴建的供水工程，要明晰产权，实行股份制所有。

工程管理主体由产权所有者指定或委派，也可实行所有权与经营权分离，通过委托、股份制和承包、租赁、拍卖经营管理权等形式确定经营管理主体。根据我国经济体制改革的基本要求，并借鉴国内外城乡供水工程管理经验，现阶段我国农村供水工程经营管理模式有五种：

（1）县级事业单位管理模式，一般由县级政府批准成立供水总站或管理办公室等，为非营利性事业单位法人，隶属县级水行政主管部门。

（2）公有水务公司管理模式，包括县级公有供水公司管理模式、省级公有水务公司管理模式等。

（3）县级政府授权经营管理模式，由县级供水总站或供水公司代表政府或水行政主管部门，通过承包、拍卖、租赁、特许经营等方式将所属供水工程的经营权转让给有经营能力的专业公司，包括公有企业、民营企业等，实现所有权与经营权分离，通过合同方式明确双方的责权利及相关条件。

（4）股份制公司经营管理模式，主要由于工程建设投资主体多元化形成，包括各级政府、民营企业或个人等，按照“谁投资谁所有”的原则确定产权。

（5）小型供水工程委托专业机构管理模式，主要针对量大面广的单村供水工程，可委托县级供水总站或供水公司等专管机构、或规模以上供水工程管理单位。同时创造条件，通过管网延伸、串网并网等方式减少单村供水工程，推进规模化集中供水。

二、运行机制

运行机制应适应社会主义市场经济体制的要求，探索建立供水工程可持续运行管理机制，增强经营管理活力，保证工程良性运行。一要合理确定水价，强化水费计收和管理；二要实行专业化管理；三要建立政府监督管理制度与补助政策；四要加强节约用水管理。

三、社会化服务体系建设

农村供水工程量大面广，专业化管理程度低，有必要建立完善的社会化服务体系，向供水单位和用水户提供技术服务。县、乡两级可组建由供水单位自愿参加的供水协会。供水协会以服务为宗旨，指导会员单位建立健全规章制度，总结推广管理经验，提供信息、技术和维修服务等。

第三节　水　源　保　护

水源保护是供水水质安全的基础和前提，具有事半功倍的作用。要根据不同类型水源特点、环境条件和污染源分布状况采取行之有效的保护措施，同时加强水源监测，及时掌握水源环境、水质状况，建立水源保护与监测体系。

第九章

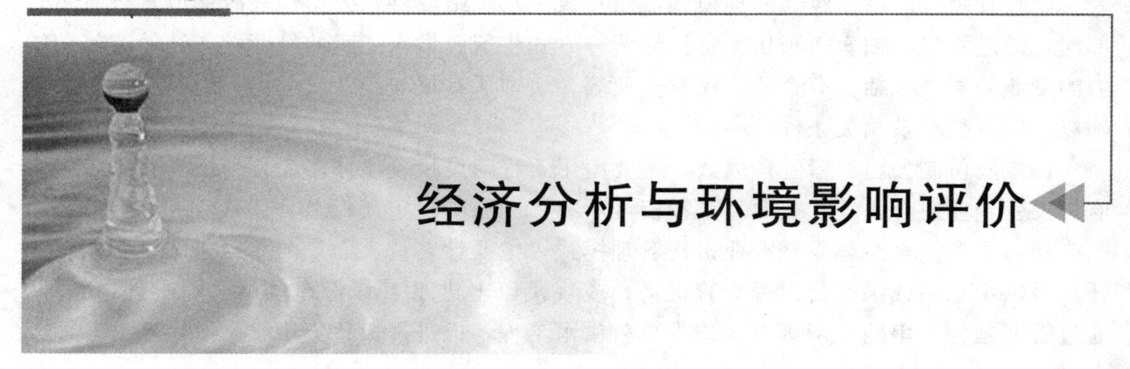

经济分析与环境影响评价

第一节 国民经济评价

按照《水利建设项目经济评价规范》(SL 72—94)进行国民经济评价，说明项目的经济合理性，分析计算时不计群众投劳。

一、年运行费用

农村供水工程年运行费的计算包括折旧费、维护修理费、动力费、水资源及原水费、药剂费、工资福利费、其他费用等。

(1)折旧费。指固定资产在使用过程中，逐年磨损和损耗价值的补偿。其补偿方式实行按固定资产原值和规定的折旧率提取折旧基金，折旧年限取 15 年。年折旧率采用平均年限法计算，即

$$年折旧率=\frac{1-净残值}{折旧年限}\times 100\%$$

其中净残值为 4%。

(2)维护修理费。年维护修理费主要含日常维护修理费用和大修理的年分摊费用，农村供水工程的年维护修理费可按固定资产的 1%计算。

(3)动力费。主要为抽水泵站电动机所消耗的电费，另外包括变压器和其他附属电气设备的耗电电费。年动力费按下式计算：

$$C_{动力}=\frac{WP_{电}\times 24\times 365}{K_{时}\ K_{日}\ K_{需}\times 10^{4}}\ (1+10\%)$$

式中 $C_{动力}$——年动力费，万元；

W——电动机额定功率，kW；

$P_{电}$——电力价格，0.64 元/(kW·h)；

$K_{时}$——时变化系数；

$K_{日}$——日变化系数；

$K_{需}$——需要系数。

通过对现有农村供水工程用电情况的调查分析，时变化系数取 1.8，日变化系数取 1.2，需要系数取 1.2。

（4）水资源及原水费。水资源费、原水费根据有关标准确定。

（5）药剂费。药剂指水质净化处理投加的絮凝剂和消毒杀菌投加的消毒剂。药剂费一般为 0.03～0.05 元/m^3。

（6）工资福利费。为确保农村供水工程长期稳定发挥效益，集中式供水工程参照《乡镇供水管理单位定岗标准》配备管理人员，分散式供水工程根据规模大小每处平均配备 1～2 个管理人员，福利费按工资额的 14%计。

（7）其他费用。其他费用是指组织、管理工程所发生的费用，按上述前 6 项总和的 10%计。

二、年效益计算

主要从减少医药费支出、节省劳动力、发展庭院经济及其他副业带来的转移效益等方面分析计算。

三、国民经济评价

国民经济评价指标包括经济内部收益率（EIRR）、经济净现值（ENPV）、经济效益费用比（EBCR）等，计算公式如下：

（1）经济内部收效益率（EIRR）：

$$\sum_{t=1}^{n}(B-C)_t(1+\mathrm{EIRR})^{-t}=0$$

式中　EIRR——经济内部收益率；

B——年效益，万元；

C——年费用，万元；

n——计算期，年；

t——计算期各年的序号；

$(B-C)_t$——第 t 年的净效益，万元。

（2）经济净现值（ENPV）：

$$\mathrm{ENPV}=\sum_{t=1}^{n}(B-C)_t(1+i_s)^{-t}$$

式中　ENPV——经济净现值，万元；

i_s——社会折现率，$i_s=7\%$；

其余符号意义同上。

（3）经济效益费用比（EBCR）：

$$\mathrm{EBCR}=\frac{\sum_{t=1}^{n}B_t(1+i_s)^{-t}}{\sum_{t=1}^{n}C_t(1+i_s)^{-t}}$$

式中　EBCR——经济效益费用比；

B_t——第 t 年的效益，万元；

C_t——第 t 年有费用，万元。

根据以上公式，计算出国民经济评价指标。经济内部收益率大于或等于社会折现率，经济净现值大于或等于零，则可认为本规划在国民经济评价上是合理的。

第二节　环境影响评价

从农村供水工程建设对环境的有利、不利影响以及采取的对策措施方面论述。

一、对环境的有利影响

主要从两方面进行论述：一是促进农村生活环境改善，通过对饮用水源保护，减少水源污染，以及工程实施促进农村改灶、改厕、发展庭院经济、美化净化环境等方面；二是对促进农村水污染防治以及对保护和改善生态环境的影响。

二、对环境的不利影响及对策措施

对环境的负面影响主要包括施工期（开挖、噪音污染，施工人员生活垃圾和建筑垃圾等）、运行期的影响（水厂净水处理过程中产生的絮凝沉淀物和药渣等）。

对策措施：工程施工期间采取的措施，如对土方开挖而遭到破坏地表植被的绿化和恢复、减轻机械设备噪音影响等。工程运行期间采取的措施，如对絮凝沉淀物和药渣、生产污泥、污水进行处理；加强对生产药剂的管理。此外，对规模较大的村镇，加强排水系统和集中处理设施建设等。

第十章

保障措施

解决农村供水问题实行地方行政领导负责制，将其纳入各级政府考核内容。各有关部门在政府的统一领导下，各负其责，密切配合。

（1）各级人民政府要积极筹措资金，加大投入力度，足额落实地方配套资金，保证项目顺利实施。

（2）做好前期工作，加强项目管理，全面推行规划建卡制，社会公示制，集中采购和招投标制，资金报账制，工程监理制，管理责任制，以及用水户全过程参与，保证资金安全、工程质量和群众满意。

（3）加强饮用水源保护，严格实施饮用水源保护区制度，合理确定饮用水源保护区和供水工程管护范围。

（4）加强技术培训，全面提高项目管理和技术人员的工作能力和业务水平，积极采用行之有效且适合当地建设和管理条件，并经工程实践和鉴定合格的新技术、新工艺、新材料和新设备。

（5）建立健全行之有效的工程质量责任制和监管机制，建立责任追究制度。

（6）加大宣传工作力度，提高各级政府和有关部门领导对农村供水工作的认识。

第二篇

农村供水工程规划设计

第一章

概述

第一节　工程规划设计阶段划分

农村供水工程规划设计一般分为可行性研究报告（设计任务书）编制、初步设计报告编制和施工图设计三个阶段。

可行性研究报告编制，主要目的为了申请立项审批。主要从工程建设的必要性、水源条件（水量、水质的可靠性）、工程总体布局及工艺流程、投资估算与资金来源、社会经济效益、工程实施计划方案等方面论证技术、经济可行性、合理性，并经多方案综合论证和比较，择优推荐最佳方案。可行性研究报告经主管部门或业主单位组织专家评审后，作为工程立项和编制初步设计文件的依据。

初步设计报告编制，一般根据批准的可行性研究报告编制。编制深度应满足工程投资预算、设备及主要材料订货或招标、土地征用及拆迁、用电申请和施工准备等要求。初步设计文件一般由设计说明书、设计图纸、工程概算、设备及主要材料清单四部分组成。初步设计文件经主管部门或业主单位审批后生效。

施工图设计，根据批准的初步设计文件进行，内容和深度应满足施工和设备安装的要求。施工图设计文件包括设计说明书、施工图纸和修正后的施工预算。

第二节　工程规划设计内容和程序

农村供水工程规划设计内容包括工程规划和工程设计两个部分。工程规划包括立项背景和目的、规划范围和依据、供水规模、水源选择、供水系统与供水方式、水厂定位、管网布局等；工程设计包括设计标准、取水点选择与取水构筑物、净水工艺与设施、水厂总体设计、输配水管道及调节构筑物、泵站与设备选型、建筑与结构设计、电气与自动控制、主要工程量及设备材料、工程用地与定员、环境保护与水土保持、防火、节能、安全与劳动保护、投资估算与工程概算、经济分析与评价和施工组织设计。

供水工程规划设计一般程序为：①前期调查（资料收集与分析）；②规划设计报告编制；③设计图纸绘制；④工程概算；⑤设备及主要材料清单编制。

第二章

设计供水规模确定

设计供水规模系指供水工程建成投产后的最大供水能力，是供水工程规划设计的重要基础参数，应按规划设计供水范围内最高日用水量计算。

合理确定设计供水规模是供水工程规划设计的首要问题，关系到工程能否满足规划设计年限内的用水量需求，关系到工程投资的合理性和生产运营的经济性，对供水工程可持续良性运行、充分发挥投资效益具有至关重要的作用。设计供水规模小了，不能满足用水需求；设计供水规模大了，水供不出去，不仅造成设施设备闲置，资金浪费，而且加大折旧费用，提高制水成本和供水水价；水价提高，可能导致用水减少，水供不出去，造成恶性循环。

确定设计供水规模，首先要确定工程规划覆盖的供水范围，了解并掌握供水范围内所有用水户的种类，数量与分布，调查并计算出规划设计年限内所有用水户的最高日用水量。在此基础上，计算出管网漏失水量和未预见水量。

供水规模为以下 7 项用水量之总和：

（1）居民生活用水量。

（2）公共建筑用水量。

（3）集体或专业户饲养畜禽用水量。

（4）企业用水量。

（5）浇洒道路和绿地用水量。

（6）管网漏失和未预见用水量。

（7）消防用水量。

以往许多农村供水工程设计供水规模偏大，实际供水规模仅为设计供水规模的 50％左右，原因很多，应引起高度重视。在确定设计供水规模时，一定要处理好现状与发展的关系，宜以现状用水为主，合理选择规范中的定额值（尤其注意用水户有无自备水源），适当考虑发展需求用水。

第一节　合理确定供水范围、用水人口和用水单位

供水范围，系指工程规划设计所覆盖的行政区划范围，包括县、乡镇、村的名称和数量。

用水人口，是指供水范围内的现状居住人口，包括常驻的有当地户籍人口和无当地户籍人口，长期外出务工、经商人口不计算在内，或仅计算部分流动人口。计算设计用水人口时，城乡一体化工程、中心村、企业较多的村或乡镇所在地可考虑设计年限内人口自然增长、人口机械增长、人口流动等因素，一般的村庄，应充分考虑农村人口向城市和小城镇转移等实际情况，设计人口不应超过现状户籍人口。

用水单位，是指供水范围内的机关、学校、医院、宾馆、饭店、浴池、商业和文化娱乐场所、工矿企业（乡镇工业）、养殖场等。如需用水浇洒道路和绿地，还应统计道路和绿地的面积。

上述数据资料是计算用水量的基础，由工程建设单位如实提供，设计单位应进行复核和实地调研。

第二节　用水量计算

一、居民生活用水量（Q_1）

居民生活用水包括饮用、烹饪、洗涤、冲厕、洗澡等日常生活用水。居民生活用水量在用水量计算中占有较大比重，是计算供水规模的基础。

居民生活用水量的计算依据是设计用水人口和最高日居民生活用水定额，可按式（2.2－1）和式（2.2－2）计算：

$$Q_1=\frac{Pq}{1000} \tag{2.2-1}$$

$$P=P_0\ (1\div r)^n+P_1 \tag{2.2-2}$$

式中　Q_1——居民生活用水量，m^3/d；

P——设计用水人口数，人；

q——最高日居民生活用水定额，L/(人·d)，可按表2.2－1确定；

P_0——供水范围内的现状常住人口，人；

r——设计年限内用水人口自然增长率，%；

n——工程设计年限，年；

P_1——设计年限内用水人口机械增长总数，人。

（一）设计用水人口

计算前应进行调查，首先详细了解现状供水范围内常住人口数量（P_0），包括有当地户籍和无当地户籍常住人口。无当地户籍的常住人口包括工厂合同工、学校的住宿师生等，不住宿师生可按50%折减计算。设计年限内用水人口机械增长总数（P_1），可根据村

镇总体规划中的人口规划和近年来人口户籍迁移流动情况，按平均增长法确定。近年来，随着农村城镇化建设与发展，由于撤乡并镇以及农村人口向城镇流动等情况，人口变化较大，设计时应予以高度重视，如实反应当地人口增减情况。如，一般村庄，流入人口少，外迁人口多，设计年限内用水人口为负增长。

为此，在确定设计用水人口时，应在当地政府和有关部门配合下，深入供水范围内的村镇进行人口调查与资料收集，了解当地规划、实际人口自然增长率和人口的流动情况，分析掌握发展趋势。按照立足现状、兼顾未来的原则设计用水入口。如现阶段农村供水工程设计中，单村供水工程、以村庄供水为主的联村联片供水工程或向村庄供水的管网延伸工程，设计用水人口宜按现状用水人口计算。

（二）最高日居民生活用水定额标准与取值方法

根据《村镇供水工程技术规范》(SL 310—2019)，最高日居民生活用水定额如表 2.2-1 所示。

表 2.2-1　　最高日居民生活用水定额　　单位：L/(人·d)

气候和地域分区	公共取水点，或水龙头入户、定时供水	水龙头入户，基本全日供水	
		有洗涤设施，少量卫生设施	有洗涤设施，卫生设施较齐全
一区	20～40	40～60	60～100
二区	25～45	45～70	70～110
三区	30～50	50～80	80～120
四区	35～60	60～90	90～130
五区	40～70	70～100	100～140

注　1. 表中基本全日供水系指每天能连续供水 14h 以上的供水方式；卫生设施系指洗衣机、水冲厕所和沐浴装置等。

2. 一区包括：新疆、西藏、青海、甘肃、宁夏、内蒙古西部、陕西和山西两省黄土高原丘陵沟壑区、四川西部。

二区包括：黑龙江、吉林、辽宁、内蒙古中、东部，河北北部。

三区包括：北京、天津、山东、河南、河北北部以外地区、陕西关中平原地区、山西黄土高原丘陵沟壑区以外地区、安徽和江苏两省北部。

四区包括：重庆、贵州、云南南部以外地区、四川西部以外地区、广西西北部、湖北和湖南两省西部山区、陕西南部。

五区包括：上海、浙江、福建、江西、广东、海南、安徽和江苏两省北部以外地区、广西西北部以外地区、湖北和湖南两省西部山区以外地区、云南南部。

不包括香港、澳门和台湾地区。

3. 本表所列用水量包括了居民散养畜禽用水量、散用汽车和拖拉机用水量等，不包括用水量大的家庭作坊生产用水量。

为合理取值，设计人员可依照表 2.2-1，按以下程序和方法取值：

（1）根据表 2.2-1 的分区划分，确定工程所在地区。

（2）综合考虑当地用水现状、经济条件、发展潜力和工程设计标准（如自来水入户，还是集中供水点供水；全日供水，还是时段供水），对照表 2.2-1 中的主要用（供）水条件，确定拟选取的用水定额范围。对于联村供水工程或单村供水工程，宜选择第 2 档（水龙头入户，有洗涤设施，少量卫生设施）的用水定额。

（3）根据农村综合生活用水量调查结果，目前北方地区现状用水量较少，南方地区分散水源较多，可用于生活杂用水（如饲养奶牛或大棚种植用水等）。在这种情况下，宜选取用水定额范围内的下限值。

（4）对于经济条件好、有发展潜力、现状用水量较多的村镇，宜选取用水定额范围内的中值。

二、公共建筑用水量（Q_2）

公共建筑用水，系指供水范围内的机关、学校、医院、宾馆、饭店、浴池、商业、幼儿园、养老院和文化体育场所等公共建筑和设施用水。

公共建筑用水涉及面广，其用水量应根据公共建筑性质、类型、规模及用水定额确定。

根据《村镇供水工程技术规范》（SL 310—2019），村庄公共建筑用水量，可只包括学校和幼儿园的用水，可根据师生数、寄宿以及表 2.2－2 中用水定额确定。

表 2.2－2　　农村学校的最高日生活用水定额　　单位：L/(人・d)

走读师生和幼儿园	寄宿师生
10～25	30～40

注　取值时根据气温、水龙头布设方式及数量、冲厕方式等确定，南方可取较高值、北方可取较低值。

《建筑给水排水设计规范》(GB 50015) 给出了各种公共建筑用水定额。由于该规范主要适用于城镇给排水设计，条件好的村镇，可结合当地情况，参照确定公共建筑用水定额，计算用水量；条件一般或较差的村镇，应根据公共建筑的性质、类型、用水条件、经济条件以及气候、用水习惯、供水方式等，参照该规范或参考同一或类似地区的公共建筑用水量，适当折减。

在缺乏资料时，乡镇政府所在地、集镇公共建筑用水量可按居民生活用水量的 10%～25%估算。其中集镇和乡政府所在地可为 10%～15%，建制镇可为 15%～25%。条件好的村镇取高值，条件一般的村镇取低值。无公共建筑的村庄不计此项。

三、集体或专业户饲养畜禽用水量（Q_3）

饲养畜禽用水是指供水范围内饲养牲畜和家禽的用水，是农村用水量的特有内容。

集体或专业户饲养畜禽最高日用水量，可根据饲养畜禽方式、种类、数量、用水现状和发展计划确定。

（1）根据《村镇供水工程技术规范》(SL 310—2019)，圈养时，饲养畜禽最高日用水定额可按表 2.2－3 选取。

表 2.2－3　　饲养畜禽最高日用水定额　　单位：L/[头（或只）・d]

畜禽类别	用水定额	畜禽类别	用水定额
马、骡、驴	40～50	育肥猪	30～40
育成牛	50～60	羊	5～10
奶牛	70～120	鸡	0.5～1.0
母猪	60～90	鸭	1.0～2.0

（2）畜禽放养时，应根据用水现状在定额用水量基础上适当折减。

（3）有独立水源的饲养场不计此项。

四、企业用水量（Q_4）

企业用水是指供水范围内的乡镇企业用水，包括生产用水和生活用水。

企业生产用水是指企业产品生产制造过程中的用水。生产用水量与产品种类、生产规模、生产工艺、用水现状、工艺及设备更新改造、近期发展计划等密切相关，应在认真调研分析乡镇企业及用水现状的基础上，根据当地企业生产用水定额标准，并充分考虑节约用水、重复用水等因素进行折减后确定。当地企业生产用水定额资料缺乏时，参照近似地区用水定额标准。

企业生活用水，是指企业内部工作人员生活用水。企业生活用水定额与车间性质、温度、劳动条件、卫生要求有关。无淋浴时，用水定额为20～30L/(人・班)；有淋浴时，用水定额为40～50L/(人・班)。

此外，对耗水量大，水质要求低或远离居住区的企业以及经济开发或工业园区的企业用水量应单独计算，是否列入供水范围应根据水源充沛程度、水资源管理要求等，通过经济比较后确定。

没有乡镇企业或只有家庭手工业、小作坊的乡村，不计此类用水量。

五、浇洒道路和绿地用水量（Q_5）

浇洒道路和绿地用水是指供水范围内浇洒道路和公共绿地所需用水。其用水量应根据村镇道路和绿地的类型、面积、当地气候条件、土壤情况等，综合考虑用水需求。

水资源较为丰富、经济条件好或规模较大的镇，可根据用水需求按浇洒道路和绿地的面积，以1.0～2.0L/(m^2・d）的用水负荷计算用水量。其余村镇，均可不计此项。

六、管网漏失和未预见用水量（Q_6）

管网漏失水量系指输配水过程中漏失的水量。包括由于管道接口不严、管道裂纹穿孔、管道爆裂、闸阀封水不严等漏水。农村供水工程普遍存在管网漏水现象，主要与工程所用管材管件的种类、质量、接口方式、施工质量、运行方式、使用年限等有关。

未预见用水量，系指供水工程设计中难以预见的用水需求。

由于各地情况不同，难于准确计算管网漏失水量和未预见水量，宜按上述1～5项用水量之和的10%～25%取值；应综合考虑管网长度和用水区的发展潜力确定，村庄供水工程取低值、乡镇供水工程和规模化供水工程取较高值。

七、消防用水量（Q_7）

消防用水是指村镇发生火灾时灭火所需用水。消防用水量与供水范围内居住人口数量、建筑物层数、同一时间发生火灾次数相关。可参照《建筑设计防火规范》（GB 50016）的有关规定计算。村镇居住区一天灭火用水量见表2.2-4。

允许间断供水的村镇，在确定供水规模时可不单列此项。

表 2.2-4　村镇居住区一天灭火用水量

人数 N/万人	N≤1.0	1.0<N≤2.5	2.5<N≤5.0	5.0<N≤10.0	10.0<N≤20.0
同一时间火灾次数/次	1	1	1	2	2
一次灭火/(L/s)	10	15	25	35	45
用水量/(m^3/h)	36	54	90	126	162

上述 7 项用水量之和为供水工程规划设计的最高日用水量，即供水规模，以 m^3/d 计。

第三节　供水规模确定与校核

一、供水规模计算

供水规模计算公式如下：

$$Q=Q_1+Q_2+Q_3+Q_4+Q_5+Q_6+Q_7 \tag{2.2-3}$$

式中　Q——供水规模，m^3/d；

Q_1——居民生活用水量，m^3/d；

Q_2——公共建筑用水量，m^3/d；

Q_3——集体或专业户饲养畜禽用水量，m^3/d；

Q_4——企业用水量，m^3/d；

Q_5——浇洒道路和绿地用水量，m^3/d；

Q_6——管网漏失和未预见用水量，m^3/d；

Q_7——消防用水量，m^3/d。

$$Q_6=(Q_1+Q_2+Q_3+Q_4+Q_5)\times(10\%\sim25\%) \tag{2.2-4}$$

二、供水规模计算应注意的问题

(1) 要认真做好供水范围内用水需求调研、核实工作，本章第二节所述 7 项供水规模组成中，没有用水需求的不列项。

(2) 要严格按照上述用水量计算要求，对照实际用水情况，适当选取用水定额和有关系数、增长比例、折减比例等，防止过高取值。

(3) 供水规模即为最高日用水量，不宜再乘以日变化系数。

(4) 除本章第二节所述 7 项用水计入供水规模之外，不应再增加其他用水量。如农村建筑施工用水，汽车、拖拉机用水已包括在企业用水和未预见用水中；庭院浇灌用水为非日常用水，可错开用水高峰。

三、人均综合用水量与供水规模确定

人均综合用水量为供水规模除以设计供水人口，即将各种用水量之和按人计算的平均值。

根据甘肃、内蒙古、安徽等省（自治区）对已经建成并投入运行的工程日实际供水量和供水人口的调查资料，计算出人均综合用水量为 61.8～86.7L/(人·d)，平均值为 75.0L/(人·d)。考虑到随着农村经济发展，用水量会有一定增长，建议乘以增长系数 1.2。即在实际设计中，人均综合用水量平均按 90L/(人·d) 计算。

根据已有工程建设经验，一批已建农村供水工程采用人均综合用水量作为确定供水规模的控制指标，北方地区按 80～100L/(人·d)，南方地区按 100～120L/(人·d) 进行规划设计。结果显示，供水规模均可满足用水需求，部分工程仍然存在供水规模偏大的问题。

综合上述情况，建议北方地区人均综合用水量采用 60～90L/(人·d)，南方地区采用 80～110L/(人·d) 为宜。各地可结合当地实际情况从中取值，但切忌只取高值，不取低值，造成设计供水规模过大。以此为基础，乘以设计供水人口，即可计算供水规模。

应用此法计算供水规模，可用于农村供水工程规划、立项、编制工程建议书和工程可行性研究报告审查。同时，也可用于校核按前述分项计算供水规模的合理性。如两者相比差距不大，可认为分项计算的供水规模基本合理。否则，应重新根据《村镇供水工程技术规范》(SL 310—2019) 计算。

第三章

水源选择与保护

在供水规模确定后，供水工程设计首要任务是根据供水规模需要的水量，寻找水量和水质符合需要的水源。

水源是供水工程建设的基础，关系到供水可靠性、供水系统类型、净水工艺、供水方式、工程投资、运行费用、工程服务年限、运行管理等多方面，要高度重视和认真比选。

狭义的供水水源一般是指清洁淡水，即传统意义的地表水和地下水，是供水水源的主要选择；广义的水源除了上面提到的清洁淡水外，还包括海水、微咸水、再生污水和暴雨洪水等。农村供水工程受成本、技术等条件限制，优先选用狭义的供水水源。

第一节　水　源　选　择

一、水源基本条件和要求

农村供水工程的水源类型包括地下水和地表水。水源选择的基本条件是水量满足需要并稳定可靠，有利于发展规模供水和长期稳定供水，有利于区域水源优化配置，工程建设投入和运行成本低。水质满足供水水质要求，或经处理可以达到供水水质要求。地下水源水质，应符合《地下水质量标准》(GB/T 14848) 中Ⅲ类或优于Ⅲ类水的要求；地表水源水质，应符合《地表水环境质量标准》(GB 3838) 中Ⅲ类或优于Ⅲ类水的要求，或符合《生活饮用水水源水质标准》(CJ 3020) 的要求。限于条件，当水源水质不能满足上述标准要求时，应征得当地卫生主管部门同意，并采用相应的净化措施，确保净化后的水质达到《生活饮用水卫生标准》(GB 5749)。

二、水源分类与特征

(一) 地下水

储存于地表以下岩土空隙中的水统称为地下水。地下水是人类生产生活不可缺少的自然资源。地下含水层具有较大的调蓄能力，水量稳定，受气象条件的影响较小，不易受污染；但地下水的矿化度和硬度较高，如铁、锰、钙、镁等离子的含量较大，有些地方地下水中的氟、砷等离子含量高，不能直接作为供水水源。在我国北方干旱地区和缺水山区，地下水已成为农村供水的主要水源。

适于农村供水的地下水源主要有上层滞水、潜水、承压水和泉水。

1. 上层滞水

上层滞水是分布于包气带中局部不透水层或弱透水层表面上的地下水，见图 2.3-1。

大气降水是上层滞水的主要补给水源，在有地表水经过的地区也可能获得地表水的入渗补给。上层滞水的水量，一方面取决于它的补给水源，另一方面还与隔水层的分布面积有关。一般情况下，上层滞水分布范围有限，水量较小，而且受当地气候影响，随季节变化较大，只能作为小型临时性供水水源。由于大气降水临近地表，水质易受污染，上层滞水作为饮用水时，应特别注意水质要求。

2. 潜水

潜水是指埋藏在地表以下第一个稳定的不透水层之上，具有自由表面的重力水，见图 2.3-1。潜水分布广泛，一般埋藏较浅，容易开采。

大气降水垂直入渗和地表水入渗是潜水最主要的天然补给来源。在丰水季节，潜水获得降雨入渗补给，潜水位上升。当地表水与潜水含水层具有水力联系，且其地表水面高于潜水面时，都可能对潜水进行补给。潜水通过包气带与大气圈和地表水密切相连。潜水水位、埋藏深度、水量和水质等受气象、水文等因素的控制与影响，呈现明显的季节性变化。由于潜水面之上，无连续完整的隔水层存在，水质易受污染，选作供水水源应全面考虑。潜水是目前农村地区的主要饮用水源。

3. 承压水

承压水是指充满于上下两个不透水层之间且不存在自由水面的含水层中的压力水，见图 2.3-2。

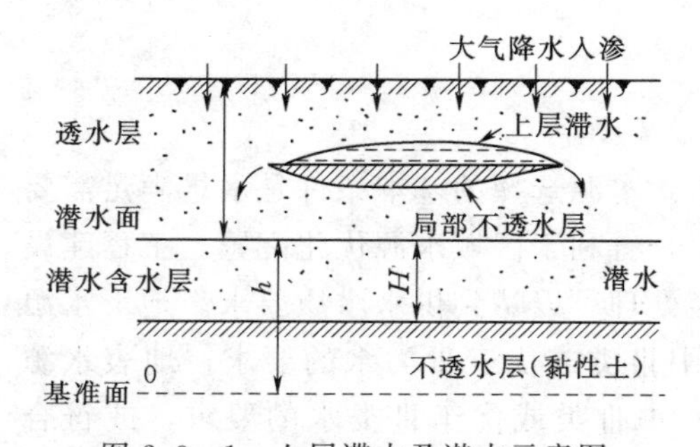

图 2.3-1　上层滞水及潜水示意图

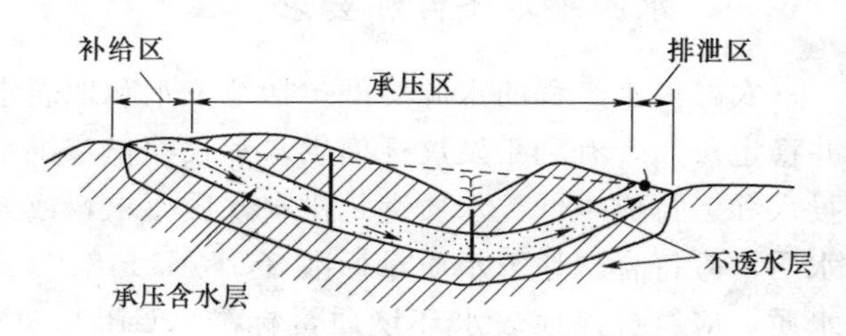

图 2.3-2　承压水示意图

由于承压含水层上部覆盖不透水顶板，承压水一般埋藏较深，补给区与分布区不一致，它的水质、水量、水位等受水文气象因素、人为因素及气候季节性变化的影响较小，水质较好，不易受污染，但一般硬度较高。富水性好的承压水是生活饮用水理想和重要的水源。由于承压水不像潜水那样容易得到补充和恢复，一旦受到污染，很难净化。因此利用承压水作为供水水源时，更应注意水源保护。

4. 泉水

泉水是地下水的天然露头。地下水只要在地形、地质、水文地质条件适当的地方，都可形成泉水。泉水的形成首先是由于地形受到侵蚀，使含水层暴露于地表；其次是由于地下水在运动过程中岩石透水性变弱或受到局部隔水层阻拦，使地下水位抬高溢出地表。如果承压含水层被断层切断，且断层又导水，则地下水能沿断层上升到地表，形成泉水。

泉水一般在山区山前地区出露较多，尤其是山区的沟谷底部和山坡脚下。平原区一般都堆积了较厚的第四纪松散岩层，地下水很少有条件直接排向地表，因此少见泉水。

泉水按其补给来源和成因，可分为下降泉和上升泉。下降泉由上层滞水补给，泉的流量、水温和水质随季节变化。上升泉由承压水补给，泉的流量、水温和水质较稳定，随季节变化小。

水量丰富、水质良好的泉水，是农村供水优先考虑开发利用的水源。

（二）地表水

适于农村供水的地表水源主要有山溪水、江河水、湖泊和水库。大部分地区的地表水受各种地面因素的影响，水体浑浊度和水温变化较大，水质易受污染。但是水的矿化度和硬度较低，一般含铁量及其他物质含量较少。一般地表水的径流量较大，季节变化明显。

1. 山溪水

山溪水的水量受季节和降水的影响较大，一般水质良好，浑浊度较低，但有时漂浮物较多，是山区农村常用的饮用水源。

2. 江河水

江河水的水量和水质受季节和降水影响较大，水体易受人为污染，水的浑浊度和细菌含量一般高于湖泊水和水库水。江河水流速较大，循环周期短，经适当处理可用于农村供水。

3. 湖泊和水库

湖泊和水库的水量、水质受季节和降水的影响比江河水小，浑浊度一般较江河水低，细菌含量少。但水体流速小，循环周期长，容易富营养化，水中藻类等水生物在春秋季繁殖较快，水质容易变坏。目前，越来越多的水库已作为城市和农村供水的主要水源。

（三）雨水

在地下水和地表水严重缺乏的农村，可收集雨水作为生活饮用水源。建设雨水集蓄工程，利用人工或天然集雨场收集雨水，经过简易净化，将水引至水窖、水池、水柜等贮水设施以供饮用。

三、水源选择基本原则和要求

1. 全面调查，重点勘查

在水源选择前，应全面调查和搜集可作为区域水源的资料，对拟选水源进行水资源勘察与水质检测，重点进行干旱年枯水期可取水量分析，结合相应的供水方案作出评价。对供水规模大于5000m^3/d的集中供水工程，应进行水资源论证与水质评价。

（1）地下水源应按照《供水水文地质勘察规范》（GBJ 27）的要求，进行水文地质勘察。

（2）地表水源评价时，应分析不同水文年逐月流量和含砂量的最大值、最小值、平均值，最高水位、最低水位和常水位、洪水持续时间、冰情、水温和水质等历史记录资料，并进行水量平衡分析。资料缺乏时，应进行实测和调查，选择相邻水文站作参照进行水文预测分析，并适当提高设计取水量的保证率。

2. 水量可靠性与可行性

以地下水为水源时，应有确切的水文地质资料，取水量必须小于允许开采量，严禁盲目开采；地下水开采后，不得引起地下水水位持续下降、水质恶化及地面沉降。以地表水为水源时，其干旱年枯水期设计取水量的年保证率，严重缺水地区不低于90%，其他地区不低于95%。

3. 优质水源优选用于饮用水源

符合当地水资源统一规划管理的要求，优化整合水资源，按照优质水源优先保证生活用水的原则，与农业、水利相结合，合理利用水资源，充分发挥已有水源工程的潜力。

4. 环境良好，便于水源保护

应符合《饮用水水源保护区污染防治管理规定》等有关现行规定和标准。设计选用的水源应有明确的保护措施，设置卫生防护地带。

四、取水量确定

取水量应满足工程设计要求，一般按工程设计供水规模（最高日用水量）加输水管漏失水量和水厂自用水量计算，水源供水保证率在95%以上。

五、水源选择顺序和方法

农村供水水源情况与工程规模差异较大，应根据城乡供水一体化、农村供水规模化与可持续运行的要求，统筹考虑县域内外饮用水源条件，实现水资源优化配置。

1. 水源类型选择顺序

（1）有条件时，优先选择地表水源，尤其是水库水源，有利于实现区域化和规模化供水。选择已有水库水源时，应对水库功能进行调整，在确保工程安全和取水水质良好的基础上，发挥工程最大效益。

（2）在有条件的农村，尽量选择地势较高的山泉、山溪截潜流或水库水源，以实现重力输水，降低能耗和运行费。

（3）淡水资源匮乏地区，可建设雨水集蓄工程。

2. 水源水质选择顺序

（1）可直接饮用或仅经消毒、过滤等简单净化即可饮用的水源，依次为山泉水、深层地下水（承压水）、浅层地下水（潜水）。

（2）经常规净水工艺（混凝、沉淀、过滤、消毒）处理方可饮用的水源，依次为山溪（截潜）水、水库水、湖泊水、江河水。

（3）需在常规净化工艺基础上增加预处理或深度处理方可饮用的微污染地表水源，依次为水库水、湖泊水、江河水。

（4）水量充沛、便于开采，但需经特殊处理方可饮用的地下水，依次为铁、锰超标水、苦咸水、高氟水。

3. 区域内水资源比选

（1）当县域内没有可靠水源或不能满足规模化供水工程建设需要时，应考虑县域外优质水源和长距离引水方案的可行性。

（2）当有多个水源可供选择时，除水量、水质应符合要求外，还应考虑水源的可靠性、工程投资、运行成本、施工和管理条件、水源防护条件等，要进行全面的技术经济比较，择优确定。

（3）选择水源、取水量和取水地点等，应取得水利、建设、环保、国土、卫生等有关部门的同意。

第二节　水　源　保　护

生活饮用水源保护应符合《饮用水水源保护区污染防治管理规定》等有关现行法律法规和标准。对选用的供水水源应有明确保护措施。

1. 地表水源保护规定

（1）取水点周围半径100m的水域内，严禁捕捞、停靠船只、游泳和从事可能污染水源的任何活动，应设有明显的范围标志和严禁事项的告示牌。

（2）取水点上游1000m至下游100m的水域内，不得排入工业废水和生活污水；其沿岸防护范围内，不得堆放废渣，不得设立有害化学物品仓库、堆栈或装卸垃圾、粪便和有毒物品的码头，不得使用工业废水和生活污水灌溉农田及施用有持续性或剧毒性的农药，不得从事放养畜禽等活动，严格控制网箱养殖活动。

（3）作为生活饮用水源的水库和湖泊，应视具体情况，将取水点周围部分水域或整个水域及沿岸划为卫生防护地带，其防护措施按上述要求执行。

（4）以河流为水源的供水工程，可根据实际需要，由供水单位会同环保、卫生等部门，把上游1000m以内的河段划为水源保护区，严格控制污染物排放量。排放污水时，应符合《污水综合排放标准》(GB 8978)、《城镇污水处理厂污染物排放标准》(GB 18918)和《地表水环境质量标准》(GB 3838）的有关要求，以保证取水点的水质符合生活饮用水水源水质要求。

（5）水厂生产区或单独设立的泵房、沉淀池、清水池、高位水池外围不小于10m的范围内，不得设置生活居住区和修建畜禽饲养场、渗水厕所、渗水坑，不得堆放垃圾、粪便、废渣或铺设污水管道，保持良好的卫生状况和绿化，并应设立明显的标志。

2. 地下水保护规定

（1）水源周围含水层的防护，在井的影响半径范围内，不得使用工业废水或生活污水灌溉和施用持久性或剧毒农药，不得修建渗水厕所、渗水坑、堆放垃圾废渣或铺设污水管道，并不得从事破坏深层土壤的活动。

资料缺乏时，可将粉砂含水层水源井的周围30～50m，砂砾含水层水源井的周围400～500m划定为保护区。

（2）取水构筑物的卫生防护范围，应根据水文地质条件、取水构筑物的型式和附近地区的卫生状况确定。其防护措施与地表水源水厂生产区的要求相同。

3. 水源保护区审批程序

集中式供水水源卫生防护地带的范围和具体规定由供水单位提出，上报行政主管部门，与水利、规划、环保、卫生、公安等部门会商后，报当地人民政府批准公布，书面通知有关单位遵守执行，并在防护地带设置固定的告示牌。

第四章

供水系统与供水方式

第一节 供 水 系 统

一、供水系统组成

集中供水系统一般由取水工程、输水工程、净水工程和配水工程四部分组成。

(1) 取水工程。取水工程用于从水源提取原水，通常由取水构筑物和取水泵站组成。根据水源类型分为地下水取水工程和地表水取水工程。取水量应满足工程设计要求，一般按工程设计供水规模（最高日用水量）加输水管漏失水量和水厂自用水量计算。

(2) 输水工程。输水工程指将取水工程提取的原水输送至净水厂的工程措施，一般包括输水管道和附属设施。

(3) 净水工程。净水工程是将原水进行净化和消毒，使其达到《生活饮用水卫生标准》(GB 5749) 的要求。一般由净水构筑物或净水设备、厂内调节构筑物组成。

(4) 配水工程。配水工程是将净化合格的水送至用户或供水点，以满足用户对用水量和水压要求。通常包括配水管道、配水泵站及附属构筑物、厂外调节构筑物（高位水池、水塔等)、附属设施等。

二、供水系统分类与选择

集中供水工程，一般可分为重力自流供水系统与提水供水系统两大类。根据水源类型不同，又可分为地下水重力自流系统、提水系统和地表水重力自流系统、提水系统。由于重力自流系统具有工艺简单、工程投资与运行成本低、节电、运行管理方便等优点，凡具有高位水源条件，如高位泉水、高位水库、山溪等，又具有可利用的地势时，应优先选择重力自流系统。

按水源类型分，供水系统工艺流程如下所述。

1. 地下水源

(1) 重力自流系统，其工艺流程如图 2.4-1 所示。由于这种系统工艺简单，工程投资与建设成本低，管理方便，有条件的地区应优先采用。

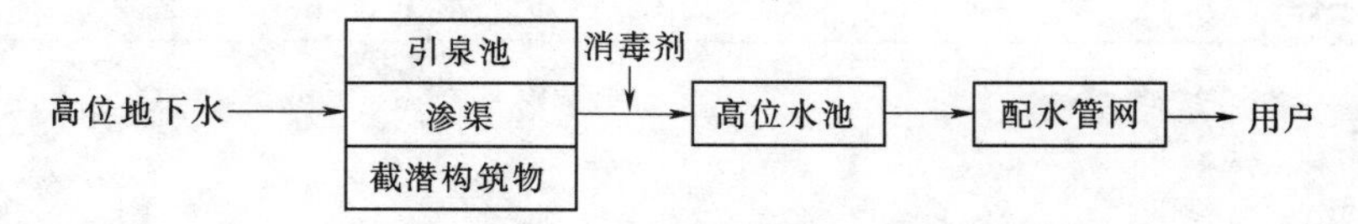

图 2.4-1　地下水重力自流系统工艺流程

（2）提水系统，其工艺流程如图 2.4-2 所示。具有良好的地下水源，又无自流条件的地区，可选用该系统。

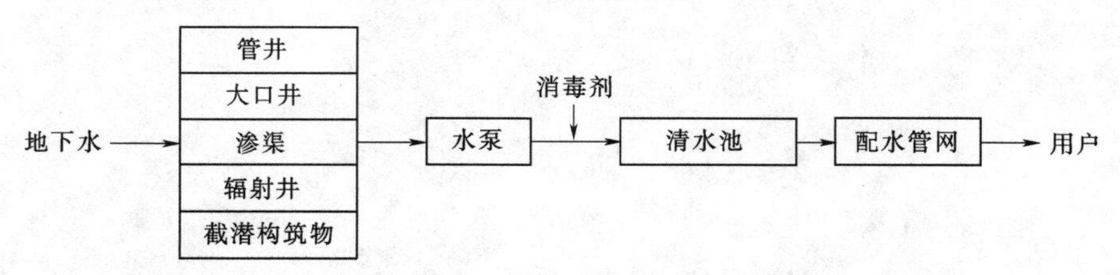

图 2.4-2　地下水提水系统工艺流程

2. 地表水源

（1）重力自流系统，其工艺流程如图 2.4-3 所示。由于这种系统工艺较简单，工程投资与建设成本较低，管理较方便，有高位地表水源（如高位水库、湖泊、山溪等）的地区可采用。

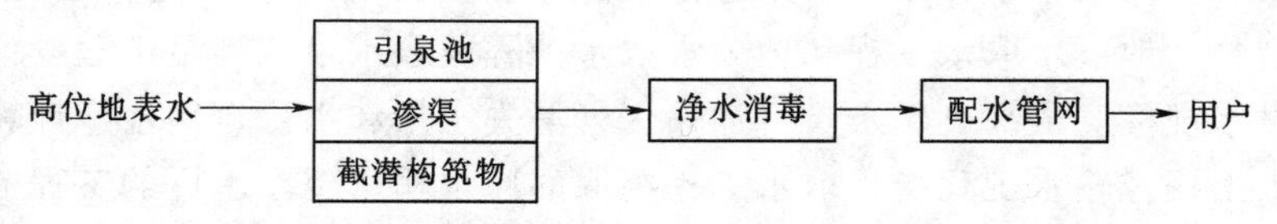

图 2.4-3　地表水源重力自流系统工艺流程

（2）提水系统，其工艺流程如图 2.4-4 所示，为常见地表水源供水系统。有条件的地方区，应尽量减少抽升次数，以节省投资，降低成本。

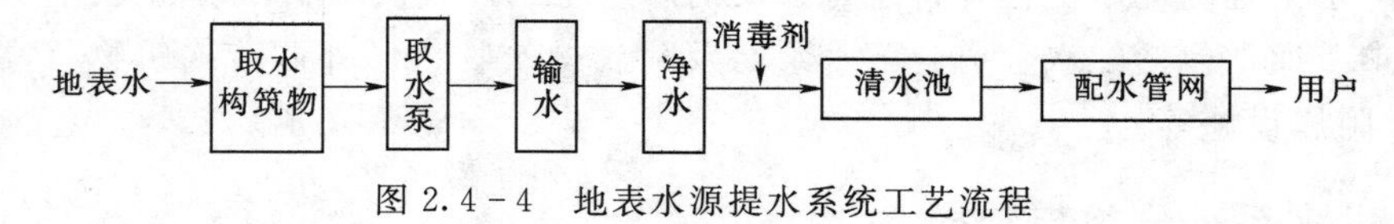

图 2.4-4　地表水源提水系统工艺流程

第二节　供　水　方　式

1. 供水方式分类

根据不同地区和水源条件，供水方式可分为以下几种：

（1）城乡一体化供水，是指现有或新建城镇供水管网向周边农村延伸供水。由于城镇供水系统一般规模较大，运营时间长，有专门人员管理，而且运行规范，供水保证率和水质合格率高。当城镇水厂供水能力有富裕时，宜优先选择从城镇管网向周边农村延伸的供水方式。该供水方式一般无需新建水源工程和净水厂，必要时也可扩建，通常工程建设投资与制水成本较低。管网延伸距离的长短，应通过技术经济比较确定，要核算水量与水压。当水压不足时，可设调节水池和加压泵。严禁用管道泵从管网对口吸水以防止管网产生负压。也可采用稳压补偿式无负压供水设备（CJ/T 303—2008）供水。

（2）跨乡（镇）村集中供水，是指在一定区域内，采用一个供水系统向多个乡（镇）、村供水，又称适度规模集中供水或联村联片集中供水。该供水方式一般供水规模较大，需有专业人员管理，该供水方式的供水保证率和水质合格率较高，单方水建设投资与制水成本低，有利于长期良性运行与经营。当无条件采用城镇管网延伸供水方式时，凡有可靠的良好水源，居住又相对集中的乡（镇）村，宜优先采用该供水方式。

（3）单村供水，是指一个村采用一个独立的供水系统。一般单村供水规模较小，管理水平低，供水保证率与水质合格率低，日常保养维修力量不足，难以长期良性运营。而且单方水建设投资与制水成本高，仅适用于居住分散、村庄间距离远、没有较大规模水源的农村。

（4）分质供水，是指将生活饮用水与生活杂用水等不同水质的水，采用不同的方式或管道向用户供水。当只有唯一水质较好的水源且水量有限时，或在高氟水、苦咸水等难以找到良好水源的地区，制水成本较高时，可采用分质供水方式。处理后的优质水用于农民饮用和做饭，利用原有的管道系统或供水设施提供洗涤、饲养畜禽等生活杂用水。

（5）分压供水，是指同一供水系统采用不同供水压力向地形高差较大的村镇供水。该供水方式一般分为高压区管道系统和低压区管道系统。低压区尽可能采用重力自流供水，仅限高压区采用水泵提升供水，以节省电耗，降低管道工程投资和运行成本，还可减少因管网静压过高而发生崩管事故。

2. 供水方式选择

应统筹考虑县级供水区域内村镇居民、企事业单位的生活用水和生产用水的需求，本着优质水源优先用于生活饮用的原则，做好区域水资源优化配置；整合已有供水设施，充分发挥供水潜力；以实现城乡供水一体化、农村供水规模化，专业化管理，企业化经营，用水户参与和社会化服务为目标，全面提高农村供水保证率和水质合格率，保证供水工程良性运营与可持续发展。

为此，在工程规划设计时，农村供水方式的选择依次为城镇供水管网延伸、跨乡（镇）村集中供水、单村供水、分质供水。

第五章

取水构筑物

第一节　取水构筑物设计原则

取水构筑物是农村供水工程的重要组成部分之一，用于从天然或人工水源中取水，并将水送至水厂。按照水源类型不同，分为地下水取水构筑物和地表水取水构筑物两大类。

取水构筑物设计应符合以下原则：

（1）应保证干旱年枯水期设计取水量保证率为90%～95%。

（2）当自然状态下不能从河流取得所需设计流量时，应有增加人工调节或其他保证水量的措施。

（3）取水构筑物位置的选择应根据取水河段的水文、地形、地质、卫生防护、河流规划和综合利用等条件进行综合考虑。

（4）设计最高水位和最大流量一般按50年一遇的频率确定。

（5）取水构筑物进水口处，一般要求不小于1.5～2.0m的水深；当河道最低水位的水深较浅时，应选用合适的取水构筑物形式和设计数据。

第二节　地下水取水构筑物

地下水取水构筑物包括管井、大口井、渗渠、辐射井及引泉池等，其形式及其适用条件见表2.5-1。

一、取水点选择

主要根据地下含水层厚度、水文地质和供水工程区域规划确定。重点保证水量充足可靠，水质卫生安全，并应符合下列要求：

（1）主要取用深层地下水位与水量稳定、水质好、不受污染的富水地段。

（2）尽量靠近主用水地区，远离河川管理设施或其他构筑物。

表 2.5-1　　地下水取水构筑物适用条件

型式	常用深度/m	常用尺寸	水文地质条件			出水量/(m^3/d)	使用年限
			地下水埋深	含水层厚度	水文地质特征		
管井	20～300	管径为150～400mm	在抽水设备能满足的情况下一般不受限制	一般在4m以上	适用于任何砂、卵、砾石层，构造裂隙、岩溶裂隙	单井出水量一般为500～3000	一般为7～10年
大口井	6～20	管径为1～3m	埋深浅，一般在12m以内	一般为5～15m	适用任何砂、卵、砾石层，渗透系数最好在20以上	单井出水量一般为500～5000	一般为10～20年
渗渠	2～4	管径为200～800mm；渠道宽0.6～1.0m，长10～50m	埋深浅，一般在2m以内	厚度较薄，一般为4～6m，个别地区2m以上	适用于中砂、粗砂、砾石或卵石层	一般为5～15	一般为5～10年
辐射井	6～20	集水井同大口井，辐射管管径一般不超过100mm，长度小于10m	埋深浅，一般在20m以内	一般为5～15m，能有效开采水量丰富，含水层较薄的地下水和河床渗透水	含水层最好为中砂、粗砂或砾石，不得含漂石	单井出水量一般为1000～10000	辐射管部分同渗渠，井的部分同大口井
引泉池					裂隙水或岩溶水出露处	差别很大，为30～8000	一般为10年左右

(3) 按照地下水流向，在镇（乡）村的上游地区。

(4) 尽量避开地质灾害区和矿产采空区。

(5) 施工、运行和维修方便。

二、管井

管井又称深井式机井，通常用凿井机械开凿至含水层，用井管作井壁，与地面垂直，口径小、深度大，以集取深层地下水。贯穿全部含水层的称为完整式管井，否则称为非完整式管井，如图 2.5-1 所示。

(一) 管井出水量计算

实践证明，采用常用理论公式计算单井出水量，往往与实际值有较大误差，一般需要根据抽水试验资料，采用经验公式计算。

1. 单井出水量计算

(1) 常用理论公式及其适用条件：已知含水层渗透系数和影响半径等，计算管井在不同水位下降时的出水量。

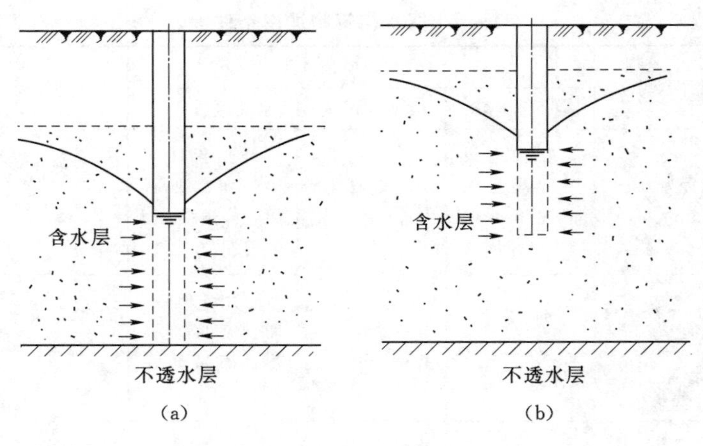

图 2.5-1　管井
(a) 完整式管井；(b) 非完整式管井

(2) 经验公式：通常需要水文地质勘察提出抽水试验资料或利用近似地区的抽水试验资料。经验公式能够全面地概括井的各种复杂因素，这是理论公式所不及的。但抽水试验井的结构应尽量接近设计井，否则应进行适当修正。

用经验公式计算时，需要确定井的出水量 Q 与水位下降 S 之间关系的曲线方程。据此可以求出在设计水位降深时井的出水量。根据 $Q-S$ 曲线类型选择经验公式。选公式计算，应有两次以上水位下降的抽水试验资料，在此基础上，给出出水量与水位下降的关系曲线，即 $Q=f(S)$，据此直观地判别有无直线关系，选择相应的经验公式。经验公式选择方法可参照《给水排水设计手册·城镇给水》(第二版)。

2. 井群布置与出水量计算

(1) 井群布置。一般宜按直线排列。在潜水含水层中，应尽量沿垂直于地下水流方向排列。当井群沿河布置时，应避开有冲刷危险的河岸并与河岸保持一定的距离。井的间距通常不必按影响半径的两倍计算，以免井间连结管线过长，一般可按相互干扰使单井出水量减少不超过25%～30%计算。具体距离应根据含水层的富水性、抽水设备、集水方式、基建投资与经营管理费用等因素确定。当缺乏计算资料时，可参照表 2.5-2 确定。

表 2.5-2　井的最小间距

岩层种类	单井出水量		
	100～300m³/h	20～100m³/h	20m³/h 以内
裂隙岩层	200～300m	100～150m	50m
松散岩层	150～200m	50～100m	50m

由于井数较多，距离较远，不宜采用就地控制方式，一般应采用集中控制。

(2) 井群出水量计算。采用理论公式计算出水量往往出入较大，一般采用生产或抽水试验资料，运用经验公式进行计算。经验公式对承压水含水层和潜水含水层、完整井和非完整井、井群沿河布置和远离水体布置都适用。

（二）管井构造设计

1. 管井组成

管井由井口、井壁管、过滤器和沉淀管组成。管井各部分作用与要求见表 2.5－3，管井构造如图 2.5－2 所示。

表 2.5－3　　管井各部分作用与要求

名　　称	作　用　与　要　求
井口	井室内的井口应高出井室 0.3～0.5m，其周围一般用黏土或水泥等不透水材料封闭。封闭深度一般不少于 3m
井壁管	井壁管用于加固井壁，隔离水质不良或水头较低的含水层。有钢管、铸铁管、钢筋混凝土管、聚氯乙烯、聚丙烯塑料管、玻璃钢管等。一般情况下非金属管适用于井深小于 150m 的范围内；大于 150m 时则应采用金属管
过滤器	过滤器又称滤水管，安装在含水层内，用于集水、保持填砾和含水层的稳定性，保证井的出水量和延长井的寿命
人工填砾	在过滤器周围充填一层粗砂或砾石作为人工反滤层，以保持含水层的渗透稳定性，提高过滤器的透水性，改善管井的工作性能，提高管井单位出水量，延长管井使用年限
沉淀管	沉淀管设在井的最下部，用来沉淀进入井内的细砂和自水中析出的沉淀物。沉淀管长度一般为 2～10m

（1）井口。井口一般用黏土或混凝土等不透水材料封闭。封闭深度根据水文地质条件确定，一般不少于 3m（当井上有建筑物时，应自基础底算起）。自流井口周围应铺压碎石，然后浇灌水泥。

（2）井壁管。井壁管有钢管、铸铁管、钢筋混凝土管、聚氯乙烯、聚丙烯塑料管、玻璃钢管等。一般情况下钢管适用井深范围不受限制，但随着井深的增加应相应增大管壁厚度；井管连接采用套箍、丝扣或法兰。铸铁管一般适用于井深小于 250m 的范围；井管连接采用套箍、丝扣或法兰。钢筋混凝土管一般适用于井深小于 150m 的范围；井管连接常采用管端预埋钢板圈焊接连接。

（3）过滤器。过滤器主要有圆孔过滤器、条孔过滤器、包网过滤器、缠丝过滤器、填砾过滤器、砾石水泥过滤器、无缠丝过滤器、贴砾过滤器等。一般常用缠丝过滤器、填砾过滤器等。

（4）沉淀管。沉淀管长度与井深和井的含砂量有关，一般采用 2～10m。参考选值如下：

井深 16～30m 时，沉淀管长度不小于 2m；

井深 31～90m 时，沉淀管长度不小于 5m；

井深大于 90m 时，沉淀管长度不小于 10m。

2. 管井设计

（1）井管。井管直径应根据设计出水量、水质、

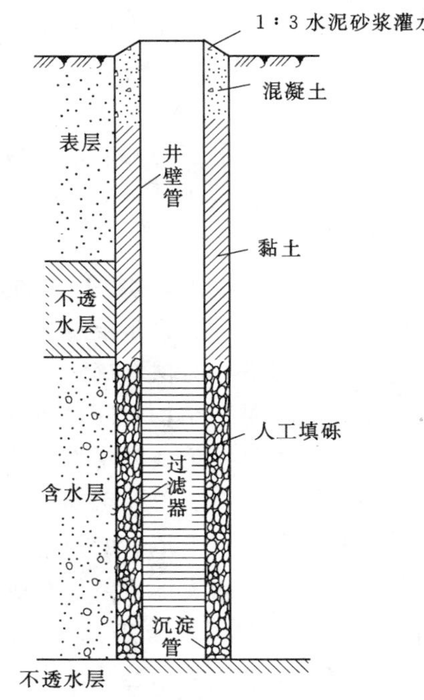

图 2.5－2　管井构造图

选用的抽水设备类型、吸水管外形尺寸等因素计算确定。当采用深井泵或潜水泵时，井管安装水泵部分的内径应比水泵井下部分最大外径大100mm。为节约管材，对于较深的井，在不影响出水量和水泵安装的情况下，可采用变径井管。变径处一般采用渐变管连接，但有时也采用搭接，其搭接长度不应小于3～5m，搭接部分的环向间隙用高标号水泥或其他材料封固。

（2）过滤器。

1）过滤器直径。过滤器直径应根据水文地质条件、出水量、井的深度、过滤器长度等因素，通过抽水试验资料计算确定。根据我国管井抽水试验与生产所获资料，井径与出水量有以下关系：

在潜水含水层中，当管井深度很浅，过滤器类型相同时，井径与出水量的关系，可用式（2.5-1）计算：

$$\frac{Q_2}{Q_1}=\sqrt{\frac{r_2}{r_1}}-n \qquad (2.5-1)$$

式中　Q_2——大井出水量，m^3/d；

Q_1——小井出水量，m^3/d；

r_2——大井半径，m；

r_1——小井半径，m；

n——系数，按式（2.5-2）求得：

$$n=0.021\frac{r_2}{r_1}-1 \qquad (2.5-2)$$

在承压水含水层中，管井出水量基本与过滤器直径（即井径）成直线关系。图2.5-3为过滤器长度等于1m时，不同过滤器直径与井的出水量的关系。

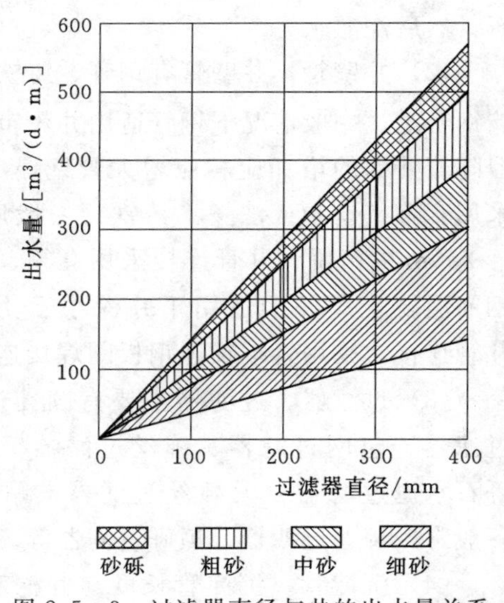

图2.5-3　过滤器直径与井的出水量关系

注　1. 按图2.5-3的关系估算井径或出水量时，应以当地的抽水试验资料为基础，并通过实际生产资料进行校正。
2. 图2.5-3的关系用于直径小的管井时较接近实际，但用于大井径时则与实际出入较大。为安全起见，可参照有关公式进行适当修正。

在水量丰富的砂砾、卵石层中设计管井，应采用较大的直径，以减少井数，节约工程投资和经营管理费用。

2）过滤器结构形式的选择。过滤器的结构形式和材料应根据井深、含水层颗粒组成、水质对过滤器的腐蚀性及施工方法等确定。总的要求是：要有良好的进水条件，结构坚固，不易堵塞。必须正确选用含水层的结构形式和材料，才能保证井的出水量和延长井的寿命。具体可参照表2.5-4选用。

（3）填砾与封井。填砾的规格及厚度，与含水层中砂、石情况、水文地质条件及所采用的滤管构造有关，一般情况可参考表2.5-5。填砾深度一般应比含水层厚度大几米至几十米，以防抽水后填砾下沉露出滤管。填砾时要徐徐填入，避免砾石冲塞于井孔上部。不良含水层与井口的封闭一般应用黏土球，球径 20～25mm。黏土球填入后遇水压缩，容易造成填砾错位，填入高度应比所需封闭位置多 25%左右。填至距地面 0.5m 时，用混凝土填实，混凝土表面用 1∶3 水泥砂浆抹成散水状井口，井口要高出泵房地面 50～100mm。

表 2.5-4　适用于不同含水层的过滤器类型

含水层的特征	过滤器的类型
稳定性好的岩溶、裂隙含水层	可不安装井壁管及过滤器
稳定性差的岩溶、裂隙含水层中无填充物	缠丝、无缠丝过滤器
稳定性差的岩溶、裂隙含水层中有填充物	缠丝、无缠丝砾石过滤器
$d_{20}>20$mm 碎石土类含水层	缠丝、无缠丝过滤器或缠丝、无缠丝砾石过滤器
$d_{20}\leqslant 20$mm 碎石土类含水层	缠丝、无缠丝过滤器
细砂、粉砂含水层	无缠丝双层砾石过滤器或缠丝砾石过滤器

表 2.5-5　管井填砾的规格与厚度

含水层中砂、石情况	填砾规格/mm	填砾厚度/mm
细砂为主（0.1～0.25）	1～2	100～150
中砂为主（0.25～0.5）	2～4	75～100
粗砂为主（0.5～1.0）	4～8	50～75
砾砂为主（1.0～2.0）	8～10	50
砾石、卵石为主（>2.0）	16～30	50

（4）井数的确定。当计算确定生产井数后，再考虑备用井的数量，一般按生产井数的 10%～20%计算，但不得少于一口。

3. 管井腐蚀、堵塞的防治

管井使用一定时间后，往往因为腐蚀和堵塞原因而严重地影响出水量和寿命，在管井设计和运行中应采取有效防治措施。

（1）控制井的设计出水量。井的开采水量过大，进水流速随之增大，以致超过含水层颗粒稳定的最大允许流速，致使泥砂颗粒流向井壁，有时和沉淀的钙质胶结合在一起，逐渐压缩堵塞。为防止这种现象发生，必须严格控制井的设计出水量，保证井的进水流速在允许的设计范围之内。

（2）井管材质的选用。根据所在地区的水文地质和水质条件可选用不同材质的井管，见表 2.5-6。

表 2.5-6　各种水质井管材料选用

井管的安装环境	选用井管材料	备　注
①侵蚀性水和强侵蚀性水； ②沉淀硬垢的水； ③在动水位变化幅度内的井管	①塑料制井管； ②带涂料的钢管或铸铁管，如： 涂沥青； 涂酚醛树脂清漆； 涂汽油纤维素； 涂过氯乙烯树脂清漆加氯橡胶	

续表

井管的安装环境	选用井管材料	备　注
近似海水的地下水 管井上部暴露于空气中	①特殊镍合金井管； ②蒙乃尔合金井管： 带涂料钢、铸铁井管	
①稳定指数 $i>+0.25$ ($i=\mathrm{pH}-\mathrm{pHS}$)； ②水中 HCO_3^- 含量为 25～90mg/L； ③水中 SO_4^{-2} 大于 250mg/L	①不宜采用水泥制井管； ②塑料井管； ③钢铁井管	pHS 为水被碳酸钙饱和时的氢离子浓度

（3）过滤器缠丝材料选用。根据不同水质选用不同的缠丝材料，见表 2.5－7。

表 2.5－7　过滤器缠丝材料的选择

地下水类型		缠丝种类	备　注
名　称	化学成分		
侵蚀性水	①含盐量超过 1000mg/L； ②氯化物超过 500mg/L； ③二氧化碳超过 50mg/L； ④水中含 H_2S； ⑤水中含溶解氧； ⑥pH 值低于 6.5	①尼龙制缠丝； ②黄铜制缠丝； ③不锈钢丝	暴露于空气中的缠丝和置于侵蚀性水中的缠丝相同
沉淀硬垢的水	①总硬度大于 330mg/L； ②总碱度大于 300mg/L； ③总铁量大于 2mg/L； ④pH 值大于 8.0	①尼龙制缠丝； ②黄铜制缠丝； ③10 号以上镀锌铁丝	
强侵蚀性水	①总盐类含量大于 2000mg/L； ②氯化物含量超过 1000mg/L	①黄铜丝； ②青铜丝； ③不锈钢丝	
近海水的地下水		①镍合金缠丝； ②蒙乃尔合金缠丝	

三、大口井

大口井适用于地下水埋藏较浅，含水层较薄且渗透性强的地层取水。大口井井径一般为 2～10m，井深在 20m 以内，单井出水量为 500～10000m^3/d。大口井一般分为完整式大口井和非完整式大口井，如图 2.5－4 所示。

（一）大口井出水量计算

大口井出水量计算可参照《给水排水设计手册·城镇给水》（第二版）所给公式进行计算。

（二）大口井设计

1. 大口井的构造形式

（1）当含水层厚度为 5～10m 时，一般采用完整井。如条件允许，也可做成非完整

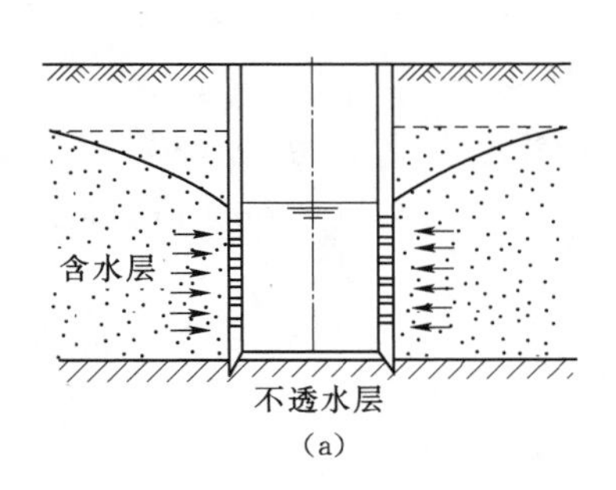

(a)

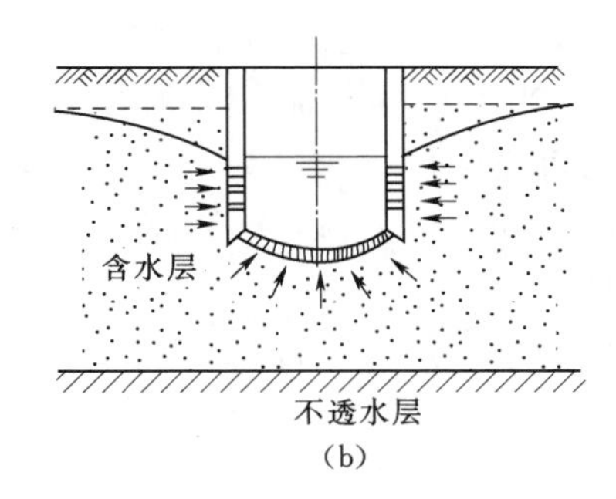

(b)

图 2.5-4　大口井
(a) 完整式大口井；(b) 非完整式大口井

井，使井底距不透水层不小于 1.0～2.0m，以便井壁进水孔堵塞后，井底仍可保证一定的出水量。当含水层厚度大于 10m 时，应做成非完整井。

(2) 当单井出水量较大、井数不多、含水层较厚或抽降较大时，一般在井内安装抽水设备。井距在经济合理的条件下可适当放大，以减少相互影响。

(3) 当用水量较大，井数较多，采用虹吸管集水时，一般采用圆筒形或截头圆锥形大口井。当井群以虹吸管集水时，井距应根据水文地质条件确定，一般不宜太大。截头圆锥形大口井，井壁倾斜度大，施工时稳定性差，井筒易发生倾斜，且不易校正，施工中应注意防止井周围土壤塌陷和不均匀下沉；截头圆锥形大口井具有节省材料，容易下沉等优点。

当大口井位于河漫滩及低洼地区时，应考虑不受洪水冲刷和淹没，井盖应设密封入孔，并高出地面 0.5～0.8m。井盖上设通风管，管顶应高出地面或最高洪水位 2.0m 以上。

(4) 井筒下部应做刃脚，刃脚部分的厚度一般大于井壁厚度 100mm。当井筒采用砖石结构时，须做钢筋混凝土刃脚，其高度最好不小于 1.2～1.5m。刃脚的高度和厚度可根据结构强度计算。

(5) 井的周围应设不透水的散水坡，其宽度为 1.5m。在渗透土壤中，为防止地面水沿井壁渗入地下，污染地下水，井周围应填宽 0.5m，深 1.5m 的黏土层。

2. 大口井的结构材料

应就地取材，一般采用钢筋混凝土、砖、块石等。当井径大于 5m、深度大于 10m，或地层夹有较大的卵石、流沙层，或井筒在施工中易发生倾斜时，宜采用钢筋混凝土井筒。当选用砖或块石砌筑井筒时，砖的标号应不低于 M10 号；块石须是未风化、组织紧密、六面平正、抗压强度不低于 20～30MPa。当砖石材料不易解决时，也可采用预制混凝土块，每块重量不宜超过 50kg。采用砖石或预制混凝土块砌筑井筒时，各层均匀砌筑，以免发生不均匀下沉。

3. 大口井的进水形式

可以是井底进水、井底井壁同时进水，或井壁加辐射管进水等。具体进水形式根据设计水量，并结合当地水文地质条件确定，在有条件时一般采用井底进水。

(1) 井底进水。井底进水必须做反滤层，以防止井底涌砂，这是安全供水的重要措施。反滤层一般设3～4层，宜做成凹弧形，粒径自下而上逐渐变大，每层厚度一般为200～300mm。当含水层为细、粉砂时，应增至4～5层，总厚度为0.7～1.2m；当含水层颗粒较粗时可设两层，总厚为0.4～0.6m。当井底含水层为卵石时可不设反滤层。由于刃脚处极易涌砂，靠刃脚处可加厚20%～30%。当水文地质条件适宜时，井底反滤层也可作成半球形。

（2）井壁进水。井壁进水的型式有水平进水孔、斜形进水孔、V形进水孔和透水井壁。

四、辐射井

如图2.5-5所示，辐射井由大口井和沿径向设置的单层或多层辐射管（集水管）组成，一般用于中砂、粗砂地层。当地层中含有较多漂石或地层为细砂、粉砂时，应采取必要的措施。因为漂石妨碍辐射管顶进，细砂、粉砂往往堵塞辐射管孔眼。

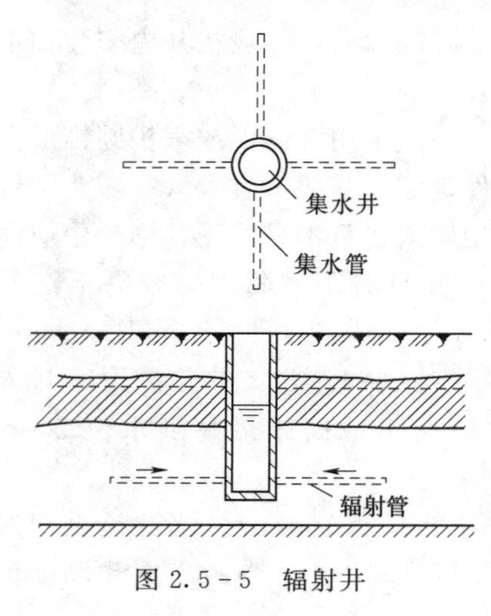

图2.5-5　辐射井

（一）辐射井位置选择与平面布置

1. 位置选择

辐射井设在岸边集取河床渗透水时，应选在河床稳定，水质较清，流速较急，有一定冲刷的直线段和含水层较厚、渗透系数较大的地段。当辐射井远离河流或远离湖泊设置时，应选在地下水位较浅、渗透系数较大，地下水补给充沛的地区。

2. 平面布置

（1）主要集取河床渗透水时，集水井设在岸边或滩地，辐射管伸入河床下。

（2）同时集取河床渗透水和岸边地下水时，集水井设在岸边，部分辐射管伸入河床下，部分辐射管设在岸边。

（3）主要集取岸边地下水时，集水井和辐射管设在岸边。

（4）远离河流集取地下水时，迎地下水流方向辐射管的长度应比背地下水流方向的辐射管长些。

（二）出水量计算

辐射井的出水量，影响因素很多，按各种经验公式和理论公式计算，结果往往与实际情况出入很大，一般通过实际生产或抽水资料计算确定。

（三）辐射井设计

1. 集水井

一般用钢筋混凝土浇筑，其直径按辐射管施工方法和井内是否安装抽水设备确定。集水井一般不封底，以增加出水量。在浇筑集水井管时，需在井壁上预埋辐射管穿墙套管。套管直径应比辐射管直径大50～100mm。预埋套管的数量应多于辐射管，以便在顶进辐射管遇障碍后废弃时，可在新套管中顶管。为便于辐射管施工，最好在井筒上设置两道圈梁，以便搭筑施工平台。

2. 辐射管

（1）辐射管布置。当含水层较薄或集取河床渗透水时，宜设置单层辐射管；当含水层较厚，地下水丰富，渗透系数较大时布设多层辐射管。当辐射管直径为100～150mm时，一般布设2层，层距1.5～3.0m，每层3～6根；当辐射管直径50～75mm时，一般布设4～6层，层距0.5～1.2m，每层6～8根。辐射管距井底的距离一般不小于1～2m。

根据国内一些单位的测定，集取潜水时，迎地下水流方向的辐射管较背水流方向的辐射管出水量大1/3～1/2，因此可适当减少背水流方向的辐射管根数或长度。

（2）辐射管直径。当用人工锤打施工时，一般采用直径50～75mm；当用机械施工时，可采用直径100～200mm。一般情况下采用直径较大的辐射管有利。

（3）辐射管长度。在地下水丰富时，每根辐射管的出水量随长度增加而增加，但单位管长的出水量随管长增加而减少，因此辐射管不宜太长。当直径为100～250mm时，管长一般采用10～30m；管径为50～75mm时，管长一般不超过10m。根据国外试验，当集取潜水时，宜设置多而短的辐射管；当集取承压水时，宜采用少而长的辐射管。

（4）辐射管材料。辐射管一般采用钢管。当管径为50～75mm时，采用加厚的焊接钢管；当管径为100～250mm时，可采用壁厚为6～9mm的钢管。当采用套管法施工时，亦可采用铸铁管、薄壁钢管、塑料管、石棉水泥管和砾石水泥管等。

（5）辐射管进水孔。辐射管进水孔一般采用圆形和条形两种，其孔径尺寸根据含水层颗粒组成确定。采用圆孔时，孔径一般为6～12mm；采用条形孔时，孔宽为2～9mm，长为40～140mm，孔口最好交错排列。孔隙率一般为15%～20%，最多可达25%～35%。

五、渗渠

主要用于截取河床渗透水和潜流水，其出水量受季节变化影响较大，枯水期为丰水期的50%～60%，或者更小。渗渠结构如图2.5-6所示。

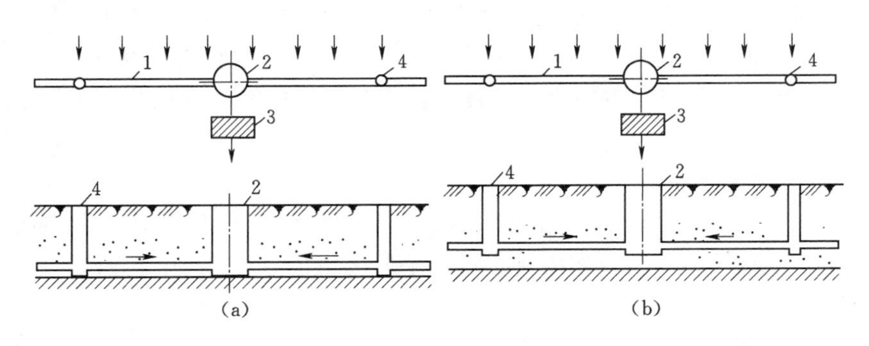

图2.5-6　渗渠结构

(a) 完整式渗渠；(b) 非完整式渗渠

1—集水管；2—集水井；3—泵房；4—检查井

（一）渗渠设计要点

根据一般经验，集取潜流水和河床渗透水的渗渠效果较好。为获得预期水量，渗渠设计中应注意以下四点：

（1）确切进行水文地质勘察，正确使用储水量评价计算成果。

（2）正确地选择渗渠位置。

（3）充分考虑枯水期最小出水量，以及渗渠建成使用后，由于淤塞引起的产水量逐年下降等因素。实践证明，一般情况下渗渠产水量逐年下降。由于水文地质条件不同，以及施工质量和管理水平的高低，有的渗渠产水量下降少，有的下降严重。

（4）为提高渗渠产水量，可在渗渠下游10～30m范围内的河床下采取截水措施。当渗渠截取河床渗透水时，有一定的净化作用，其净化效果与河水浊度及人工滤层构造有关。一般可去除悬浮物70%以上，去除细菌70%～95%，去除大肠菌70%以上。

（二）渗渠位置选择与平面布置

1. 位置选择

（1）水流较急、有一定冲刷力的直线或凹岸非淤积河段，尽可能靠近主流。

（2）含水层较厚，而且没有不透水夹层的地带。

（3）河床稳定、河水较清、水位变化较小的地段。

2. 平面布置

（1）平行于河流，或略成斜角布置。一般用于含水层较厚，潜水充沛，河床较稳定，水质较好，以集取河床潜流水和岸边地下水。优点是施工容易，不易淤塞，检修方便，出水量变化较小。渗渠与河流水边线的距离，在含水层为卵石或砾石层时，一般不宜小于25m，对于较浑浊的河水，为了保证出水水质，距离可适当加大；对于稳定河床，可缩小。

（2）垂直于河流布置。①布置在河滩下，适用于岸边地下水补给来源较差，而河床下含水层较厚，透水性良好，且潜流水比较丰富的情况。优点是施工、检修方便，施工费用较低；缺点是出水量受河水季节变化影响较大。②布置在河床下适用于河流水浅，冬季结冰取地面水有困难，且河床含水层较薄，透水性较弱的河床，以集取河床渗透水。优点是出水量较大；缺点是施工、检修困难，滤层易淤塞，需经常清洗翻修。

（3）平行与垂直组合布置。适用于地下水与潜流水均丰富，含水层较厚，兼取地下水、河床潜流水与河床渗透水。为防止距离太近，产水量互相影响；两条渗渠夹角宜大于120°。为了降低雨季两条渗渠的混合水浊度，垂直于河流的渗渠宜短些，平行于河流的渗渠宜长些。

（三）渗渠出水量计算

包括集取地下水或潜流水、同时集取地下水与河床潜流水和集取河床渗透水三种情况，其渗渠出水量计算可参照《给水排水设计手册·城镇给水》（第二版）。

（四）渗渠设计

1. 水力计算数据

（1）渗渠管径（渠宽）按水力计算确定。当渗渠较长时，应按水量不同改变管径，但规格不宜过多。当有条件时，分成2～3条铺设，每条渗渠最大长度，控制在500～600m为宜，其内径或短边不得小于600mm。

（2）管渠充满度一般采用0.4～0.8。

（3）最小坡度不小于0.2%。

（4）管内流速一般采用0.5～0.8m/s。

（5）设计动水位，最低保持0.5m的水深。若含水层较厚，地下水量丰富，则渗渠设计动水位保持在0.5m以上为宜，大些更好。

2. 结构与材料

渗渠断面形状一般为圆形，常用钢筋混凝土管或混凝土管，每节长度1～2m，也有0.2～0.3m的短管。也可用浆砌块石或装配式混凝土廊道，水量较小时，还可用铸铁管或石棉水泥管。

3. 进水孔设计

（1）进水孔形式分圆孔和条孔两种。圆形进水孔直径：钢筋混凝土为20～30mm，铸铁管为10～30mm。孔眼净距按结构强度要求，一般为孔眼直径的2～2.5倍。进水条孔宽度为20mm，长为宽的3～5倍，条孔间距纵向为50～100mm，环向为20～50mm。

（2）进水孔一般沿上部1/2～2/3圆周布置。进水孔的面积一般为管壁开孔部分总面积的5%～10%。当结构强度允许时，最好采用8%～15%。进水孔的总面积可按式（2.6－3）计算：

$$F=\frac{Q}{v} \tag{2.5-3}$$

式中　Q——设计出水量，m^3/s；

v——进水孔允许流速，m /s，应小于0.01m/s。

4. 人工滤层

（1）在河滩下集取地下水或潜流水。滤层的层数和厚度应根据含水层颗粒分析资料选择，一般采用3～4层，总厚度800mm左右，每层厚200～300mm，上厚下薄，上细下粗。

当缺乏颗粒分析资料而含水层又为大颗粒的砂卵石时，可参照实际工程确定。

人工滤层的填料中不应夹有黏土、杂草、风化岩石等。滤层上部回填的原河砂应冲洗干净。

（2）在河床下集取河床渗透水。为便于清洗翻修，不宜埋设太深。一般在避免冲刷条件下，由河底到管顶的距离最好不超过1.7m。渗渠的滤层级配，上层滤料粒径一般为0.25～1.0mm，厚1.0m，下面三层滤料的粒径分别为100～4mm、4～8mm、8～32mm，每层厚0.15～0.2m。当渗渠埋深较浅，人工滤层有可能被冲刷时，应采取防冲措施。

（五）基础和接口

1. 基础

（1）完整式渗渠。当含水层厚度小于7m时，应尽量设计成完整式渗渠，一般不设基础。但应将基岩面挖成$D/3$深度的基础岩槽，然后将集水管安放其中，再用大卵石或块石将管子两侧卡住定位（见图2.5－7）。

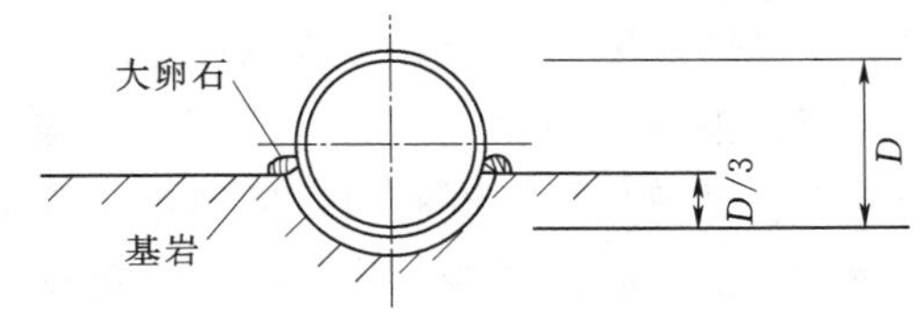

图2.5－7　基岩基础

（2）非完整式渗渠。当集水管采用钢筋混凝土管时，多采用混凝土基础；也可采用混凝土枕基，位于集水管下部接口处

(见图 2.5-8)；当集水管为铸铁管时，可不作基础，用卵石或块石充填在管子两侧，将管子卡稳。

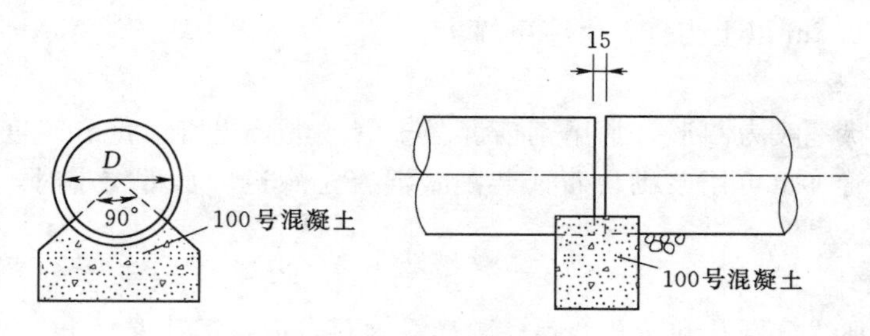

图 2.5-8　混凝土基础

2. 接口

一般钢筋混凝土管常用套环接口或承插接口，接口处留有 10～15mm 空隙，在接口周围回填砾石和卵石。如用短管平行连结，不用套环，但应与基础固定好，防止冲刷和位移。

(六) 检查井

(1) 在渗渠端部、转角和断面变换处应设检查井。直线部分检查井的间距根据渗渠的长度和断面确定，一般采用 30～50m。当集水管的管径较小时，检查井间距可采用 30m；当集水管的管径较大时，可采用 75～150m。

(2) 检查井多采用圆形钢筋混凝土井，直径 1～2m，井底应设 0.5～1.0m 深的沉沙坑。

(3) 检查井分为地下式和地面式，为防止河水泥沙由井盖流入渗渠，常采用地下式检查井和封闭式井盖，用橡皮圈和螺钉固定井盖。地面式检查井井顶应高出地面 0.5m，并考虑防冲措施，如加深井下基础，在周围抛块石等。

(七) 集水井设计

(1) 集水井平面形状分为矩形和圆形，水量小时可采用圆形。为检修方便，渗渠进水口处设闸门，其上设平台，井顶设人孔、通风管等。一般产水量较大的渗渠集水井常分为两格，靠近进水管一格为沉砂室，后边一格为吸水室。沉砂室设计可采用水平流速 0.01m/s、砂下沉速度 0.005m/s。

(2) 集水井多采用钢筋混凝土结构。其容积可根据渗渠产水量、调节容积和沉砂时间等要求确定。当渗渠产水量较小时，可按不超过 30min 产水量计算，产水量较大时，可按不小于一台水泵 5min 抽水量计算。

(八) 渗渠设计注意事项

(1) 渗渠产出水量与使用年限、位置选择、埋设深度、人工滤层颗粒级配及施工质量有关。在设计渗渠时应详细调查预设渗渠地点河床的淹没、冲刷、淤积情况以及含水层渗透性、颗粒组成，必要时应通过钻探或挖探井等形式获取有关资料。施工时应严格按设计的人工滤层级配分层铺设滤料，回填渗渠管沟时，应用挖出的原土。对于采用土围堰施工的渗渠，完工后应将围堰拆除干净，避免改变河床水流走向。

(2) 设计时应考虑备用渗渠或地表水进水口，以保证事故或检修时仍能满足用水要求。

(3) 提高渗渠产水的水泵设备能力，充分考虑丰水、枯水期的水量变化。

(4) 避免将渗渠埋设在排洪沟附近，以防堵塞或冲刷。

六、引泉池

泉水水质好，集取方便，能大幅节约工程投资，便于日常运营管理。在有条件的地区，选用泉水作为中、小型供水工程的水源比较经济合理。特别是云南、福建、广东、广西等地的一些山区，泉水出露较多，水质好，水量有保证，而且水位较高，可实现重力供水。泉水分为上升泉和下降泉，其出流方式有集中和分散两种。

(一) 引泉池型式

1. 集中上升泉引泉池

如图 2.5-9 所示，泉水出流集中，从地下或河床中向上涌出，从引泉池底部进水。这种引泉池适用于集取集中上升泉水或主要水量从 1～2 个主泉眼涌出的分散上升泉水。

2. 集中下降泉引泉池

如图 2.5-10 所示，泉水流出集中，从山坡、岩石等侧壁流出，从引泉池侧壁进水。适用于集取集中下降泉水或主要水量从 1～2 个主泉眼流出的分散下降泉水。

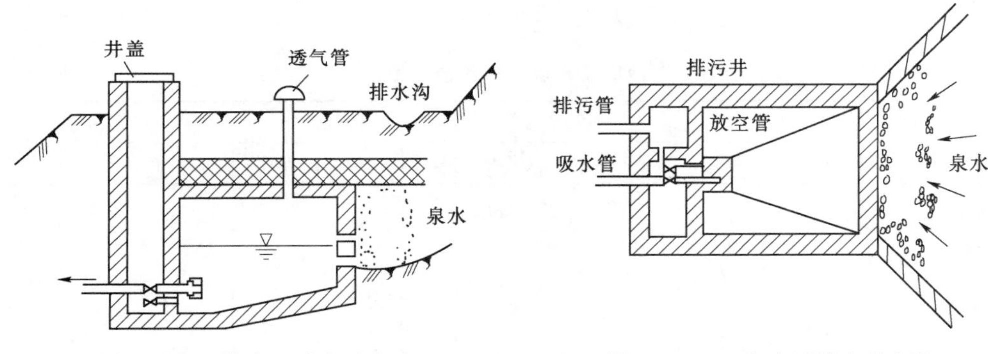

图 2.5-9　集中上升泉引泉池　　　图 2.5-10　集中下降泉引泉池

3. 分散泉引泉池

泉眼分散，取水时用穿孔管埋入泉眼区，将泉水收集到管中，再汇流到引泉池。

(二) 引泉池构造设计

1. 泉室

泉室有矩形和圆形两种，通常采用钢筋混凝土浇筑，或用砖、石、预制混凝土块、预制钢筋混凝土砌成。泉室根据泉水水质、周围环境设计为封闭式或敞开式。如泉水水质较好，无需进行净化，一般设计为封闭式，避免泉水污染。如泉水水质较差，需要进行净化，且周围无落叶等污染，或泉眼分散，范围较大，可设计为敞开式。为避免地面污水从池口或沿池外壁流入泉室，敞开式泉室池口应高出地面 0.5m 以上，泉室周围要修建 1.5m 以上的排水坡。如位于渗透性土壤区，排水坡下面还应填充一定厚度的黏土或铺设薄层混凝土。

泉室水深根据引泉池容积大小，选取 1.5～4.0m。若泉水涌水量大、施工不便，或泉眼处工程地质为基岩，难以开挖，泉室水深可适当减小，但要保证出水管管顶在水淹没深度不小于 1m，以避免空气进入。

泉室设计应考虑设置出水管、溢流管、排污管、通气管、控制闸阀等附属设施。在低洼地区、河滩上或河床中的引泉池要采取防止洪水冲刷、淹没的措施。

2. 检修操作室

与泉室合建，用于对引泉池管理维护。为便于施工，一般采用矩形。其平面尺寸根据出水管、溢流管及排污管的管径和控制闸阀的大小来确定，其最小尺寸为 1200mm×1200mm。室内和外壁应设有钢制爬梯，室顶应设人孔。但要注意人孔不能被洪水淹没、地面污水不能通过人孔流入。

3. 进水部分

根据引泉池的类型，进水部分主要有池底进水的人工反滤层、池壁进水的进水孔和透水池壁。

（1）人工反滤层。人工反滤层是防止池底涌砂、安全供水的重要措施。池底进水的引泉池底部，除了有大颗粒碎石、卵石及裂隙岩出水层以外，为防止砂质含水层中的细小砂粒随水流进入池中，保持含水层的稳定性，应在池底铺设人工反滤层。反滤层一般铺设 3～4 层，粒径自下而上逐渐变大，每层厚度 200～300mm，总厚度为 0.6～1.0m。人工反滤层的滤料级配、厚度和层数可参照表 2.5-8 选用。

表 2.5-8　池底反滤层滤料粒径和厚度　　单位：mm

泉眼处砂质	第一层		第二层		第三层		第四层	
	滤料粒径	厚度	滤料粒径	厚度	滤料粒径	厚度	滤料粒径	厚度
细砂	1～2	300	3～6	300	10～20	200	60～80	200
中砂	2～4	300	10～20	200	50～80	200		
粗砂	4～8	200	20～30	200	60～100	200		
极细砂	8～15	150	30～40	200	100～150	200		
砂砾石	15～30	200	50～150	200				
卵石及裂缝岩	不设人工反滤层							

（2）水平进水孔和透水池壁。水平进水孔和透水池壁是引泉池的主要进水型式，容易施工，在孔内滤料级配合适的情况下，堵塞较轻。

水平进水孔一般做成直径 100～200mm 的圆孔或 100×150～200×250mm 的矩形孔。进水孔内的填料分为 2～3 层，其级配根据泉眼处含水层颗粒组成确定，可参照 $D/d_i \leqslant$ 7～8 计算。其中 D 是与含水层接触的第一层滤料粒径，d_i 是含水层计算粒径。当含水层为细砂或粉砂时，$d_i = d_{40}$；中砂时，$d_i = d_{30}$；粗砂时，$d_i = d_{20}$。两相邻层粒径比一般为 2～4。当泉眼周围含水层为砂砾或卵石时，可采用直径 25～50mm 的圆形进水孔，不填滤料。进水孔布置在动水位以下，在进水侧池壁上交错排列，其总面积可达池壁部分面积的 15%～20%。

透水池壁具有进水面积大、进水均匀、效果好、施工简单等特点。透水池壁布置在动水位以下，采用砾石水泥混凝土（无砂混凝土），孔隙率一般为15%～25%。砾石水泥透水池壁每高1～2m设一道钢筋混凝土圈梁，梁高为0.1～0.2m，其设计数据可参照表2.5-9。

表2.5-9 **砾石水泥混凝土池壁设计数据**

砾石粒径/mm	10～20	5～10	3～5
水灰比	0.38	0.42	0.46
混凝土标号	C9	C10	C8
适用泉眼处砂质	粗砂、砾石、卵石	粗砂、中砂	中砂、细砂

（三）引泉池水位及容积确定

（1）引泉池水位确定。在引泉池设计中，池中水位设计非常重要。水位设计过低，不能充分利用水头，造成浪费，而且会使泉池开挖过深，施工困难。水位设计过高，会使泉路改道，造成取水量不足或取不到水，甚至造成引泉池报废。引泉池设计水位应考虑略低于（一般为300～500mm）测定的泉眼枯流量时的水位，以保证枯水时泉水也能流入引泉池，保证安全供水。

（2）引泉池容积确定。引泉池不同于一般取水构筑物，其容积确定比较复杂，通常要考虑泉水量的大小、供水系统特性等。例如泉水量很大，任何时候均大于最高日最大时用水量，则引泉池容积可设置小些；如果泉水量不大，引泉池要起到调节水量作用，则设计容积要大些。缺乏资料时，中、小型供水系统可按日用水量的20%～40%确定；对于极小型供水系统，引泉池容积可按日用水量的50%以上。

第三节 地表水取水构筑物

一、取水构筑物位置选择

取水点位置选择关系到水质、水量、取水的安全可靠性、工程造价、施工进度及工程运行管理方便程度，应符合农村总体规划和区域水资源规划要求。

取水构筑物的位置选择必须对选定的水源做全面深入的调查，搜集必要的水文资料，既要了解现状，又要了解水源的过去及变化过程，通过全面分析比较后确定。应具体考虑以下因素。

1. 水质因素

（1）在泥沙量较多的河流，应根据河道中泥沙的移动规律和特性，避开河流中含沙量较多的地段。

（2）在泥沙含量沿水深有变化的情况下，应根据不同深度的含沙量分布，选择适宜的取水高程。

（3）取水口应选择在水流畅通和靠主流地段，避开河流中的回流区或“死水区”，以减少水中悬浮物、杂草、泥沙等进入取水口。

（4）湖水及水库水的水生生物（如藻类、苔藓、萍草等）会危及取水的安全和影响净水效果，在取水构筑物设计时，应采取必要措施。

2. 河床及地形

取水河段形态特征和岸形条件是选择取水口位置的重要因素。取水口位置应根据河道水文特征和河床演变规律，选在比较稳定的河段，并能适应河床的演变。

(1) 在弯曲河段，应选在水深岸陡，泥沙量少的凹岸地带，但应避开凹岸主流的顶冲点，一般可设在顶冲点下游15～20m的地段。

(2) 在顺直河段，应选在主流靠近岸边，河床稳定，水深及流速较大的地段，一般设在河段最窄处。

(3) 在有河漫滩的河段，应选在河漫滩最短的地段，并要充分估计河漫滩的变化趋势。

(4) 在有沙洲的河段，应离开沙洲500m以外。当沙洲有向取水口方向移动趋势时，这一距离还需适当加大。

(5) 在有支流汇入的顺直河段，应注意汇入口附近“堆积锥”的扩大和发展，取水口应与汇入口保持足够的距离。一般取水口多设在汇入口干流的上游河流。

(6) 在有分岔的河段，应选在主流河道的深水地段。

(7) 在潮汐河道上，取水口尽量选在海水潮汐倒灌影响范围以外。

(8) 水库中的取水口，应选在水库淤积范围以外，靠近大坝附近，并远离支流汇入口和藻类集中区。

(9) 湖泊取水口，应选在近湖泊出口的地方，远离支流的汇入口，并应避开藻类集中区域。

(10) 取水地点较好的地段，往往受到水流冲刷，所以在建取水口的同时，还须考虑取水口附近河床、岸坡的加固和防护等设施。

3. 上、下游构筑物的影响

在选择取水构筑物位置时，应对取水河段邻近的人工和天然障碍物进行分析，尽量避免各种不利因素。

(1) 桥梁。桥梁上游水流滞缓，造成淤积，抬高河床，冬季产生冰坝，故取水口应设在滞流区以上约0.5～1.0km。在山区河流的桥梁上游设置取水口时，更应注意洪水期由于木筏、泥沙、石子阻塞桥孔而突然提高水位。在桥梁下游设取水口时应根据河流特性分析确定。如无资料时，可取1km以外。

(2) 码头。取水口不宜设在码头附近，有被泥沙淤积和污染的可能，取水构筑物距码头边缘至少100m，并应征求航运部门的意见。

(3) 拦河闸坝和丁坝。设在闸坝上游时，取水口宜选在闸坝附近，距坝底防渗铺砌起点约100～200m处。设在闸坝下游时，取水口应选在上述影响区域以外。

设在建有丁坝的河道时，取水口位置设在丁坝前150～200m。在丁坝同一岸侧的下游不宜设置取水口。

4. 污水排出口

(1) 生活用水水源应选在污水排出口上游100m以上或下游1000m以外的地方，并应建立卫生防护地带。

(2) 潮汐河道中污水排泄和稀释很复杂，应通过调查、测定，确定取水口与污染源的距离，同时宜将取水口设在河心。

5. 冰凌因素

（1）取水口应设在不受冰凌直接冲击的河段，并应使冰凌顺畅地在其附近顺流而下。

（2）在冰冻严重地区，取水口应选在急流、冰穴、冰洞及支流入口的上游河段。

（3）有流冰的河道，取水口附近不应有易被流冰堵塞的沙洲、浅滩、回流区和桥孔。

（4）在流冰较多的河流，取水口宜设在冰水分层的河段，从冰层下取水。

6. 工程地质条件

（1）取水构筑物应尽量选在地质构造稳定，承载力高的地基上，不宜设在断层、流沙层、滑坡、风化严重的岩层和岩溶发育地段。

（2）在有地震影响的地区，取水构筑物不宜设在过陡的岸边或山脚下，以及其他易崩塌地区。

二、取水构筑物形式及特点

由于地表水源类型及环境条件多种多样，其取水构筑物的形式相对较多，总体上分为固定式取水构筑物和移动式取水构筑物两大类。根据《村镇供水工程技术规范》（SL 310—2019），适宜农村供水工程的地表水取水构筑物形式主要有 7 种，其中固定式 4 种，包括岸边式、河床式、底栏栅式和低坝式取水构筑物，移动式 3 种，包括缆车式、浮船式和潜水泵直接取水构筑物。

不同类型和形式的地表水取水构筑有其特点和适用条件，供工程规划设计选用。

1. 固定式取水构筑物

（1）岸边式取水构筑物，包括合建式和分建式两种形式，其特点和适用条件见表 2.5-10。

表 2.5-10　　岸边式取水构筑物形式、特点和适用条件

序号	形　式	特　　点	适　用　条　件
1	合建式	1. 集水井与泵房合建，设备布置紧凑，总建筑面积较小 2. 吸水管路短，运行安全，维护方便	1. 河岸坡度较陡，岸边水流较深，且地质条件较好以及水位变幅和流速较大的河流 2. 取水量大和安全性要求较高的取水构筑物
2	分建式	1. 泵房可离开岸边，设于较好的地质条件下 2. 维护管理及运行安全性较差，一般吸水管布置不宜过长	1. 在河岸处地质条件较差，不宜合建时 2. 建造合建式对河道断面及航道影响较大时 3. 水下施工有困难，施工装备力量较差时

（2）河床式取水构筑物，包括自流管取水、虹吸管取水和水泵吸水管直接取水三种形式，其特点和适用条件见表 2.5-11。

（3）底栏栅式和低坝式取水构筑物，包括三种形式，其特点和适用条件见表 2.5-12。

2. 移动式取水构筑物

移动式取水构筑物包括缆车式取水、浮船式取水和潜水泵直接取水三种形式，其特点和适用条件见表 2.5-13。

表 2.5-11　　河床式取水构筑物形式、特点及适用条件

序号	形　式	特　点	适 用 条 件
1	自流管取水	1. 集水井设于河岸上，可不受水流冲刷和冰凌碰击，亦不影响河床水流； 2. 进水头部伸入河床，检修和清洗不方便； 3. 在洪水期，河流底部泥沙较多，水质较差，建于高浊度水河流的集水井，常沉积大量泥沙不易清除； 4. 冬季保温、防冻条件比岸边式好	1. 河床较稳定，河岸平坦，主流距河岸较远，河岸水深较浅； 2. 岸边水质较差； 3. 水中悬浮物较少
2	虹吸管取水	1. 减少水下施工工作量和自流管的大量挖方； 2. 虹吸进水管的施工质量要求高，在运行管理上亦要求保持管内严密不漏气； 3. 需装设一套真空管路系统，当虹吸管径较大时，起动时间长，运行不便	1. 在河流水位变幅较大，河滩宽阔，河岸又高，自流管埋设很深时； 2. 枯水期时，主流离岸较远而水位较低； 3. 受岸边地质条件限制，自流管需埋设在岩层时； 4 在防洪堤内建泵房又不可破坏防洪堤时
3	水泵吸水管直接取水	1. 不设集水井：施工简单，造价低； 2. 要求施工质量高，不允许吸水管漏气； 3. 在河流泥砂颗粒粒径较大时，易受堵塞，且水泵叶轮磨损较快； 4. 吸水管不宜过长； 5. 利用水泵吸高，可减小泵房埋深	1. 水泵允许吸高较大，河流漂浮物较少。水位变幅不大； 2. 取水量小，水泵台数少时

表 2.5-12　　底栏栅式和低坝式取水构筑物形式、特点和适用条件

序号	形　式	特　点	适 用 条 件
1	底栏栅式取水	1. 利用带栏栅的引水廊道垂直于河流取水； 2. 常发生坝前泥沙淤积，格栅堵塞	1. 适用于河床较窄，水深较浅，河底纵向坡较大，大颗粒推移质特别多的山溪河流； 2. 要求截取河床上径流水及河床下潜流水之全部或大部分的流量
2	固定低坝式	1. 在河水中筑垂直于河床的固定式低坝，以提高水位，在坝上游岸边设置进水闸或取水泵房； 2. 常发生坝前泥沙淤积	适用于枯水期流量特别小，水浅，不通航，不放筏，且推移质不多的小型山溪河流
3	活动低坝式（水力自动翻板闸低坝式取水）	1. 利用水力自动启闭的活动闸门，洪水时能自动而迅速地开启，泄洪排砂；水退时又能迅速自动关闭，抬高水位满足取水需要； 2. 大大减少了坝前泥沙淤积，取水安全可靠	适用于枯水期流量特别小，水浅，不通航，不放筏的小型山溪河流

表 2.5-13　　移动式取水构筑物形式、特点和适用条件

序号	形　式	特　　点	适　用　条　件
1	缆车式取水	1. 施工较固定式简单，水下工程量小，施工期短； 2. 投资小于固定式，但大于浮船式； 3. 比浮船式稳定，能适应较大风浪； 4. 生产管理人员较固定式多，移车困难，安全性差； 5. 只能取岸边表层水，水质较差； 6. 泵车内面积和空间较小，工作条件较差	1. 河水水位涨落幅度较大（在 10～35m 之间），涨落速度不大于 2m/h； 2. 河床比较稳定，河岸工程地质条件较好，且岸坡有适宜的倾角（一般在 10°～28°之间）； 3. 河流漂浮物少，无冰凌，不易受漂木、浮筏、船只撞击； 4. 河段顺直、靠近主流； 5. 由于牵引设备的限制，泵车不宜过大，故取水量较小
2	浮船式取水	1. 工程用材少、投资小、无复杂水下工程、施工简便、上马快； 2. 船体构造简单； 3. 在河流水文和河床易变化的情况下，有较强的适应性； 4. 水位涨落变化较大时，除摇臂式接头形式外，需要更换接头，移动船位，管理比较复杂，有短时停水的缺点； 5. 船体维修养护频繁，怕冲撞、对风浪适应性差，供水安全性也差	1. 河流水位变化幅度在 10～35m 或更大范围，水位变化速度不大于 2m/h，枯水期水深大于 1m，且流水平稳，风浪较小，停泊条件良好的河段； 2. 河床较稳定，岸边有较适宜的倾角，当联络管采用阶梯式接头时，岸坡角度以 20°～30°左右为宜；当联络管采用摇臂式接头时，岸坡角度可达 60°或更陡些； 3. 无冰凌、漂浮物少的河流，没有浮筏、船只和漂木等撞击的可能
3	潜水泵直接取水	1. 施工简单，水下工程量小，施工方便； 2. 投资较省； 3. 目前潜水泵型式较多，可根据安装条件，适当选用	1. 临时供水； 2. 漂浮物和泥沙含量较少； 3. 取水规模小，河床稳定

三、取水构筑物设计

1. 取水构筑物形式选择及其主要影响因素

（1）河流的水位变幅。①水位变幅很大的可考虑采用湿井泵房、淹没式泵房等，以减少泵房造价；水位变幅不大，可采用一般岸边式或河床式取水构筑物。②河流最低水位不能满足取水深度时，可采用底栏栅式取水或低坝式取水；对水位变幅大，建造固定式取水构筑物有困难时，可采用移动式取水构筑物。

（2）河床及岸坡地形条件。河床岸坡陡，且主流近岸时，宜采用岸边式取水构筑物；河床岸坡平缓，且主流离岸时，宜采用河床式取水构筑物。

（3）河流含砂量：对于洪水期含砂量较高，且在垂直位置上的含砂量分布有明显差异时，应考虑采用分层取水的取水构筑物。当河水含砂量高，且主要由粗颗粒泥砂组成时，如河流取水点有足够的水深，可考虑采用斜板（管）式取水头部。

（4）取水规模及安全度：大型取水泵房安全度要求较高时，一般采用集水井与泵房合建的形式；小型取水泵房条件许可时，可采用水泵吸水管直接取水；当水泵启动时间要求不高时，可采用集水井与泵房分离的形式，以减少泵房埋深；经综合各种取水条件分析比较后，也可考虑采用移动式取水构筑物。

（5）航运要求：取水构筑物的形式应满足通航河道的航运要求。

（6）冰情条件：在有流冰的河道中，不宜采用桩架式取水头部，其他型式的取水头部，其迎水面应设尖棱或破冰体。

2. 取水构筑物设计

取水构筑物设计内容包括取水头部、进水管（渠）、集水井、衣栏栅、低坝、缆车、浮船等，可参照《给水排水设计手册·城镇给水》（第二版）。

第六章

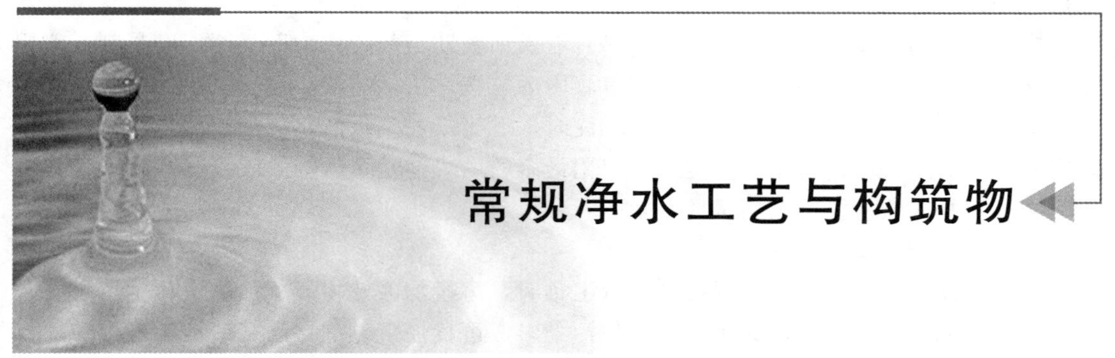

常规净水工艺与构筑物

净水工艺是对水源水或不符合饮用水水质标准要求的原水，采用物理、化学、生物等方法进行净化的过程。目的是为了去除水中悬浮物、胶体颗粒、细菌、病毒以及其他有害成分，使净化后的水质达到《生活饮用水卫生标准》(GB 5749) 要求。

水厂净水工艺是依靠净水构筑物来完成水质净化的过程，应根据原水水质（地下水和地表水)、供水规模、技术经济可行性等进行选择。一般地下水净水工艺较为简单，主要由过滤和消毒组成；地表水净水工艺相对复杂，一般由混合、絮凝、沉淀（澄清)、过滤组成，称为常规净水工艺。当常规净水工艺难于满足出水水质标准时，应增加预处理或深度处理措施。

一般常规净水构筑物有絮凝池、沉淀（澄清）池、滤池。处理高浊度水时增加预沉池。工程设计中根据水源水质状况、供水规模、设计使用年限、经济水平等确定采用净水构筑物或一体化净水设施。

第一节 混　　凝

一、混凝剂选择

混凝剂是为使水中胶体失去稳定性和脱稳胶体相互聚集所投加的药剂。用于饮用水净化的混凝剂应符合混凝效果好、对人体健康无害、使用方便、货源充足、价格低廉等基本要求。

混凝剂种类很多，按化学成分分为无机和有机两大类。目前农村供水常用混凝剂如下：

1. 无机混凝剂

主要有铝盐、铁盐及其聚合物。聚合氯化铝对水中胶粒起电性中和及架桥作用，混凝效果较好，应用范围广。硫酸铝使用方便，但水温低时，水解较困难，形成絮凝体较松散，效果不如聚合氯化铝。三氯化铁形成的絮凝体比铝盐形成的絮凝体密实，处理低温或低浊水优于硫酸铝，但腐蚀性较强，易吸水潮解，不易保管。

2. 助凝剂

当单独使用混凝剂不能取得预期效果时需投加辅助药剂，称为助凝剂。助凝剂一般用于低浊水或高浊度水处理。常用助凝剂有聚丙烯酰胺，活化硅酸。对于低温低浊水，当投加混凝剂时形成的絮体细小松散、不易沉淀时，适当投加少量活化硅酸，可增大絮凝体尺寸和密度，加速沉淀。对于高浊度水，使用最多的助凝剂是聚丙烯酰胺及其水解产物，可大幅减少铝盐或铁盐混凝剂用量。

3. 其他改善混凝效果的药剂

当原水碱度不足致使铝盐混凝剂水解困难时，可投加碱性物质（如氢氧化钠、生石灰等）以促进混凝剂水解；当原水受有机物污染时，可投加氧化剂（高锰酸钾等）以破坏有机物干扰。

二、混合

混合是使投入的药剂迅速均匀地扩散到水中，以创造良好絮凝条件的过程，也是原水与混凝剂快速混匀的过程。混合要求速度快，混凝剂与原水应在 10～30s 内实现均匀混合。混合效果直接关系沉淀池和滤池出水水质，混合设施必不可少，在设计时应予以足够重视。混合方式主要有水泵混合、管道混合器和机械混合池等。

1. 水泵混合

药剂投加在取水泵（离心泵）吸水管或吸水泵喇叭口处，以达到快速混合的目的。

（1）构造与特点：泵前投药，通过水泵叶轮高速旋转，达到水与药剂充分均匀混合。混合效果好，无需另设混合设施。

（2）适用范围：取水泵房距离净水构筑物较近的（120m 以内）的中、小型水厂。

2. 管道混合器

将药剂直接投入水泵出水管内，药剂与水通过混合器多次分割、改向并形成涡旋，达到混合目的。

（1）构造与特点：在管道内设置阻流物，使药剂与水产生湍流，达到快速均匀混合。构造简单，无活动部件，安装方便，不占地，但流量过小时混合效果下降。

（2）适用范围：流量变化不大、规模较大的村镇供水工程，应用范围广泛。

3. 机械混合池

在混合池内安装搅拌装置，如电动机驱动搅拌器，使水与药剂混合。

（1）构造与特点：通过机械搅拌改变水体流态，混合效果好，不受水量变化影响。缺点是增加机械设备及维修工作。

（2）适用范围：规模以上村镇供水工程，广泛应用于城市水厂。

三、絮凝

絮凝是指完成凝聚的胶体在一定外力扰动下相互碰撞、聚集以形成较大颗粒的过程，是整个净水工艺中十分重要的环节。在净水构筑物中完成絮凝过程的构筑物称为絮凝池。在外力作用下，絮凝池使具有絮凝性能的微絮粒相互接触碰撞，形成更大絮粒，以满足沉降分离要求。絮凝池设计目的是创造一定的水力条件，以较短的絮凝时间达到最佳的絮凝效果。

絮凝池形式较多，应根据原水水质、供水规模、沉淀池形式等因素确定。一般农村水厂规模小、间歇运行等特点，常采用以下四种絮凝池。

（一）穿孔旋流絮凝池

利用进水口较高的流速使水体产生旋流运动以完成絮凝。该絮凝池由隔板絮凝池改进而来，是多级旋流絮凝的一种。

1. 构造与特点

穿孔旋流絮凝池由多个絮凝室串联组成。原水从第一格底部切线方向进入而产生旋转运动，促使颗粒相互碰撞，利用多室上下串联的孔口产生旋流，促进絮凝。小型絮凝池可用砖、石砌筑，圆孔用活动木板，池底做成略有倾斜的平底，设置一个排泥管。该絮凝池构造简单，容积小，布置和施工方便，造价低，但絮凝效果不甚理想，池子深度较大，池底易产生积泥现象。

2. 主要设计参数

（1）絮凝时间一般采用15～25min。

（2）絮凝池分格数宜为6～12个方格，根据水量大小确定，方格四角抹圆。

（3）多格的孔眼流速逐级减小，起始流速宜为0.6～1.0m/s，末端流速宜为0.2～0.3m/s。

（4）多格的孔口应上、下对角交叉布置，孔口断面逐级放大。

3. 适用范围

主要适用于水量变化不大的中、小型水厂，广泛应用于农村供水。常与斜管沉淀池合建成穿孔旋流絮凝斜管沉淀池。

（二）栅条（网格）絮凝池

栅条（网格）絮凝池是在沿流程一定距离的过水断面中设置栅条或网格，通过栅条或网格的能量消耗完成絮凝。

1. 构造与特点

栅条（网格）絮凝池的构造由上、下翻越的多格竖井串联组成，各竖井过水断面尺寸相同。水流通过网格或栅条孔隙时收缩，过网孔后水流扩大，形成良好絮凝条件。絮凝池前段采用密型栅条或网格，中段采用疏型栅条或网格，末段可不放。栅条或网格可采用木材、扁钢、钢丝网水泥或水泥预制件。该絮凝池能使水流的紊动作用与絮凝过程优化结合，具有絮凝时间短、絮凝效果好等特点。但施工较复杂，水量变化易影响絮凝效果。

2. 主要设计参数

（1）絮凝时间12～20min，用于处理低温或低浊水时，絮凝时间可适当延长。

（2）絮凝时间分为3段，其中前段4～6min，中段4～6min，末段4～8min。

（3）絮凝池的分格数，农村水厂一般为6～12格，根据水量大小确定。

（4）栅条或网格前段较多，中段较少，末段可不放；上下两层间距60～70cm。

3. 适用范围

适用于水量变化不大的大、中型水厂。由于栅条比网格加工方便，用料省，应用较多。

(三) 折板絮凝池

折板絮凝池是水流以一定流速在折板之间通过而完成絮凝，利用池中加设的扰流单元达到所需要紊流状态。

1. 构造与特点

常用的扰流单元有单通道和多通道两种，可布置成竖流式和平流式，目前以竖流式居多。折板布置分为相对折板，平行折板和平行直板三种型式。折板材料可采用钢丝网水泥板或其他材质制造。该絮凝池具有能耗和药耗低，停留时间短，容积小，絮凝效果好等特点，但造价较高。

2. 主要设计要点

(1) 絮凝时间 10～15min。

(2) 絮凝过程中各段流速分别为：第一段 0.25～0.35m/s，第二段 0.15～0.25m/s，第三段 0.10～0.15m/s。

(3) 折板间夹角采用 90°～120°，第一、二段折板夹角宜采用 90°。

3. 适用范围

适用于水量变化不大的中、小型水厂。近年来也在一体化净水器中广泛应用。

(四) 隔板絮凝池

隔板絮凝池是水流以一定流速在隔板之间通过而完成絮凝。隔板絮凝池为传统絮凝池布置形式，主要有往复式和回转式两种。往复式隔板絮凝池后期在转弯处消耗较大能量，局部水头损失较大；回转式隔板絮凝池局部水头损失较往复式隔板絮凝池大为减少，絮凝效果有所提高。

1. 构造与特点

往复式隔板絮凝池，水流作 180°转弯，絮凝后期在急剧转弯处絮体易破碎；回转式隔板絮凝池，水流作 90°转弯，絮凝效果较好。该池型构造简单，施工方便，在水量变化不大情况下，絮凝效果较好。但出水流量分配不均匀，隔板间距过小，不便施工与维修；流量变化大时，絮凝效果不稳定；絮凝时间长，池子容积较大。

2. 设计要点

(1) 絮凝时间宜为 20～30min。

(2) 絮凝池流速应沿程递减，起始流速为 0.5～0.6m/s，末端流速为 0.2～0.3m/s。

(3) 隔板间净距一般宜大于 0.5m，以便施工与检修；池底呈锥形，倾角不小于 45°，池底设排泥管和放空管，以便排泥。

(4) 水流转弯处做成圆弧形，过水断面积为廊道过水断面积的 1.2～1.5 倍，以减少水头损失。

3. 适用范围

适用于水量变化不大的大型农村水厂。

总之，絮凝池形式很多，各有优缺点，应根据原水水质、设计供水规模、相似水厂运行经验，通过技术经济比较确定。一般农村水厂规模小，穿孔旋流絮凝池构造简单，应用广泛。为避免前期形成的絮体破碎，应适当降低絮凝后期特别是转弯处的水流速度，延长絮凝时间，可提高GT值，改善絮凝效果。

第二节　沉　　淀

一、沉淀

原水经投药混合和絮凝后，水中悬浮杂质形成较大的絮凝体，在沉淀池中分离，即水中悬浮颗粒依靠重力作用从水中分离出来的过程称为沉淀。混凝沉淀池的出水浑浊度一般在8NTU以下，甚至更低。农村水厂常用斜管（斜板）沉淀池和平流沉淀池。

（一）斜管（板）沉淀池

沉淀池内设置斜管（板），水流自下而上经斜管（板）进行沉淀，沉泥沿斜管（板）向下滑动，称为斜管（板）沉淀池。斜板沉淀池是由沉淀池内设置的与水平面成60°角的斜板构成。斜管沉淀池是由沉淀池内装设的许多直径较小的平行倾斜管，与水平面成60°角的管状组件构成；斜管断面一般采用蜂窝六角形，斜管长度为1.0m，倾角60°，管内切圆直径为25～35mm。

在斜管（板）沉淀池中，水的流动方向是从斜管（板）底部进入，上部流出，沉泥由管（板）的下端滑出，水与泥呈相反方向运动，故称为异向流斜管（板）沉淀池。斜管（板）材料有聚氯乙烯、聚丙烯，对这些材料要求是无毒、无味、无臭、耐水、壁薄而轻，价格便宜等。

1. 构造与特点

由于斜管（板）的水力半径更小，雷诺数更低，沉淀效率高，池子容积小和占地面积少。缺点是对水质、水量变化适应能力差，斜管（板）材料用量多，且塑料老化后需定期更换，增加运行费用。

2. 主要设计参数

（1）斜管（板）沉淀池液面负荷，宜采用5.0～9.0$m^3/(m^2 \cdot h)$。

（2）水在斜管（板）内停留时间，宜为4～7min。

（3）清水区高度不宜小于1.0m，底部配水区高度不宜小于1.5m。为使配水均匀，应在沉淀池进口处设穿孔花墙。

3. 适用范围

可用于各种规模的水厂，单池处理水量不宜过大。异向流斜管（板）沉淀池适用于浑浊度长年低于500NTU的原水。

（二）平流沉淀池

水沿水平方向流动的狭长形沉淀池为平流沉淀池。平流沉淀池为矩形水池，上部为沉淀区，底部为污泥区，池前部为进水区，池后部为出水区。经混凝后的水流入沉淀区后，沿进水区整个截面均匀分配，进入沉淀区，然后缓慢水平流向出水区。水中的颗粒沉于池底，沉积的污泥定期排出池外。

1. 构造与特点

平流沉淀池构造简单，可用砖、石砌筑，造价较低，管理方便，沉淀效果稳定，对进水浑浊度有较大的适应能力，容易施工。但池型占地面积大，排泥困难。

2. 主要设计参数

（1）沉淀时间为主要控制指标，应根据原水水质、水温等或参照相似条件水厂运行经验确定，宜为2.0～4.0h。

（2）水平流速可采用10～20mm/s，水流应避免过多转折。

（3）平流沉淀池的有效水深，可采用2.5～3.5m。

（4）平流沉淀池的长宽比不小于4，长深比宜大于10。每格宽度宜为3～8m，不宜大于15m。

3. 适用范围

适用于大、中型规模水厂，处理水量为2万～20万m^3/d。处理水量越小，相对经济性越差，而且与絮凝池衔接比较困难。

二、澄清

澄清是水通过与高浓度泥渣接触而去除水中杂物的过程。澄清池将絮凝与沉淀两个过程合并于一个构筑物内完成，主要依靠活性泥渣达到澄清目的。当脱稳杂质随水流与泥渣层接触时被泥渣层阻留下来，使水澄清。

澄清池形式较多，在农村水厂用得较多的是水力循环澄清池、机械搅拌澄清池。

（一）水力循环澄清池

水力循环澄清池利用水力作用进行混合并达到泥渣循环回流。当带有一定压力的原水（投加混凝剂后）高速通过水射器喷嘴时，在水射器喉管周围形成负压，将数倍于原水的回流泥渣吸入喉管，并与之充分混合、接触反应，增加颗粒间碰撞机会，加速絮凝，以获得较好的澄清。

澄清池一般采用钢筋混凝土结构，也有用砖石砌筑，小型澄清池还可用钢板制成。

1. 构造与特点

利用进水本身的动能，使大量高浓度的回流泥渣与投药后的原水杂质颗粒产生更多接触碰撞机会，絮凝效果好，结构简单，无需机械设备。

2. 主要设计参数

（1）泥渣回流量为进水量的2～4倍，原水浊度高时取低值。

（2）清水区上升流速一般采用0.7～0.9mm/s，清水区高度为2～3m，超高为0.3m。

（3）总停留时间为1～1.5h。

（4）喷嘴直径与喉管直径比采用1∶3～1∶4；喷嘴流速采用6～9m/s，喉管流速为2.0～3.0m/s。

3. 关键技术

利用大量高浓度的回流泥渣与投加混凝剂的原水中杂质产生更多的接触碰撞和吸附机会，使新生微絮粒被吸附结合在原有粗大絮粒上，易形成结实易沉的粗大絮粒，絮凝效果好。

4. 适用范围

（1）适用于浑浊度长期低于1000NTU，瞬间不超过2000NTU的原水，出水浑浊度一般不超过 10NTU。单池生产能力不宜大于 7500m^3/d，多与无阀滤池配套使用。

（2）适用于中、小型连续运行水厂。

（二）机械搅拌澄清池

利用机械搅拌的提升作用，促使泥渣循环，并使原水中杂质颗粒与已形成的泥渣接触絮凝和分离沉淀。

机械搅拌澄清池由第一絮凝室和第二絮凝室及分离室组成。投加药剂后的原水在第一絮凝室和第二絮凝室内与高浓度的回流泥渣接触，达到较好的絮凝效果，结成大而重的絮凝体在分离室中进行分离。

1. 构造与特点

利用安装在同一根轴上的机械搅拌装置和提升叶轮，使水中杂质和泥渣相互凝聚吸附，形成较大絮粒，通过导流室进行分离。絮凝、澄清效果好，对水质、水量变化适应性强，处理效果稳定。但池体结构复杂，需要机械搅拌装置，维修较频繁。

2. 主要设计参数

由于机械搅拌澄清池将混合、絮凝和沉淀三种工艺合并在一个构筑物中，各部分相互牵制影响，设计过程需要相应调整。

（1）总停留时间，可采用 1.2～1.5h。

（2）清水区上升流速，一般可采用 0.7～1.0mm/s。

（3）叶轮提升流量，可为进水流量的 3～5 倍；叶轮直径可为第二絮凝室内径的 70%～80%，并应设置调整叶轮转速及开启度的装置。

3. 关键技术

机械搅拌装置是该池型的关键设备，另外高浓度的絮凝区，使絮体往往大于常规处理设备的粒度，从而使沉淀区比常规处理设备大 2～4 倍，致使表面负荷降低，能加速悬浮固体的去除。

4. 适用范围

特别适用于高浊水处理，进水浑浊度一般小于 1000NTU，短时间允许达 3000～5000NTU，适用于大、中型连续运行水厂。

第三节　过　　滤

过滤是指水流通过粒状材料或多孔介质以去除水中杂物的过程。主要通过过滤介质的表面或滤层以截留水体中悬浮固体和其他杂质的过程。对于大多数地表水水厂，过滤是水处理工艺的关键环节，对保证水质具有重要作用。过滤进一步降低浊度，同时随浊度降低使水中部分有机物、细菌及病毒等被有效去除。

滤池设计的关键是滤料选择。当滤层堵塞到一定程度后需要进行反冲洗，以恢复过滤功能。常用的滤料有天然石英砂、无烟煤、颗粒活性炭等。滤料选择时应考虑滤料的供应来源、颗粒形状、抗腐性、杂质含量等参数。

农村供水常用滤池形式有普通快滤池、重力式无阀滤池、虹吸滤池等。此外根据农村供水工程特点，在特殊条件下可采用接触滤池和慢滤池。以下介绍几种农村供水常用滤池。

一、普通快滤池

一般采用单层石英砂滤料或无烟煤、石英砂双层滤料，冲洗采用水冲洗，冲洗水由水塔（箱）或水泵供给。

普通快滤池一般有四个阀门。为减少阀门数量，可用虹吸管代替进水阀和排水阀，称为“双阀滤池”，与四阀滤池构造和工艺完全相同。单池平面可为正方形或矩形，滤池长宽比取决于处理构筑物的总体布置。根据设计流量和滤速求出滤池总面积后，确定滤池个数和单池面积；滤池个数多，单池面积小。滤池个数涉及滤池造价、冲洗效果和运行时间，但滤池个数不应少于 2 个。

1. 构造与特点

普通快滤池由池体与廊道两部分组成。其布置方式根据供水规模确定，小型水厂按单行布置，大、中型水厂按双行布置。

采用单行或双行布置时阀门集中，操作方便，管廊布置紧凑，结构简单，施工方便。缺点是管廊内管件较多，检修不太方便，需配置全套反冲洗装置。

2. 设计要点

（1）滤池个数不应少于 2 个。当滤池个数少于 5 个时，宜采取单行排列；当滤池个数多于 5 个时，可采取双行排列。

（2）当采用单层砂滤料时，正常滤速 6～8m/h；当采用双层滤料时，正常滤速 8～10m/h。

（3）滤池个数较少，且直径小于 300mm 的阀门，可采用手动，但仅冲洗阀门应采用电动/手动。

3. 关键技术

采用大阻力配水系统，单池面积可稍大，池深较浅，采用降速过滤，保证水质。

4. 适用范围

适用于大、中、小型水厂，单池面积不宜大于 $100m^2$。

二、重力式无阀滤池

重力式无阀滤池是一种不设阀门的普通快滤池。在运行过程中，出水水位保持恒定，进水水位则随滤层水头损失增加而不断在虹吸管内上升；当水位上升到虹吸管管顶，并形成虹吸时即自动开始滤池反冲洗，排泥水沿虹吸管排出。

1. 构造与特点

重力式无阀滤池是将滤池与冲洗水箱合为一体的布置形式。利用虹吸原理，省去大型闸阀，且无需外接反冲洗水源，滤池能够全自动运行，操作方便，工作稳定可靠；在运行过程中滤层内不会出现负水头，构造简单，造价低等。

缺点：滤池设有顶盖，滤料不能由顶部或池壁装卸，无法观察滤池冲洗情况。

2. 设计要点

（1）每个滤池应单设进水系统，并应有防止空气进入滤池的措施。

（2）滤速一般采用6～8m/h。

（3）单池面积一般不大于$25m^2$。

（4）应设辅助虹吸设施，并设有调节冲洗强度及强制冲洗装置。

3. 关键技术

（1）具有自动反冲洗功能，但当过滤水质恶化需要提前冲洗时，可人为强制形成虹吸进行冲洗。即打开强制冲洗管阀门，使抽气管与辅助虹吸管连接三通处的高速水流产生强烈的抽气作用，很快形成虹吸。

（2）过滤运行中应防止空气进入，避免“虹吸破坏”。即在滤池行将冲洗前，使进水分配箱内保持一定的水深，其箱底与滤池冲洗水箱平行。

4. 适用范围

适用于农村中、小型水厂，供水规模$10000m^3/d$以下。

三、虹吸滤池

虹吸滤池是一种以虹吸管代替进水和排水阀门的普通快滤池。各个滤池出水互相连通，反冲洗水由未进行冲洗的其他格的滤后水供给，以等滤速、变水位方式运行。

1. 构造和特点

每座虹吸滤池由6～8个格组成，虹吸形成与虹吸破坏均利用水力实现自动控制。即利用滤池自身的出水及其水头进行冲洗，无需大型阀门、冲洗水箱和冲洗水泵，易于自动化控制。但虹吸滤池土建结构比较复杂，池较深，故单格面积不宜过大；反冲洗耗水量大，冲洗效果不易控制，施工困难，且不经济。

2. 设计要点

（1）虹吸滤池的最少分格数，应按滤池在低负荷运行时能满足一格滤池冲洗水量的要求确定，一般分格6～8个。

（2）滤池单格面积不宜大于$25\sim30m^2$。

（3）采用小阻力配水系统，为实现配水均匀，水头损失控制在0.2～0.3m。

（4）池型一般为矩形。

3. 关键技术

水力自动冲洗装置，虹吸形成与破坏均可利用水力条件实现自动控制。

4. 适用范围

以地表水为水源的大型农村水厂，供水规模$15000\sim50000m^3/d$。

四、接触滤池

接触滤池类同普通快滤池，一般采用石英砂和无烟煤双层滤料。因无烟煤密度小，反冲洗时能借水力筛分保持在砂层上部，故合理选择级配尤为重要。

接触滤池一般用于过滤前不设絮凝沉淀构筑物，直接将混凝剂投入滤池前的混合装置中，故对原水水质、投药点和投药量十分敏感。当水进入滤料层时，如絮粒过大则造成滤层堵塞；如絮凝不佳，易穿透滤层，导致出水水质恶化，在生产上较难控制。

1. 构造与特点

接触滤池采用双层滤料，具有孔隙大、吸附能力高、出水水质稳定，对低浊水可省去絮凝、沉淀，直接过滤，占地少、基建投资省等。但滤池工作周期短，操作管理要求高，要随时关注原水和出水的水质变化，及时调节混凝剂投加量。

2. 设计要点

(1) 滤速采用6～7m/h，原水浊度高时取低值，反之取高值。

(2) 冲洗强度采用15～18L/(s·m^2)，冲洗时间6～9min。

(3) 滤池宜采用双层滤料，并应符合以下要求：

石英砂，粒径0.5～1.0mm，厚度400～600mm；

无烟煤，粒径1.2～1.8mm，厚度400～600mm。

(4) 滤料层表面以上水深一般为2m。

3. 关键技术

若石英砂和无烟煤的密度、粒径选择不当会造成两者混杂，导致水头损失增加、出水量减少和水质不稳。

4. 适用范围

适用于小型农村水厂，原水浑浊度小于20NTU，短期不超过60NTU。

五、慢滤池

慢滤池亦称生物滤池，一般采用石英砂或河砂为滤料，滤速为0.1～0.3m/h；主要依靠过滤和生物膜吸附、分解作用去除水中有机物、氨氮、细菌等超标污染物。

1. 构造与特点

慢滤池构造简单，一般采用钢筋混凝土，也可用砖、石砌筑，池内铺设粒径为0.3～1.0mm的石英砂或河沙，下面铺设粒径由小到大的砾石或卵石作承托层，厚度为400～450mm。

慢滤池管理简单，开始连续运行1～2周后形成微生物膜，可有效去除水中超标有机物、氨氮、细菌等，出水水质好。缺点是滤速低，占地面积大，洗砂刮砂劳动强度较大。

2. 设计要点

(1) 滤速0.1～0.3m/h，进水浊度高时取低值。

(2) 滤料采用石英砂或河沙，粒径0.3～1.0mm，滤层厚度800～1200mm。

(3) 滤料表层水深宜为0.6～1.0m，顶部超高宜为0.3m。

(4) 出水口应设置滤速控制措施，如在出水管上设置控制阀和转子流量计。

3. 关键技术

慢滤池连续运行1～2周后在滤料表面形成生物滤膜，能有效去除浊度、有机物、氨氮、细菌、病毒、臭味、色度等。

4. 适用范围

(1) 适用于原水浑浊度常年低于20NTU，瞬间不超过60NTU的山溪水、山泉水的小型单村农村供水工程，利用地形可修建简易慢滤池。

(2) 当原水浊度超过慢滤池进水浊度要求时，宜采用粗滤池进行预处理，粗滤池的设计应符合下列规定：

1）进水浊度应小于 500NTU。

2）设计滤速宜为 0.3～1.0m/h，原水浊度高时取低值。

3）竖流粗滤池设计宜采用二级串联，滤料表面以上水深 0.2～0.3m，超高 0.2m；上向流粗滤池底部应设配水室、排水管和集水槽；滤料宜选用卵石或砾石，顺水流方向由大到小按三层铺设。

第四节　一体化净水设备

一体化净水设备集絮凝、沉淀、过滤等常规净水工艺于一体，可工厂化制造，具有功能全、投资少、建设快、节约用地、运行管理方便等特点，特别适用于小型农村供水工程。

1. 净水工艺流程

一体化净水设备工艺流程如图 2.6－1 所示，通过向原水中投加混凝剂，使原水与药剂快速均匀混合后进入一体化净水设备；经内部絮凝、沉淀、过滤后出水进入清水池，经消毒后供给用户。

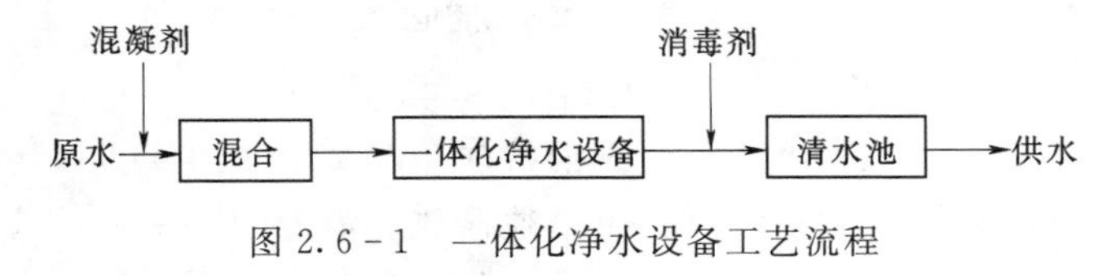

图 2.6－1　一体化净水设备工艺流程

2. 设备特点

(1) 净水工艺成熟，性能可靠，净水效果好。

(2) 集絮凝、沉淀、过滤于一体，结构紧凑，占地面积小。

(3) 工厂化制造，工程建设周期短，运行管理方便，既可连续运行，也可间歇运行。

3. 工艺设备选择

(1) 原水浊度长期不超过 20NTU，瞬时不超过 60NTU 的地表水，可选择接触过滤一体化净水设备。

(2) 原水浊度长期不超过 500NTU，瞬时不超过 1000NTU 的地表水，可选择絮凝、沉淀、过滤一体化净水设备。

4. 相关要求

(1) 一体化净水设备采用碳钢或不锈钢材料制造，应取得涉水卫生许可批件。

(2) 凡与水接触的钢材、防腐材料、管道、填料等应符合国家相关卫生安全标准，必须对水质无污染，对人体无害。

(3) 设备使用寿命 15 年以上。

5. 适用范围

适用于原水水质和水量变化不大，供水规模 1000m^3/d 以下的小型农村供水工程。

第五节　饮用水消毒

根据《生活饮用水卫生标准》（GB 5749）的规定，生活饮用水必须消毒。消毒方式包括物理、化学方法，主要目的是杀灭水中的病原微生物。为保证饮用水微生物安全，消毒作用必须保持到管网末梢，以防止在输配水过程中的二次污染。

一、消毒技术要点

（1）农村供水消毒剂一般在滤后、进入清水池前投加。当原水中有机物或藻类含量较高时，可在混凝沉淀前和滤后同时投加。在混凝沉淀前投加以氧化水中有机物和杀灭藻类、去除水中色、嗅、味为目的，滤后投加以消毒即去除水中致病微生物为目的。

（2）当供水管网较长、在水厂投加的消毒剂难以满足管网末梢消毒剂余量要求时，应在输配水管网中途的加压泵站或调节构筑物等部位补加消毒剂。

（3）消毒剂投加量应能灭活出厂水中病原微生物、满足出厂水和管网末硝水的消毒剂余量要求，并控制消毒副产物不超标；根据出厂水、末梢水消毒剂余量检测情况，调试确定适宜的投加量，也可参照类似工程经验确定。

（4）消毒剂与水充分接触时间不能过短，应满足《生活饮用水卫生标准》(GB 5749)的规定，即氯气及游离氯制剂和二氧化氯接触时间至少为 30min，臭氧接触时间至少12min。但接触时间也不宜过长，一般小于 4h。

（5）当采用次氯酸钠、二氧化氯、臭氧消毒时应单独设置消毒间，当采用次氯酸钠、二氧化氯消毒时应设置原料间，不同原料应单独存放。消毒间和原料间应满足通风、非明火保温（5～40℃）、设置冲洗水源、排水管道、照明和分隔要求，并应配备个人防护、工具箱等。

（6）投加消毒剂的管道、设备及其配件应采用无毒、耐腐蚀材料。应每天检查消毒设备与管道的接口、阀门等渗漏情况，定期更换易损部件，每年维护保养 1 次。

二、农村供水常用消毒技术

（一）氯消毒

氯消毒是最常用的一种消毒方法，用于饮用水消毒已有近百年历史，液氯、次氯酸钠、次氯酸钙片（饼）剂、漂白粉、漂粉精消毒等都属于氯消毒范畴。由于氯气是剧毒危险品，存储氯气的钢瓶为高压容器，氯气运输和使用安全要求高、风险大，需要安全部门审批备案，农村供水很少使用。漂白粉有效氯含量低，且滤渣多、容易堵塞管道，仅用于小型供水工程或工程试运行阶段的管网消毒；漂粉精成本较高，主要用于应急消毒。近年来次氯酸钠消毒应用范围不断扩大，主要采用次氯酸钠发生器现场制备次氯酸钠溶液，经投加泵投加消毒；在能够采购到成品次氯酸钠溶液的地方，可经浓度调试后直接投加消毒。

1. 氯消毒特性

氯消毒的有效消毒成分为次氯酸。次氯酸是很小的中性分子，它能扩散到带负电的细菌表面，并通过细菌的细胞壁穿透到细菌内部。当次氯酸分子到达细菌内部时，通过氧化作用破坏细菌的酶系统使细菌死亡。次氯酸根也具有杀菌能力，但由于带负电，难于接近带负电的细菌表面，杀菌能力比次氯酸差得多。生产实践证明，pH 值越低，次氯酸消毒作用越强。

2. 次氯酸钠消毒特点

（1）优点：①广谱性和易检性，对水体中常见的致病菌均有灭活作用，消毒剂余量容易检测和控制；②具有持续消毒能力，能够保证管网末梢水消毒效果达标；③原材料易得，食盐作为生成次氯酸钠的原材料随处可以购买，且不受限制；④经济性，消毒成本低廉、工艺成熟、效果稳定可靠。

（2）缺点：易产生消毒副产物，氯进入水体后，与水中天然有机物和无机物发生反应，生成三卤甲烷、卤乙酸等消毒副产物，其健康风险受到关注，不适于受到有机物或无机物污染的饮用水消毒。

3. 次氯酸钠制取

次氯酸钠发生器是利用钛阳极电解食盐水溶液产生次氯酸钠，含有效氯 6～9mg/L。次氯酸钠不宜贮存，一般随制取随投加。

4. 适用范围和条件

（1）原水 pH 宜不高于 8.0。

（2）原水水质较好，净化后出水 COD_{Mn} 小于 3.0mg/L、浑浊度小于 1NTU。

（3）宜有清水池等调节构筑物，以保证消毒剂与水接触时间 30min 以上。

（4）一般村镇集中供水工程（如 $W>100m^3/d$）。

（二）二氧化氯消毒

由于二氧化氯（ClO_2）几乎不产生有机卤代消毒副产物，逐渐得到推广应用，特别在法国、瑞士、德国等欧洲国家，二氧化氯消毒使用更为普遍。

1. 二氧化氯消毒特性

二氧化氯是一种黄绿色气体，易溶于水，具有强氧化性，杀菌能力强，对细菌、病毒等具有广谱杀灭能力，消毒时不产生三氯甲烷等致癌物质等优点。ClO_2 是氧化还原电位仅次于羟基自由基、臭氧的强氧化剂，是一种广谱的消毒剂，杀菌效果高于氯消毒。

2. 二氧化氯消毒特点

（1）优点：①杀菌能力强、效果快，能有效杀灭原生动物、芽孢、霉菌、藻类，有效去除色度和臭味，投加 0.5～1.0mg/L 二氧化氯，能在 1min 内杀灭水中 99%的细菌；②具有持续消毒能力，能够保证管网末梢水消毒效果达标；③消毒副产物少，不生成四氯化碳、卤乙酸、氯酚等致癌物；④pH 适用范围广，在 pH＝3～10 范围内的杀菌性能基本保持不变；⑤水质适用性强，不与氨发生反应，对于氨氮含量高的水不影响杀菌能力，消毒效率不受水的硬度和盐分影响。

（2）缺点：①二氧化氯气体有毒，其制取设备相对复杂；②原料为危险品，采购及使用管理安全性要求高；③需要控制投加量，防止二氧化氯的分解产物亚氯酸和氯酸盐浓度超标。

3. 二氧化氯制取

二氧化氯消毒以现场制备为主，一般采用化学法二氧化氯发生器及投加系统。根据原料、反应原理和产物的不同，二氧化氯发生器分为高纯型和复合型两种。由于高纯型发生器反应无需加热、产物只有二氧化氯，纯度高，消毒效果好，国内外普遍采用。国内主要采用二元法高纯型发生器，结构简单，原料为亚氯酸钠和盐酸，产物纯度高。由于以往国内亚氯酸钠价格高，而氯酸钠价格较低，在我国农村供水消毒中最早应用的是复合型二氧化氯发生器，其原料为氯酸钠和盐酸，产物中既有二氧化氯也有氯，属于混合消毒，反应需加热，设备结构相对复杂。

4. 适用范围和条件

（1）水质较差的水源，受有机物及藻类污染的地表水源，可有效避免三氯甲烷等消毒副产物产生，去除藻类、色、嗅、味效果好；氨氮、锰含量较高的地下水源。

（2）pH 适用范围广，在 pH＝3～10 范围内的杀菌性能基本保持不变。

（3）一般要求有清水池等调节构筑物，以保证消毒剂与水接触时间 30min 以上。

（4）规模较大的村镇供水工程（$W>200m^3/d$）。

此外，二氧化氯消毒还有液态 ClO_2 稳定剂、固体 ClO_2 制剂，但成本很高，主要用于临时消毒或应急消毒。

（三）紫外线消毒

紫外线消毒是一种物理消毒的方法，利用紫外线光在水中照射一定时间完成消毒。

1. 紫外线消毒特点

（1）优点：①杀菌范围广，消毒时间短，在一定辐射强度下，一般病原微生物仅需十几秒即可杀灭，能在一定程度上控制一些较高等的水生生物（藻类和红虫等）；②不向水中投加何物质，水的物化性质基本不变，不产生消毒副产物；③消毒效果不受水的化学组成、pH 和温度影响；④设备构造简单，安装使用方便，维护少，运行安全。

（2）缺点：①没有持续消毒能力，仅适用于供水管网较短、没有管网二次污染的小型供水工程；②水质较好的地下水源，如水中存在有机物、无机物或浊度较高影响消毒效果；③水中存在铁、硫化物、硬度等物质，易导致紫外灯套管表面沉淀，降低紫外光强度。

2. 紫外线消毒设备

紫外线光源由紫外灯管提供，杀菌效果由紫外灯管的功率、照射时间及水层厚度等决定，根据需要选用。紫外线灯管的功率随着使用时间增加而降低，一般灯管使用时间 2000 h 时，辐射强度下降 25%左右。灯管表面易结水垢，影响消毒效果，应经常刷洗维护，以保证消毒效果、延长使用寿命。

3. 适用范围和条件

（1）地下水源、水质较好、管网较短的小型单村供水、学校供水和分散供水工程。进水水质：色度≤15 度，浊度≤5NTU，铁≤0.5mg/L，锰≤0.3mg/L，硬度≤120mg/L，总大肠菌群≤1000MPN/100mL，菌落总数≤2000CFU/mL。对天然地表水，宜先过滤去除水中的杂质和胶质才能采用紫外线消毒。供水管网长度不宜超过 1.2km。

（2）工作最高流量（m^3/h），不应超过设备的额定流量。

(3) 环境温度,5℃以上,水温在20~25℃条件下,紫外线杀菌效果最好。在冬季低温条件下运行时,要采用保温措施。

(四) 臭氧消毒

臭氧(O_3)是氧(O_2)的同素异形体,具有刺激性的气体,有很强的氧化性和杀菌消毒作用。

1. 臭氧特性

臭氧是一种具有特殊臭味、不稳定的淡蓝色气体,具有极强的氧化性。臭氧很不稳定,在常温下极易分解还原为氧气;臭氧在分解过程中生成的新生态氧(O)和羟基自由基(—OH),具有很强的活性和氧化能力,能迅速灭菌,甚至可灭活具有很强抗氯性的贾第鞭毛虫、隐孢子虫(“两虫”)等微生物。

2. 臭氧消毒特点

(1) 优点:①氧化能力强,广谱、高效,能迅速杀灭变形虫、真菌、原生动物、一些耐氯、耐紫外线和耐抗生素的致病生物,消毒效率高于次氯酸钠约15倍,消毒接触时间通常只需0.5~1min;②受水质和温度影响较小,对pH适应范围比氯和二氧化氯宽,当浊度低于5NTU时对消毒效果影响不大;③臭氧的氧化能力比氯大50%,在消毒的同时能氧化部分有机杂质、去除氯消毒副产物的前体物质,可有效去除或降低味、臭、色和金属离子。

(2) 缺点:①臭氧不稳定,易分解(室温下半衰期15min左右),持续消毒效果差;②对应水量水质变化调节臭氧投加量较难;③设备系统比较复杂,运行控制和维护管理要求高,运行电耗和消毒成本较高;④在原水中存在溴化物条件下易导致溴酸盐超标,应通过投加试验、检测和评价确定是否适用。

3. 臭氧制取

因臭氧极不稳定,常温20℃情况下在水中半衰期约为15min,故应采用现场制备方法,即采用臭氧发生装置及投加系统。目前农村供水消毒中电晕放电法和电解纯水法臭氧发生器最为常见。

4. 适用范围和条件

由于臭氧消毒持续作用时间短,仅适合于供水规模较小、配水管网较短的小型供水工程(供水管网长度2km内),同时注意不适用以下情况:

(1) 原水中溴化物、有机物等含量过高,易生成溴酸盐、甲醛等副产物。建议在选用臭氧消毒前,对原水中溴化物进行检测,当溴化物含量超过0.02mg/L时,存在溴酸盐消毒副产物超标风险。这时应进行臭氧投加量与溴酸盐消毒副产物相关性试验,再确定能否选用。

(2) 不适用于pH过低的水消毒,此时羟基自由基产生量较小。

(3) 不适用于水温过高或过低的水消毒,水温过高会降低臭氧在水中的溶解度,加快臭氧分解;水温过低会降低羟基自由基反应的速率。

(4) 不适用于浊度过高的水消毒,因为浊度会掩蔽微生物。

(五) 消毒技术选择方法

(1) 规模较大的集中供水工程($W>200m^3/d$),优先选择次氯酸钠或二氧化氯消毒,以保证管网末梢消毒效果达标。其中：

1）原水水质较好、pH不超过8.0时，优选次氯酸钠消毒。

2）原水水质较差、pH超过8.0，优选高纯型二氧化氯消毒。

（2）供水管网较短的小型集中供水及分散供水工程，优选紫外线或臭氧消毒。

1）水质较好、供水管网较短的，优先选用紫外线消毒，如单村供水、学校供水等。

2）当原水溴离子浓度较低、pH较低、管网较短、采用塑料管材的小型供水工程可选用臭氧消毒设备。选用前应对原水的溴离子和耗氧量指标进行检测。

第七章

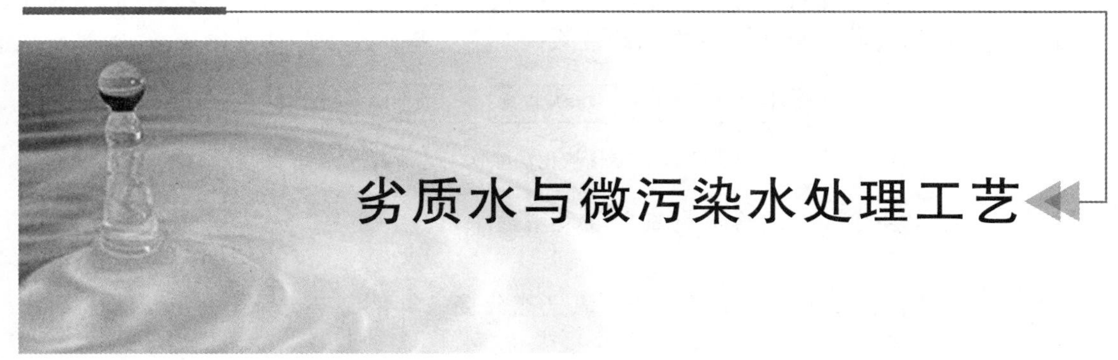

劣质水与微污染水处理工艺

我国农村供水工程量大面广，水源条件十分复杂。由于特殊的水文地质条件、人为污染等因素，部分地区农村饮用水源存在铁锰超标水、高氟水、苦咸水等劣质地下水问题，部分地区存在高有机物、高氨氮、硝酸盐超标、藻类超标等微污染水问题。

对于劣质地下水和微污染地下水，应优先选择优质水源替代方案，如无优质替代水源时，应采取特殊水处理工艺；对于微污染地表水，应首先采取污染防控措施，同时采取强化常规净水工艺、增设预处理和深度处理措施。

第一节　劣质地下水处理工艺

一、铁锰超标水处理

我国含铁锰地下水分布广泛，铁和锰共存现象十分普遍，一般含铁量高于含锰量。《生活饮用水卫生标准》(GB 5749—2006) 规定：铁≤0.3mg/L，锰≤0.1mg/L。当地下水中铁、锰含量超过上述标准限值时，称为铁锰超标水，应进行处理。其中大部分地区铁<10mg/L，锰<1.5mg/L，为普通铁锰超标水；当铁≥10mg/L，锰≥1.5mg/L，可称为高铁锰超标水。

1. 地下水中铁锰存在形式及特点

在无氧条件下地下水中的铁主要是二价铁，以二价离子（Fe^{2+}）形式存在。当然水中也有三价铁，但溶解度极小，常常被地层过滤。在一般 pH 条件下铁易于氧化，当含铁地下水与空气接触或向水中充氧后，二价铁可迅速氧化为三价铁，形成 $Fe(OH)_3$ 胶体，经过滤分离可去除。

在天然地下水中溶解态的锰主要是二价锰。锰与铁不同，只有在 pH>9.0 时氧化速度才比较快，自然氧化难以进行。需要采用锰砂过滤，通过接触氧化使二价锰氧化成四价锰及其沉淀物，经沉淀与反冲洗去除。对于同时存在铁锰超标的地下水，优先采用生物法除铁锰工艺。

2. 曝气氧化法除铁工艺

该工艺为"第一代除铁工艺"。当地下水中铁超标低，受硅酸盐影响不大的条件下可采用。工艺简单，处理效率低。曝气氧化法除铁工艺流程如图 2.7-1 所示。

原水→ 曝气装置 ＋ 氧化反应池 ＋ 快滤池 →出水

图 2.7-1　曝气氧化法除铁工艺流程

曝气装置：主要目的是给水充氧，可采用跌水曝气、空气压缩机、射流泵等曝气方式。

氧化反应池：主要作用是使二价铁与氧气充分接触氧化成三价铁，并形成水解产物 $Fe(OH)_3$沉淀；停留时间 1h 左右。

快滤池：采用砂滤，水头损失小，当出水水质达到规定值进行反冲洗。

3. 曝气接触氧化法除铁/锰工艺

该工艺为"第二代除铁工艺"，同时作为水中不含铁条件下除锰的优选工艺。该工艺采用天然锰砂作为接触氧化材料，对水中二价铁或二价锰具有强接触氧化作用，反应迅速，处理效率高，适用范围广，可省去氧化反应池。曝气接触氧化法除铁/锰工艺流程如图 2.7-2 所示。

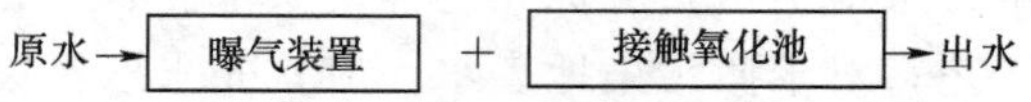

原水→ 曝气装置 ＋ 接触氧化池 →出水

图 2.7-2　曝气接触氧化法除铁/锰工艺流程

曝气装置：主要目的是给水充氧，可采用跌水曝气、空气压缩机、射流泵等曝气方式。

接触氧化池：采用天然锰砂滤料，在曝气过滤过程中，在滤料表面形成"铁质或锰质活性滤膜"，对水中二价铁或二价锰进行自催化氧化，形成三价铁及其水解产物或四价锰及其沉淀物，通过过滤截留和反冲洗去掉。理论上或在规模较大的工程可用石英砂、无烟煤等廉价材料代替天然锰砂，但吸附容量小，反冲洗频繁，需要通过技术经济比选确定。

4. 生物法除铁/锰工艺

该工艺为最新除铁/锰工艺，是铁锰并存条件下的首选工艺，不受 pH 大小影响。生物法除铁/锰工艺流程如图 2.7-3 所示。

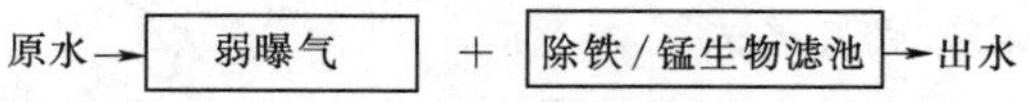

原水→ 弱曝气 ＋ 除铁/锰生物滤池 →出水

图 2.7-3　生物法除铁/锰工艺流程

适用范围：大多数铁锰超标水，Fe≤10mg/L，Mn≤2.0mg/L。

适用条件：地下水中同时含有二价铁和二价锰的情况，水温 8℃以上。

曝气方式：采用弱曝气，避免水中溶解氧和 pH 过高，使二价铁氧化为三价铁，影响生物除锰。

生物滤池：采用锰砂滤料，滤池有效高度 100cm 以上，一般采用单层滤料。但在高铁锰水条件下采用双层滤料，如上层为轻质滤料（无烟煤），下层为锰砂或石英砂。滤池成熟期数十日。如采用成熟滤池中的铁泥对滤池接种，可加速滤池成熟。

典型生物法除铁/锰工艺设计及运行参数见表2.7-1。

表2.7-1　　典型生物法除铁/锰工艺设计及运行参数

序号	水质类型	曝气单元			生物滤池			
		跌水高度/m	单宽流量/[m^3/(h·m)]	水力停留时间/min	流速/(m/h)	工作周期/h	反冲洗强度/[L/(s·m^2)]	反冲洗时间/min
1	普通铁锰超标水	0.5	25	3	5	48	12	石英砂滤池>7，锰砂滤池10～15
2	微铁高锰水	0.5	30	3	7	96	10	石英砂滤池>7，锰砂滤池10～15

注　(1) 普通铁锰超标水，Fe<10mg/L，Mn<1.5mg/L；(2) 微铁高锰水，Mn=1～2mg/L，Fe含量很低甚至接近标准限值。

二、高氟水处理

根据《生活饮用水卫生标准》(GB 5749—2006) 规定，饮用水中氟含量限值为1.0mg/L，其中供水规模<1000m^3/d的小型供水工程的氟含量限值为1.2mg/L。当原水中氟含量超过限标准值时为高氟水，应采取适宜处理工艺措施。

(一) 处理工艺选择

国际上常用的除氟方法有吸附法、混凝沉淀法和反渗透法。其中，吸附法主要有活性氧化铝和羟基磷灰石吸附法。

由于活性氧化铝的氟吸附容量受pH影响大，最佳pH为5.5～6.5；当原水中pH=7～9.0，即碱性水条件下氟吸附容量严重下降。而我国大部分地区高氟地下水为碱性水(pH>7.0)，采用活性氧化铝吸附法除氟需要向水中加酸或者降低滤速、再生频繁，难以在供水工程中应用。

混凝沉淀法除氟工艺是向水中投加铝盐混凝剂（硫酸铝、三氯化铝、聚合氯化铝等），经水解生成氢氧化铝吸附氟，经沉淀过滤后去除。该工艺除氟同样受pH影响大，最佳pH为6.3-6.7；处理碱性高氟水需要调酸或加大絮凝剂投加量，导致处理水中硫酸根含量显著增大，残余铝升高，也难以在我国农村供水工程应用。

羟基磷灰石吸附法除氟，不受pH影响，其氟吸附容量（2～4mg/g）高于活性氧化铝（1.2～2.2mg/g），可应用推广。

(二) 羟基磷灰石吸附法除氟工艺

1. 除氟机理

羟基磷灰石，分子式为$3Ca_{10}(PO_4)_6\cdot(OH)_2$，是钙磷灰石[$Ca_{10}(PO_4)_6(OH)_2$]的自然矿化。高氟水与羟基磷灰石接触后，滤料表面发生吸附过滤和离子交换双重作用，水中的氟离子吸附于滤料表面或与滤料表面的羟基（OH^-）发生离子交换，经再生、过滤达到除氟的目的。离子交换反应如式（2.7-1）所示，而这个反应是可逆的。

2. 除氟工艺

羟基磷灰石吸附法除氟工艺流程，如图2.7-4所示。

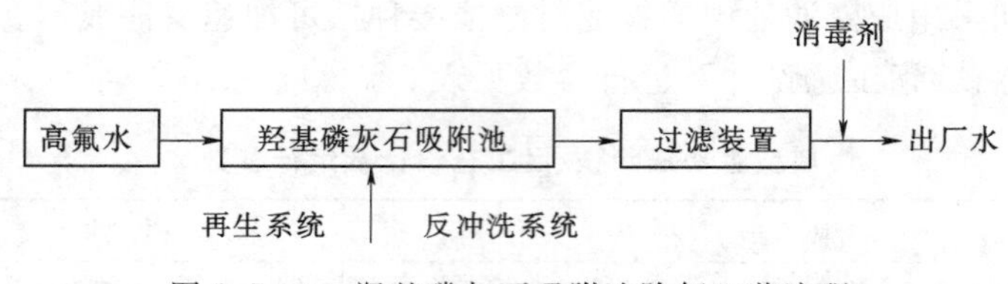

图 2.7-4　羟基磷灰石吸附法除氟工艺流程

(1) 吸附过程：首先将高氟水引入装有羟基磷灰石吸附剂（粒状或粉状）的吸附池（罐），使氟离子与吸附剂充分接触和吸附；然后经保安过滤器后出水进入清水池，经消毒后供水。经过一段时间运行后吸附剂趋于饱和，即一个周期的吸附过程终止，需要再生。

(2) 再生过程：一般采用1%浓度的氢氧化钠（NaOH）溶液进行再生。在吸附池停止运行后，将NaOH溶液注入浸泡一定时间，确保氟离子与吸附剂脱离；然后排出浸泡液，用出厂水进行反冲洗，彻底清除残留的NaOH，实现吸附剂再生，进而开始新的吸附过程。

3. 技术特点

羟基磷灰石是人体和动物骨骼的主要无机成分，其溶解产生的物质不存在生物学毒性；pH适用范围较宽，原水pH=5.0～9.0均可达到较好除氟效果；处理成本低，运行管理简单，适用于中低度氟超标水。

(三) 反渗透法高氟水处理工艺

反渗透法可用于高氟水及复合超标水处理，但处理成本高，弃水量大。可采用高氟水处理后分质供水，或低超标高氟水处理后与原水掺混方式供水。具体处理工艺和供水方式可参见反渗透法苦咸水处理工艺。

三、苦咸水处理

根据《生活饮用水卫生标准》（GB 5749—2006）规定，当水中溶解性总固体＞1000mg/L、氯化钠＞250mg/L、硫酸盐＞250mg/L时即为苦咸水，应采取处理措施。苦咸水处理主要采用反渗透或纳滤等脱盐工艺。

(一) 反渗透法苦咸水处理工艺

反渗透（RO）是在高于渗透压的压力作用下，通过半渗透膜使溶液中的溶剂（如水）与溶质（盐分等）实现分离的过程。反渗透膜由表面分离层（半透膜）和多孔支撑层组成，总厚度约100μm，其中表层约0.1～0.25μm。反渗透膜过滤精度为0.4～0.6nm，可去除溶解性盐及小分量大于100道尔顿的有机物，主要用于海水淡化及苦咸水处理。

1. 工艺流程

反渗透法苦咸水处理工艺流程，如图2.7-5所示。

(1) 粗滤：一般采用石英砂过滤罐或滤池，主要用于去除原水中泥沙、铁锈、胶体物质、悬浮物等粗颗粒。原水自上而下穿过滤层，水中杂质颗粒被滤料截留下来。随着滤料中截留的杂质颗粒增多，孔隙率变小，压力损失增大。当压力损失达到设定限值时，采用定期自动/人工手动方式进行反冲洗。

(2) 保安过滤器：亦称精密过滤器，采用不锈钢材质外壳，通常内装过滤精度5μm

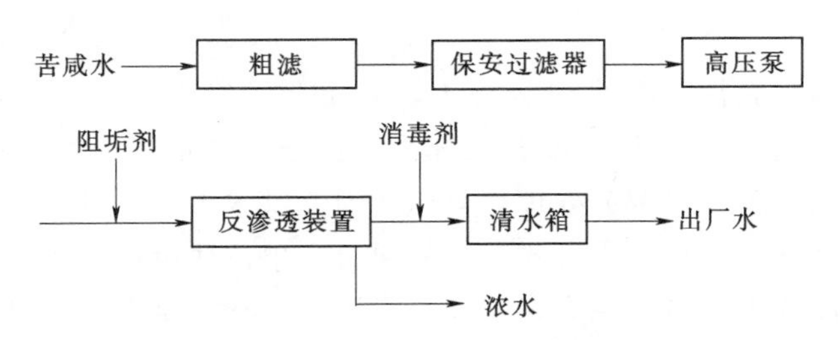

图 2.7-5　反渗透法苦咸水处理工艺流程

的滤芯，用于截留砂滤泄漏的细小颗粒杂质。在保安过滤器的进、出水管路上设置压力在线检测仪，当进、出水压差达到规定值时需要更换滤芯。

(3) 高压泵：为反渗透装置提供动力，确保反渗透膜元件进水有足够的工作压力，能够克服渗透压和运行阻力。高压泵的主要设计参数为设计流量和给水压力。设计流量根据用户需要确定，工作压力在 0.4～4.0MPa 之间。高压泵一般选用离心泵，并设有压力保护装置，以防止水泵超高压运行或缺水空转运行。

(4) 阻垢剂投加：在反渗透膜脱盐过程中，被截留的浓水离子浓度高（接近进水的 4 倍），易于在膜表面沉积、结垢，造成膜堵塞污染。阻垢剂是一种有机化合物质，能够增加水中结垢物质的溶解，具有防止碳酸钙、硫酸钙等结垢作用，同时能够阻止水中有机物、胶体等杂质在膜表面沉积，以减轻膜污染。

(5) 反渗透装置：由机架、膜组件或膜元件和膜外壳组成，是反渗透系统的核心。膜材质有聚酰胺复合膜（PA）和醋酸纤维膜（CA）；膜元件形状有板式、管式、中空纤维式和卷式，其中苦咸水淡化系统中应用最为广泛的是卷式复合膜。膜元件外形尺寸主要有两种：直径 10.16cm(4in)，长度 101.6cm(4ft)；直径 20.32cm(8in)，长度 101.6cm(4ft)。根据产水量、水回收率等设计要求，反渗透装置由一个或多个膜组件组成。为获得较高的回收率，通常采用一级两段组合方式。由于前段浓水为后一段进水，为保证后一段进水不低于最小浓水流量，后段的膜组件数量应少于前段，如 2：1 或近似比例，回收率可达 75%以上。

(6) 清水箱/池：根据反渗透设备产水能力与供水方式配置清水箱，实现产水与供水平衡。水箱内装有液位控制器，与反渗透系统启停装置连接。当水箱达到满水位时控制反渗透系统自动停止，当水箱达到低水位时控制反渗透系统自动运行。

2. 系统性能指标

(1) 膜通量：单位时间单位膜面积通过溶剂（如水）的量，$L/(m^2 \cdot h)$，应达到相关标准要求。如日本东丽反渗透系统平均水通量为 30～39$L/(m^2 \cdot h)$。

(2) 脱盐率：卷式膜组件反渗透处理设备的脱盐率应不低于 95%（用户有特殊要求的除外）。

(3) 水回收率：应达到设计要求。如采用一级两段组合式反渗透处理设备的水回收率应不低于 75%（用户有特殊要求的除外）。

(4) 水压试验：在未装填膜元件情况下，系统试验压力为设计压力的 1.25 倍、保压 30min，检验系统焊缝及各连接处有无渗漏和异常变形。

3. 供水方式

由于反渗透处理水脱盐率高达95%以上，几乎为纯净水，远远超过《生活饮用水卫生标准》（GB 5749）要求。同时反渗透处理需要高压，耗能高，浓水排放量大，主要适用于分质供水或低超标苦咸水部分处理后与原水勾兑供水方式。具体供水方式如下：

（1）单村膜处理站＋常规供水方式。以村或组为单位建设反渗透处理站，实行居民自动刷卡取水，供居民饮水及做饭用水，其他生活用水由常规供水管网供给。

（2）规模化膜处理厂＋常规供水方式。以乡镇为单位或更大范围建设反渗透处理水厂，生产桶装水，采取统一配送到各村取水点或商业网点，由受益户就近购买，用于饮水及做饭，其他生活用水由常规供水管网供给。

（3）低超标苦咸水部分反渗透处理与原水掺混供水方式。当苦咸水指标超标50%以下时，可采用部分苦咸水膜处理与未处理水掺混供水方式，在保证供水水质达标的同时，可有效降低运行成本，减少弃水。

（二）纳滤膜苦咸水处理工艺

纳滤膜是从反渗透膜基础上发展而来，膜材料和制备工艺与反渗透膜基本相同。纳滤膜亦称为低压反渗透膜，工作压力在0.2～1.5MPa之间；过滤精度为1～3nm，可去除多价离子、部分一价离子和分子量200～1000道尔顿的有机物，主要用于去除硬度、色度、农药、消毒副产物、臭气等物质，部分去除溶解性盐。一些纳滤膜脱盐率在40%～80%之间，可选择脱盐率高的纳滤膜进行苦咸水处理，特别是低超标苦咸水处理。

纳滤膜苦咸水法处理工艺流程及供水方式，可参照反渗透法苦咸水处理工艺。

第二节　微污染水处理工艺

根据《城镇给水微污染水预处理技术规程》（CJJ/T 229—2015），微污染水是指“集中式生活饮用地表水源水质受到以有机物、氨氮为主的轻度污染时，在采取预处理、强化常规处理、深度处理等单独或组合工艺处理后，出水能够达到生活饮用水卫生标准水质要求的原水。”参照该定义，微污染地下水包括受到有机物、硝酸盐、氨氮等轻度污染的地下水。其处理工艺应根据实际需要，通过技术经济比选确定。

一、微污染地表水处理工艺

水中污染物种类很多，有引起色度、臭味的物质，硫、氮氧化物等无机物，有各种有毒有害的合成有机物、天然有机物、病原微生物等，还有重金属铅、汞、铬、锰等超标。目前地表水中有机物、氨氮、藻类等超标问题突出。

由于微污染地表水源难以通过常规净水工艺达到《生活饮用水卫生标准》（GB 5749），可采取强化常规净水工艺、增设预处理和深度处理措施。这些措施可单独应用，也可组合应用，应根据实际需要，通过技术经济分析确定。

（一）强化常规净水工艺

强化常规净水工艺系指在常规净水工艺的基础上，采取强化絮凝、沉淀和过滤措施，以提高微污染水处理能力。该工艺特点是简单、无需新建处理设施，运行费用低。目前较为成熟适用的强化常规净水工艺有化学预氧化和粉末活性炭吸附。

1. 化学预氧化

针对水源水COD_{Mn}及色度、嗅和味超标、季节性藻类暴发等问题，在常规净水工艺前端投加高锰酸钾、二氧化氯、臭氧等氧化剂，可提高常规净水工艺去除污染物能力。

化学预氧化强化常规净水工艺流程见图2.7-6。

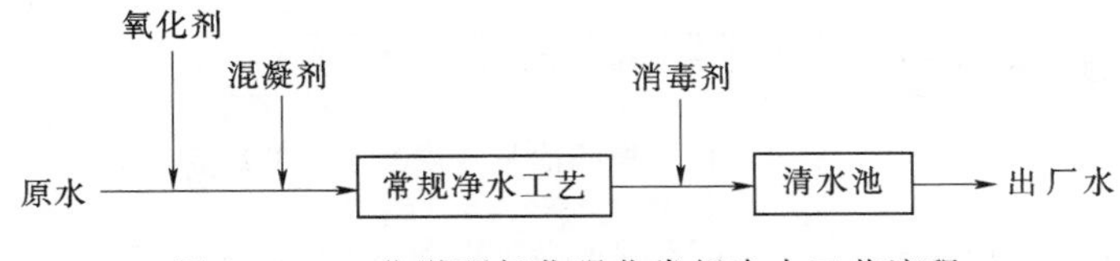

图2.7-6　化学预氧化强化常规净水工艺流程

(1) 设计要点：目前工程上较多采用高锰酸钾作为预氧化剂。高锰酸钾投加点宜在水厂取水口处，投加量为0.5～2.0mg/L；如在水处理流程中投加预氧化剂，应先于其他处理药剂投加3min以上。

(2) 适用对象：原水COD_{Mn}及色度、嗅和味超标、季节性藻类暴发；适用于各种规模供水工程。

2. 粉末活性炭吸附

针对季节性水质恶化或突发事件造成有机物突然增高、色度、嗅和味超标等问题，将粉末活性炭投加到原水中，经过与水充分混合、接触后进入混凝池；再经混凝沉淀和滤池截留，通过排泥和滤池反冲洗去除，实现净化。

粉末活性炭吸附强化常规净水工艺流程见图2.7-7。

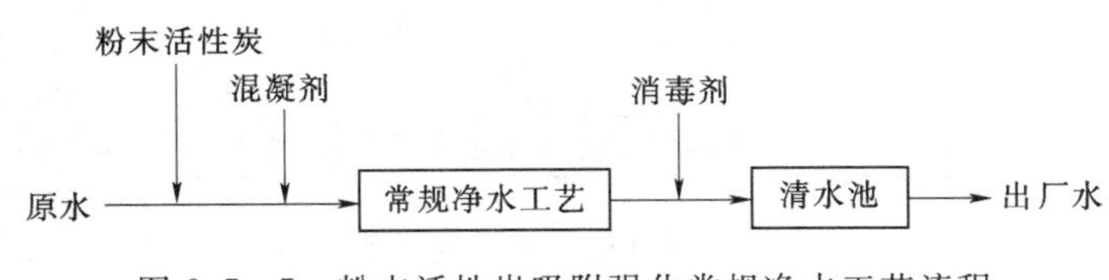

图2.7-7　粉末活性炭吸附强化常规净水工艺流程

(1) 设计要点：①粉末活性炭投加点应远离氧化剂及其他药剂的加注点，避免相互影响，一般投加点在原水中，经充分混合、接触和吸附后进入混凝池；②粉末炭投加量根据试验确定，宜为5～20mg/L。

(2) 适用范围：季节性水质恶化或应急水处理，不适于长期投加。当水源水污染物浓度变化幅度较大时，粉末炭投加量不易控制，且操作时粉末飞扬；下沉在沉淀池中的活性炭无法重复利用，同时增加污泥处理难度等，应用受到限制。

(二) 生物预处理

生物预处理系指在常规净水工艺前增设生物处理工艺，利用微生物新陈代谢活动去除水中可生物降解有机物和氨氮，降低后续常规净水工艺负荷，降低消毒副产物生成，提高水质生物稳定性。生物预处理可去除原水中有机物20%～60%和氨氮80%～90%。

目前应用广泛的生物预处理工艺有颗粒填料生物滤池和生物接触氧化池。

1. 颗粒填料生物滤池

颗粒填料生物滤池构造和布置形式与砂滤池类似，亦称淹没式生物滤池。其与砂滤池的主要差异是滤料改为适合生物生长的颗粒填料，增加了充氧曝气系统。颗粒填料生物滤池与常规净水工艺组合流程见图 2.7-8。

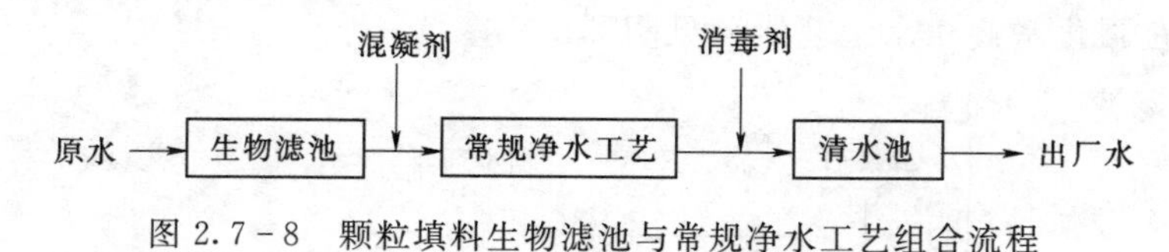

图 2.7-8　颗粒填料生物滤池与常规净水工艺组合流程

(1) 设计要点：①填料选择，常用陶粒、石英砂、沸石等，其中陶粒应用效果最好；②填料粒径宜为 3～5mm，厚度 2～2.5m，空床停留时间宜为 15～45min；③滤速 4～6m/h；④宜采用穿孔曝气，气水比宜为 0.5～1.5；⑤下向流滤池应采用气水反冲洗，依次为气冲、气水联合冲、水漂洗；气冲强度为 10～15L/(s·m^2)，气水联合冲洗强度为 4～8L/(s·m^2)。

(2) 适用对象：氨氮含量和有机物含量较高的微污染水源。

(3) 工艺特点：依靠生物降解有机物，可有效去除氨氮、色度、臭味、藻类等污染物，无副作用，经济性好，出水水质稳定。

2. 生物接触氧化池

生物接触氧化池是在曝气池中悬挂或充填载体，利用生长附着在载体表面上的微生物群体对水中污染物分解、氧化而达到去除的目的。生物接触氧化池与常规净水工艺组合流程见图 2.7-9。

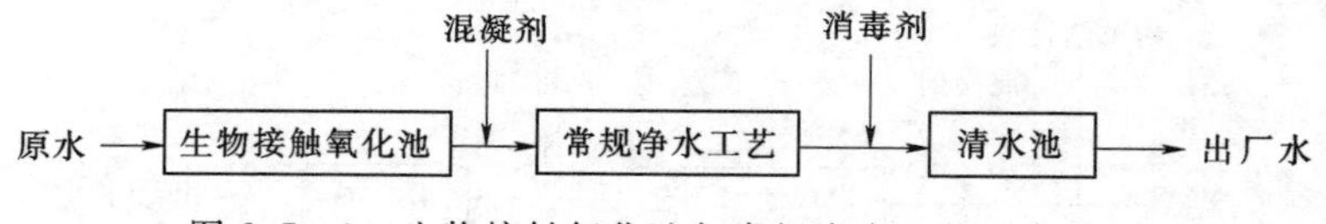

图 2.7-9　生物接触氧化池与常规净水工艺组合流程

生物接触氧化池主要有池体、填料、布水装置和曝气系统组成。在池内设置人工填料，经曝气充氧的原水以一定流速流经填料；通过填料上形成的生物膜的新陈代谢作用和生物吸附、絮凝、氧化、消化、合成等综合作用，使原水中的氨氮、铁锰和有机物被氧化和分解，达到净水水质的目的。

(1) 设计要点：①填料选择，大多采用弹性填料与悬浮填料；弹性填料宜利用池体空间紧凑布置，单层填料高度 2～4m；悬浮填料可按池体体积的 30%～50%投配，并应采取防止堆积或流失的措施；②水力停留时间宜为 1～2h，曝气气水比宜为 0.8：1～2：1，曝气系统可采用穿孔曝气系统和微孔曝气系统；③进出水可采用池底进水、上部出水，或一侧进水、另一侧出水等方式；进水配水方式宜采用穿孔花墙，出水方式采用堰式。

(2) 适用对象：与颗粒填料生物滤池工艺相同。

(三) 深度处理

深度处理系指在常规净水工艺后增设新的处理工艺，最主要的目的是去除溶解性有机物，弥补常规净水工艺的不足。目前较为成熟的深度处理工艺有颗粒活性炭吸附池及其与臭氧组合工艺。

1. 颗粒活性炭吸附池

颗粒活性炭具有很强的吸附作用，可有效去除水中有机物；当生物膜成熟后活性炭成为生物活性炭，即颗粒活性炭吸附池成为颗粒活性炭生物滤池，可去除水中易降解有机物及氨氮，在我国广泛应用。常规净水与颗粒活性炭吸附池组合工艺流程见图 2.7-10。

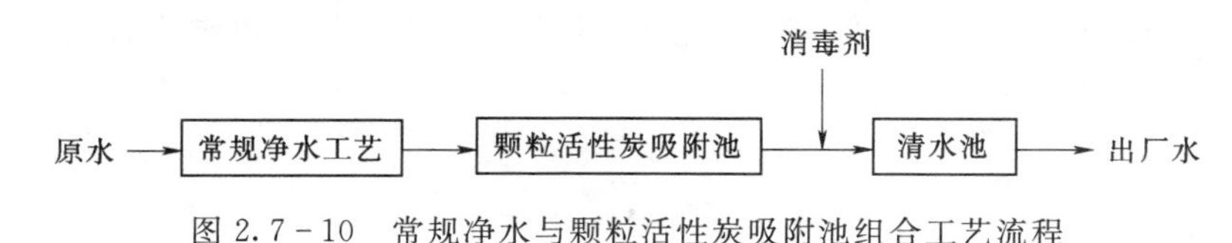

图 2.7-10 常规净水与颗粒活性炭吸附池组合工艺流程

(1) 设计要点：①水与颗粒活性炭层接触时间不小于 7.5min，一般采用 8～12min；②滤层厚度为 1.0～1.2m，滤速 6～8m/h；③承托层粒径级配可采用大小大配置，由下到上依次为 8～16mm，4～8mm，2～4mm，4～8mm，8～16mm，各层厚均为 50mm；④冲洗周期根据进、出水质和水头损失确定；冲洗强度可为 13～15L/(s·m^2)，冲洗时间可为 8～12min，膨胀率为 20%～25%。

(2) 适用范围：主要去除产生臭味和色度的有机物，还可去除烃类、脂类、胺类、醛类等有机物。

2. 臭氧-活性炭组合工艺

该工艺是一种较为成熟的深度处理工艺，利用臭氧的强氧化剂作用，可将大分子有机物分解成较小分子有机物，能够通过活性炭吸附去除；同时经臭氧氧化的水中含有充分的氧，在颗粒活性炭表面生成生物膜，将难降解的有机物分解成可生物降解有机物，显著提高活性炭去除有机物的能力，并延长活性炭使用寿命。常规净水与臭氧-活性炭组合工艺流程见图 2.7-11。

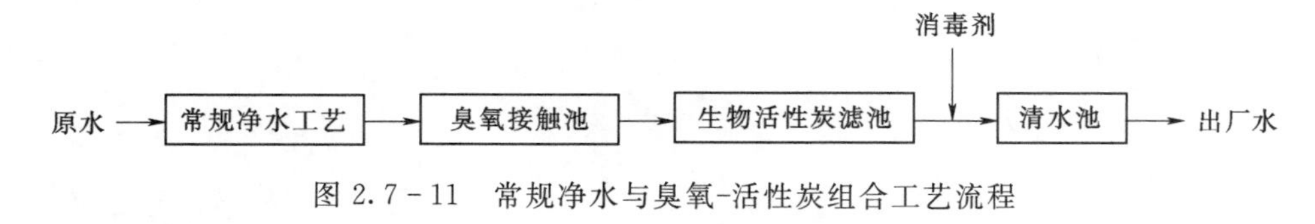

图 2.7-11 常规净水与臭氧-活性炭组合工艺流程

(1) 设计要点：①臭氧投加量为 1.0～3.0mg/L，根据去除有机物、色度、臭和味及浓度进行调整；②水与颗粒活性炭层接触时间，一般采用 10～15min。

(2) 适用对象：去除水中可降解有机物及臭氧能降解的高分子有机物；去除水中可溶解性铁、锰、氰化物、硫化物、亚硝酸盐等；降低水中色、臭、味和致突变物的生成潜能。

二、微污染地下水处理

由于长期以来农业面源污染及乡村环境污染加剧，以及农村饮用水源保护缺失等原因，导致部分地区农村地下水源有机物、硝酸盐、氨氮等超标问题突出。由于这些微污染水难以通过常规净水工艺达到《生活饮用水卫生标准》(GB 5749—2006)，需要采取特殊水处理措施。

借鉴国内外已有微污染水处理技术及成果，有机物和氨氮超标地下水处理可参照本章微污染水地表水处理工艺。根据《村镇供水工程技术规范》(SL 310—2019)，硝酸盐超标地下水处理可采取生物法或反渗透法。此外还有离子交换法等。但由于以往国内供水领域有关生物法或离子交换法硝酸盐超标水处理技术工艺研究与工程实践不足，尚需开展深入研究与工程应用验证。有关反渗透法硝酸盐超标水处理工艺，可参照本章苦咸水处理工艺。

第八章

水厂总体设计

水厂一般是指净配水厂，是供水系统中的重要组成部分。水源类型与水质状况对水厂总体设计和净水工艺选择起着决定性作用。按水源类型分，水厂一般分为地下水厂和地表水厂。除特殊水源外一般地下水厂工艺简单、生产构筑物少；地表水厂，尤其是以高浊度水、微污染水等为水源的地表水厂，工艺复杂，生产构筑物多，对水厂总体设计的要求更高。

水厂总体设计主要是将各生产构建筑物和附属建筑物进行合理组合和布置，以满足净水、配水工艺、运行操作、生产管理等要求，保证供水水量、水质和水压达到设计标准。

水厂总体设计应遵循流程合理、运行可靠、操作方便、节约用地、美化环境、适当留有发展余地的原则。

水厂总体设计，包括净水工艺流程确定与生产构筑物选择、生产构筑物布置。

第一节　水厂选址和组成

一、水厂选址

水厂选址是水厂总体设计的重要环节，应根据村镇供水工程规划和下列要求，通过技术经济比较确定。

(1) 符合村镇建设总体规划的要求，供水系统布局合理。

(2) 有良好的工程地质和卫生环境条件，一般宜选在地下水位较低，地基承载力较大，岩石较少的地方。

(3) 不受洪水、内涝、山体滑坡等威胁，具备废水排放条件。

(4) 满足近期和远期控制用地需要，不拆迁或少拆迁，不占或少占耕地。

(5) 交通方便，靠近供水区和可靠电源，施工和运行管理方便。

(6) 按地表水、地下水的流向，宜选择在村镇的上游。

二、水厂组成

水厂通常由生产构（建）筑物、附属生产建筑物、生活建筑物、各类管道、其他设施组成。

（1）生产构（建）筑物：系指与制水过程直接有关的一系列设施，如预沉池、预处理池、混合装置、絮凝池、沉淀池、澄清池、滤池、臭氧接触池、活性炭吸附池、一体化净水装置、清水池、泵房、加药间、消毒间、变配电室等。

（2）附属生产建筑物：系指保证生产构筑物正常制水的辅助设施，如值班室、控制室、化验室、仓库、维修间、车库、锅炉房等。

（3）生活建筑物：系指为生产服务的行政管理和生活设施，如办公室、会议室、值班宿舍、食堂、浴室等。

（4）各类管道（渠、沟）：包括连接各净水构筑物的生产管道（或渠道）、反冲洗水管道、排污管道、加药管道、水厂自用水管道、雨水管道、暖气沟、电缆沟、排洪沟，以及计量装置、闸阀井、消火栓等。

（5）其他设施：厂区道路、绿化布置、照明、围墙及大门等。

第二节　净水工艺流程确定和生产构筑物选择

一、净水工艺流程确定

首先应进行水源调查和水质检验，尽可能掌握不同时期水源水质变化情况。然后根据水源类型和最不利水质状况确定水厂净化工艺流程，确保净化后的水质达标。

地下水源，一般只需进行消毒；条件具备时可同时采取普通过滤措施，提升水质。对于铁、锰、氟、硝酸盐超标的劣质地下水源，则需采用相应的水处理工艺。

地表水源，一般根据原水浑浊度这一综合感官指标，选择净化工艺；对于微污染地表水，则需在常规净化工艺基础上，增加化学氧化预处理或生物处理工艺，或臭氧氧化后处理、活性炭吸附工艺。

二、生产构筑物选择

详见本书第二篇第六章常规净水工艺与构筑物和第七章劣质水与微污染水处理工艺。

当确定净水工艺流程后，每一道净水工序，一般都有多种形式的生产构筑物可供选择。具体采用何种净水构筑物，需在设计时，因地制宜，结合当地自然、经济条件和技术、施工、运行管理能力，经过技术经济比较后择优确定。

如地表水常规净水工艺中的絮凝工序，与平流沉淀池配套组合时，多采用隔板、折板絮凝池，也可采用网格絮凝池；与斜管沉淀池配套组合时，多采用穿孔旋流絮凝池或网格（栅条）絮凝池。沉淀（澄清）工序，中、小型村镇供水工程多选用斜管沉淀池；连续运行的水厂，可选用加速澄清池或水力循环澄清池，在同一池内完成混合、絮凝、沉淀（澄清）的过程；常规净水工艺中的过滤工序，中、小型村镇供水工程多采用快滤池或重力式无阀滤池，大型工程多采用虹吸滤池或V形滤池；部分山丘区农村供水工程可采用粗滤池＋慢滤池净水工艺或单一慢滤池净水工艺。

在确定水厂净水工艺流程并选定净水构筑物后，按照设计规模，计算生产构筑物的个数和尺寸，按工艺流程布置生产构筑物，这是水厂总体设计的主要内容。为使工艺流程布置更趋合理，应进行多方案比较，综合评价后择优确定。

第三节　调节构筑物

一、调节构筑物的选择

一般情况下，水厂的取水构筑物和净水构筑物是按最高日工作时或平均时设计的，而配水设施则需满足供水区的逐时用水量变化，为此需设置水量调节构筑物，以平衡两者的负荷变化。村镇供水工程常用调节构筑物有清水池、高位水池、水塔和调节水池。其中清水池可设置在水厂内，也可设置在水厂外供水区附近；调节水池主要设置在配水管网中需要二次加压泵的地方。

调节构筑物的选择及布置位置，对配水管网的造价和经常运转费均有较大影响，故设计时应根据具体条件作多种方案比较。

调节构筑物的型式、设置位置及适用条件，见表2.8－1。

表2.8－1　调蓄构筑物型式、设置位置和适用条件

序号	调蓄构筑物	布置方式	适用条件
1	清水池	水厂内	①一般供水范围不大的中小型水厂，且水厂内有足够空间； ②需昼夜连续供水，并可用水泵调节负荷的小型水厂
		水厂外供水区附近	①净水厂与配水管网相距较远的大中型水厂； ②无合适地形或不适宜设置高位水池
2	高位水池	水厂及周边高位	①供水范围较大的水厂，经技术经济比较适宜建造调节水池泵站； ②部分地区用水压力要求较高，采用分区供水的管网； ③解决管网末端或低压区的用水
3	水塔	水厂附近	①供水规模和供水范围较小的水厂或工业企业； ②间歇生产的小型水厂； ③无合适地形建造高位水池，而且调节容量较小
4	调节水池	配水管网加压泵站内	①有合适的地形条件； ②调节容量较大的水厂； ③供水区的要求压力和范围变化不大

二、清水池

1. 有效容积

（1）单独设立的清水池的有效容积，Ⅰ～Ⅲ型工程可为最高日用水量的15％～25％，Ⅳ型工程可为25％～40％，Ⅴ型工程可为40％～60％。

（2）同时设置清水池和高位水池时，应根据各池的调节作用合理分配有效容积，清水

池应比高位水池小、可按最高日用水量的5%～10%计算。

(3) 在清水池中加消毒剂时，其有效容积应满足消毒剂与水的接触时间要求。

2. 结构与设计要求

(1) 清水池池体形状可以是圆形、方形或矩形。池体多为钢筋混凝土结构，小型水池亦有砖、石结构。

(2) 清水池的池数或分格数，一般不少于2个，并能单独工作和分别放空，但对于间断供水和供水安全性要求不高的地区，可灵活掌握。

(3) 清水池的最高运行水位应符合净水构筑物或净水装置竖向高程布置要求；清水池结构应保证水流动、避免死角。

(4) 清水池池顶覆土厚度一般为300mm；若冬季室外平均气温为－10～－30℃，则覆土厚度为700mm。在地下水位较高的地区，覆土厚度应满足抵抗浮力的要求。

(5) 清水池周围10m以内，不得有渗水厕所、垃圾堆、化粪池等污染源。

3. 标准图与主要参数

钢筋混凝土清水池标准图图号及主要参数，详见表2.8-2。

表2.8-2　钢筋混凝土清水池标准图图号及主要参数

有效容量/m³	圆形水池			矩形水池		
	图集号	高度/m	直径/m	图集号	高度/m	长×宽/(m×m)
10	—	—	—	S810	2.8	2.5×2.5
30	—	—	—	S810	2.8	4.0×4.0
50	S811	3.5	4.5	S823	3.5	3.9×3.9
100	S812	3.5	6.4	S824	3.5	5.6×5.6
150	S813	3.5	7.8	S825	3.5	6.8×6.8
200	S814	3.5	9.0	S826	3.5	7.8×7.8
300	S815	3.5	11.10	S828	3.5	12.0×8.0
400	S816	3.5	12.60	S829	3.5	11.32×11.32

4. 配管设计

(1) 清水池进、出水管应分设，结合导流墙布置，以保证池中水能经常流动，避免死水区。

(2) 进水管：管径按最高日工作时水量计算；标高应避免因池中水位变化而形成气阻，如采用降低进水管标高，或进水管进入水池后用弯管下弯。当进水管上游设置有计量或加注化学药剂设备时，进水管应采取措施，保证满管出流。

(3) 出水管：管径一般按最高日最高时水量计算。当配水泵房设有吸水井时，出水管（至吸水井）一般设置1根；当水泵直接从池内吸水时，出水管根数根据水泵台数确定。

(4) 溢流管：管径一般与进水管相同；管端为喇叭口，管上不得装阀门；标高与池内最高水位持平；出口应设网罩，以防止爬虫等进入。

(5) 排水管：管径可按2h内将池中余水泄空计算（一般在清水池低水位条件下排水）。但最小管径不得小于100mm。为便于排空池水，池底应有一定坡度，坡向集水坑。

管底应与集水坑底持平。

(6) 通气管及检修孔：通气管设置在清水池顶，管径一般为100～200mm；进气孔一般高出覆土0.7～1.0m，出气孔一般高出覆土1.2～1.5m。同时设检修孔，孔径一般为700mm，并沿池壁设铁爬梯。

不同规模清水池配管的管径，可参见表2.8-3。

表2.8-3　　清水池配管管径

管道名称	清水池有效容积/m^3						
	10	30	50	100	150	200	300
进水管/mm	100	100	100	150	150	200	250
出水管/mm	150	150	150	200	250	250	300
溢流管/mm	100	100	100	150	150	200	250
排水管/mm	100	100	100	100	100	100	150
通气管/mm	100	100	150	200	200	200	200

三、高位水池及水塔

1. 有效容积

(1) 高位水池的有效容积设计与清水池相同；水塔的有效容积可按最高日用量10%～15%计算。

(2) 在高位水池和水塔中加消毒剂时，其有效容积应满足消毒剂与水的接触时间要求。

2. 结构与设计要求

(1) 高位水池的结构设计要求与清水池基本相同。

(2) 水塔的结构与设计要求如下：

1) 水塔的高度。水塔底板高度H_0按式(2.8-1)计算：

$$H_0 = H_c + \sum h_1 + \sum h_2 - (Z_0 - Z_c) \qquad (2.8-1)$$

式中 H_c——管网控制点自由水头，m；

$\sum h_1$——水塔至控制点配水干管的沿程水头损失，m；

$\sum h_2$——水塔至控制点配水干管的局部水头损失，m；

Z_0——水塔处地面标高，m；

Z_c——控制点地面标高，m。

水塔水柜内的水深一般按1.5～4.0m考虑。

2) 水箱。水箱的主要作用是贮水。水塔有效容积就是水箱容积。水箱常为圆形，高与直径之比约为0.5～1.0。水箱材质有钢材、钢筋混凝土、砖砌。水箱内应设水位尺，指示水位。

3) 塔体。塔体主要用于支承水箱，有筒壁式和框架式两种，可用砖、石或钢筋混凝土建造。

(3) 高位水池和水塔的最低运行水位，应满足设计最不利用户接管点和消火栓设置处的最小服务水头要求。

3. 配管设计

(1) 水塔的进、出水管可分设，也可合用，合用时需加止回阀。竖管需设伸缩接头，以适应因外力产生的变形。为防止进水时水塔晃动，进水管宜设在水箱中心。为防止水箱底的沉淀物进入管网，一般要求出水管顶高出箱底0.20m。

(2) 溢流管和排水管一般合用，管径与进、出水管相同。溢流管上端有喇叭口，管上不设阀门，排水管装在水箱底，管上设阀门。

4. 保温和采暖

(1) 当水源为地下水，冬季采暖室外计算温度为－8～－23℃地区的水塔，可只保温不采暖。

(2) 水源为地表水或地表水与地下水的混合水时，冬季采暖室外计算温度为－8～－23℃地区，以及冬季采暖室外计算温度为－24～－30℃地区，除保温外还需采暖。

四、调节水池

1. 有效容积

应根据整个供水工程用水变化及水厂清水池调节计算确定。具体考虑以下两种情况：

(1) 进水条件：晚间用水低峰时，在不影响管网要求压力条件下，允许调节水池进水的时间和进水量。

(2) 出水条件：白天高峰用水时，根据用水曲线，由净水厂及其他调节设施供水外，需由调节水池向管网供水的流量以及时间。

根据水池进、出水条件，即可确定水池所需的容积。调节水池的容积应是供水总调节容量的一部分，故一般应满足：

$$W_{02}=W_0-W_{01} \tag{2.8-2}$$

式中 W_{02}——调节水池的调节容量，m^3；

W_0——供水所需总调节容量，m^3；

W_{01}——水厂清水池调节容量，m^3。

2. 结构及配管设计

调节水池的功能和作用与清水池相同，其结构及配管设计可参照清水池。

第四节 附属建筑物

附属建筑物包括附属生产建筑物（如值班室、控制室、化验室、仓库、维修间、车库、锅炉房等）和生活建筑物（如办公室、会议室、值班室、值班宿舍、食堂、浴室等），应按照水厂生产、生活的实际需要，合理确定种类、面积，以便列入水厂总体设计。

农村水厂供水规模差异很大，多数为Ⅳ型（供水规模100～1000m^3/d）、Ⅴ型（供水规模小于100m^3/d）的小型水厂，其附属建筑物配置不全，或一室多用，目前尚无统一的标准。

现根据相关标准，针对经济发达地区Ⅰ型（供水规模大于10000m^3/d）和Ⅱ型（供水规模5000～10000m^3/d）大中型乡镇水厂附属建筑物的分类和面积摘录如下，以供设计参考。设计时，应根据水厂供水规模和实际需求作出合理设置和相应调整。

1. 生产管理及行政办公用房

（1）生产管理用房包括计划室、技术室、资料室、财务室、会议室、活动室、调度室等，用房面积（均指使用面积，下同）见表2.8-4。

表2.8-4　生产管理用房面积

水厂规划/(万 m^3/d)	地表水厂/m^2	地下水厂/m^2	水厂规划/(万 m^3/d)	地表水厂/m^2	地下水厂/m^2
0.5～2	100～150	80～120	2～5	150～210	120～150

（2）行政办公用房包括办公室、打印室、资料室和接待室等，宜与生产管理用房联建（用房面积人均5.8～6.5m^2）。

2. 化验室

（1）根据水质分析项目的需要，化验室一般由理化分析室、毒物检验室、生物检验室（包括无菌室）、加热室、天平室、仪器室、药品贮藏室（包括毒品室）、办公室、更衣室等组成。

（2）化验室面积和人员配备见表2.8-5。

表2.8-5　化验室面积和人员配备

水厂规模/(万 m^3/d)	地表水厂		地下水厂	
	面积/m^2	人数	面积/m^2	人数
0.5～2.0	60～90	2～4	30～60	1～3
2.0～5.0	90～110	4～5	60～80	3～4

注　化验室指水厂一级化验，不包括车间班组化验。

（3）化验室面积按一般常规化验项目确定。

3. 车库

（1）车库的面积应根据运输车辆的种类和数量而定，一般4t卡车按32m^2/辆，2t卡车按22m^2/辆，吉普车按18m^2采用。

（2）超过三辆汽车的车库，可设司机休息室、工具间和汽油库。

4. 仓库

（1）水厂仓库用于存放管配件、水泵电机、电气设备、五金工具、劳保用品及其他杂品等，不包括净水药剂的贮存。仓库可集中或分散设置。

（2）仓库面积见表2.8-6。

表2.8-6　仓库面积

水厂规模/(万 m^3/d)	地表水厂/m^2	地下水厂/m^2	水厂规模/(万 m^3/d)	地表水厂/m^2	地下水厂/m^2
0.5～2.0	50～100	40～80	2.0～5.0	100～150	80～100

5．食堂

（1）食堂包括餐厅、厨房（备菜、烧菜、储藏、冷藏、烘烤、办公室、更衣室等），寒冷地区宜设菜窖，其总面积可按每个就餐人员所需面积确定。

（2）食堂每个就餐人员面积见表2.8－7。

表2.8－7　食堂每个就餐人员面积

水厂规模/(万 m^3/d)	地表水厂/(m^2/人)	地下水厂/(m^2/人)	水厂规模/(万 m^3/d)	地表水厂/(m^2/人)	地下水厂/(m^2/人)
0.5～2.0	2.4～2.6	2.4～2.6	2.0～5.0	2.2～2.4	2.2～2.4

注　1. 就餐人员按最大班人数计。
　　2. 餐厅与厨房的面积比，可按4∶6或5∶5采用。

6．浴室与锅炉房

男女淋浴室的总积（包括更衣室、盥洗室及厕所等）见表2.8－8。

表2.8－8　浴室面积

水厂规模/(万 m^3/d)	地表水厂/m^2	地下水厂/m^2	水厂规模/(万 m^3/d)	地表水厂/m^2	地下水厂/m^2
0.5～2.0	20～40	15～25	2.0～5.0	40～50	25～35

注　1. 女工比例可按水厂定员人数的1/2～1/3考虑。
　　2. 锅炉房的面积，可按锅炉的型号、规格、容量来确定。

7．传达室

（1）传达室可根据水厂规模大小分成1～3间（传达室、值班宿舍、接待室等）。

（2）传达室面积见表2.8－9。

表2.8－9　传达室面积

水厂规模/(万 m^3/d)	地表水厂/(m^2/人)	地下水厂/(m^2/人)	水厂规模/(万 m^3/d)	地表水厂/(m^2/人)	地下水厂/(m^2/人)
0.5～2.0	15～20	15～20	2.0～5.0	15～20	15～20

8．宿舍

（1）水厂内部可以设置值班宿舍，单身宿舍和家属宿舍应尽可能设置在厂区之外。

（2）值班宿舍是中、夜班工人临时休息用房，宿舍面积可按4m^2/人考虑。住宿人数宜按值班职工总人数的45%～55%计，值班宿舍一般建在综合楼内。

9．堆场

（1）管配件堆场。水厂中一般应设管配件露天堆场，其面积见表2.8－10。

表2.8－10　管配件堆场面积

水厂规模/(万 m^3/d)	地表水厂/m^2	地下水厂/m^2
0.5～2.0	30～50	同地表水厂
2.0～5.0	50～80	

（2）砂石滤料堆场。

1）根据需要，水厂可设砂石滤料堆场，其位置应在滤池附近。堆场的占地面积可按全厂滤池滤料总体积的10%考虑，其平均堆高采用1m。

2）堆场应有0.5%的排水坡度，视需要可设简易的围护设施，以保证场地的整洁。

第五节　水　厂　布　置

一、水厂平面布置

当水厂的生产工艺流程、生产构（建）筑物、附属生产建筑物和生活建筑物确定以后，即可进行水厂总平面设计，将各项生产和辅助设施进行组合布置。

（一）平面布置的主要内容

（1）各种构筑物和建筑物的平面定位。

（2）各种管道、管道节点和阀门布置。

（3）排水管、渠和检查井布置。

（4）供电、控制、通讯线路布置。

（5）围墙、道路和绿化布置。

（二）平面布置要点

1．按功能分区，生产区和生活区分开布置

（1）生产区，是水厂布置的核心，按净水工艺流程对生产构筑物进行合理布置。加药间和消毒间应尽量靠近投加点。

（2）生活区，尽可能放置在进门附近，便于外来人员联系，使生产系统少受干扰。化验室可设在生产区，也可设在生活区。

（3）维修区，占用场地较大，堆放配件杂物，最好与生产区分隔，相对独立。

2．布置紧凑，减少占地面积和连接管（渠）的长度

如配水泵房应尽量靠近清水池，各构筑物间应留出必要的施工间距和管渠（道）位置，施工检修方便。

3．统筹兼顾近期和远期净水构筑物建设的整体性，适当留有余地

净水构筑物可分期建设，但配水泵房、加药间，以及某些辅助设施，不宜分期过多。

4．道路设计应满足物料运输、施工和消防要求

日常交通、物料运输和消防通道是水厂道路设计的主要目的，在主要构筑物附近必须有道路，某些建筑物间需有一定间距，以满足施工和消防要求。

5．因地制宜和节约用地

水厂布置应避免点状分散，导致增加道路，多用土地；应根据地形条件，对构筑物或辅助建筑物进行组合或合并。

6．建筑物的布置应注意朝向和风向

消毒间和锅炉房应尽量设置在水厂主导风向的下风向，一般情况下，水厂构（建）筑物尽量布置成南北向。

二、生产构筑物布置

在确定水厂净水工艺流程并选定净水构筑物，按照设计规模，计算生产构筑物的个数和尺寸后，需按工艺流程布置生产构筑物，这是水厂总体设计的主要内容。为使工艺流程及生产构筑物布置更趋合理，应进行多方案比较，综合评价后择优确定。

（一）布置原则

（1）应按净水工艺流程顺流布置，构筑物之间的连接管（渠）宜按重力流设计，减少提高次数。

（2）当设计采用多组生产构筑物时，宜按系列采取平行布置，并应采取工程措施，如设置配水井保证配水均匀。

（3）流程力求简短，布置力求紧凑，避免迂回重复，以减少水厂占地面积和连接管（渠）长度，减少净水过程水头损失，并便于操作管理。生产构筑物应力求靠近，如沉淀池（澄清池）应靠近滤池，配水泵房应靠近清水池。除采用组合式构筑物外，构筑物间尚应留出施工、维修和布置连接管（渠）的距离。

（4）应充分利用地形，因地制宜地按流程重力流布置，力求挖填方平衡，减少土石方量和施工费用。当厂区位于山丘区，地形起伏较大时，应考虑流程走向与构筑物的埋设深度，如絮凝池、沉淀池或澄清池应尽量布置在地势较高处，清水池宜布置在地势较低处。

一般情况下，水厂构（建）筑物以接近南北向布置较为理想。

（5）考虑近期与远期的结合，当水厂明确分期建设时，既要有近期的完整性，又要有远期的协调性。一般有两种处理方式：一种按系列的布置方式，即同样规模的两组净化构筑物平行布置并预留远期系列布置的余地；另一种是在原有基础上作纵横扩建。而厂内的吸水井、配水泵房等一般可按远期供水规模设计。

（二）布置类型

由于厂址、厂区占地形状和进、出水管方向等的不同，生产构（建）筑物布置通常有三种基本类型：直线型，折角型，回转型，如图 2.8－1 所示。

1. 直线型

最常见的布置方式，从进水到出水整个流程呈直线型，如图 2.8－1（a）、（b）、（c）所示，这种布置生产联络管线短，管理方便，有利于日后逐组扩建。

2. 折角型

当进出水管受地形条件限制，可将流程布置为折角型，如图 2.8－1（d）所示，折角型的转折点一般选在清水池或吸水井。由于沉淀（澄清）池和滤池间工作联系较为密切，布置时应尽可能靠近，形成一个组合体，便于管理。采用折角型流程时，应注意水厂扩建时的衔接。

3. 回转型

如图 2.8－1（e）所示，适用于进、出水管在一个方向的水厂（如山区水厂布置）。回转型可以有多种方式，但布置时近远期结合较困难。

近年来，有些村镇水厂将生产构筑物按流程连在一起，呈组合式布置，占地少，投资低，管理方便，也可作为比选方案。

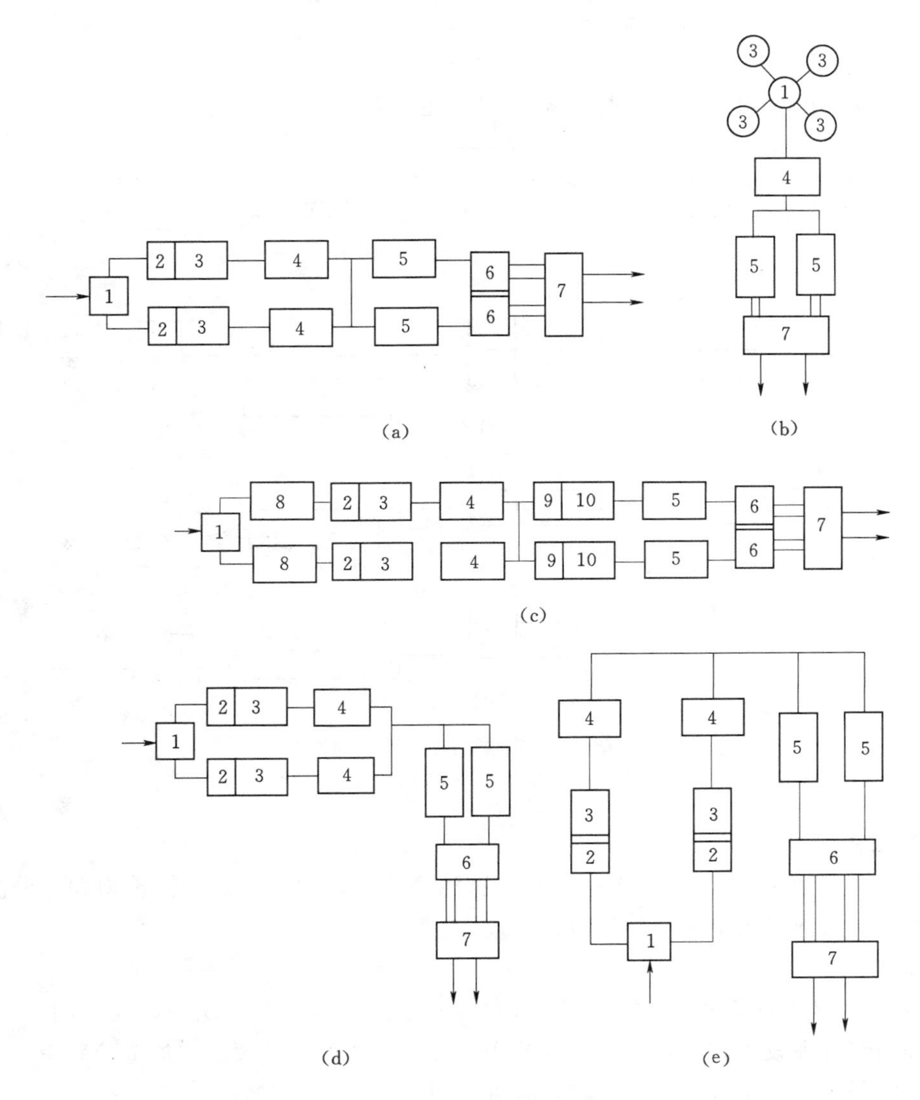

图 2.8-1　水厂生产构筑物布置类型

(a)、(b)、(c) 直线型；(d) 折角型；(e) 回转型

1—配水井；2—絮凝池；3—沉淀（澄清）池；4—滤池；5—清水池；6—吸水井；7—配水泵房；8—生物预处理池；9—臭氧接触池；10—活性炭吸附池

三、水厂竖向布置

水厂竖向布置应根据厂区地形、地质条件，采用的构筑物形式、周围环境以及进水水位标高确定。

净水构筑物的高程受工艺流程控制。由于一般农村水厂规模小，各构筑物间的水路以重力流为主，必须使前后构筑物之间的水面保持一定高差，而且满足各构筑物工作水头、水头损失及连接管道水头损失的要求。附属建筑物可根据具体场地条件，按照平面布置要求进行布置，但应保持总体协调一致。

(一) 布置型式

净水构筑物的布置，一般有图 2.8-2 所示的 4 种类型。

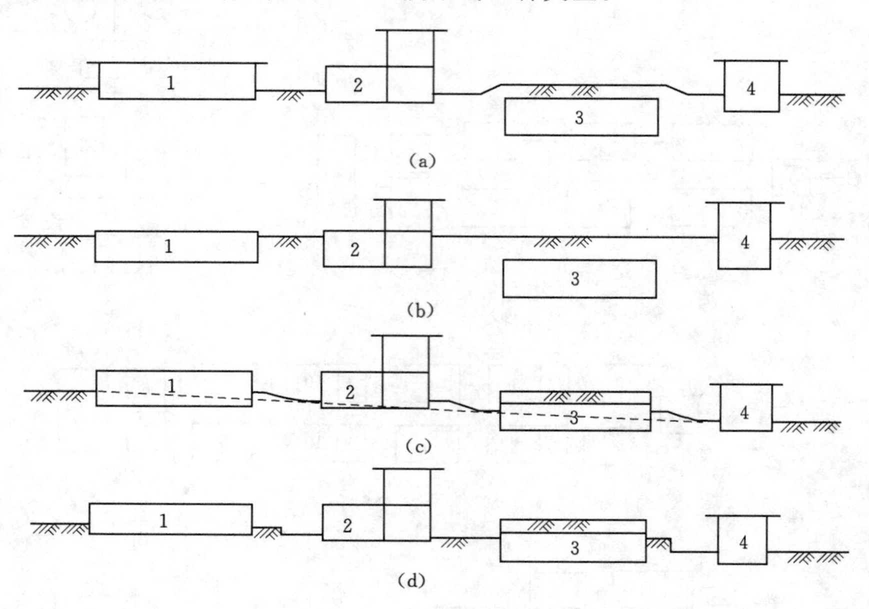

图 2.8-2　净水构筑物布置

1—沉淀池；2—滤池；3—清水池；4—二级泵房

1. 高架式

如图 2.8-2 (a) 所示，主要净水构筑物池底埋设地面下较浅，构筑物大部分高出地面。高架式是目前采用最多的一种布置形式。

2. 低架式

如图 2.8-2 (b) 所示，净水构筑物大部分埋设地面以下，池顶离地面约 1m 左右。这种布置操作管理较为方便，厂区视野开阔，但构筑物埋深较大，增加造价并带来排水困难。当厂区采用高填土或上层土质较差时可采用。

3. 斜坡式

如图 2.8-2 (c) 所示，当厂区原地形高差较大，坡度又较平缓时，可采用此方式布置。设计地面从进水端坡向出水端，以减少土石方工程量。

4. 台阶式

如图 2.8-2 (d) 所示，当厂区原地形高差较大，且落差又呈台阶时，可采用此方式布置，但要注意道路交通的畅通。

(二) 构筑物水头损失

净水构筑物的水头损失见表 2.8-11。

(三) 构筑物标高计算顺序

(1) 确定河流取水口的最低水位。

(2) 计算取水泵房（一级泵房）在最低水位和设计流量条件下的吸水管水头损失。

表 2.8－11　　净水构筑物水头损失

构筑物名称	水头损失/m	构筑物名称	水头损失/m
进水井格栅	0.15～0.30	普通快滤池	2.0～2.5
配　水　井	0.10～0.20	接触滤池	2.5～3.0
混　合　池	0.40～0.50	无阀滤池，虹吸	1.5～2.0
絮　凝　池	0.40～0.50	压力滤池	5～10
沉　淀　池	0.15～0.30	慢滤池	1.5～2.0
澄　清　池	0.60～0.80	活性炭滤池	0.4～0.6

(3) 确定水泵轴心标高。
(4) 确定泵房底板标高。
(5) 计算出水管水头损失。
(6) 计算取水泵房至沉淀池或澄清池的水头损失。
(7) 确定沉淀池本身的水头损失。
(8) 计算沉淀池与滤池之间连接管水头损失。
(9) 确定滤池本身的水头损失。
(10) 计算滤池至清水池连接管的水头损失。
(11) 由清水池最低水位计算配水泵房（二级泵房）水泵轴心标高。

第六节　生产管道布设

水厂生产主要是水体的传送过程，生产构筑物需要各种管道连通。在生产构筑物平面定位后，需要对厂区管道进行平面及高程布置，计算管（渠）道水头损失，以便进行水厂竖向布置。

一、生产管道布置

1. 给水管道

(1) 原水管道：指进入沉淀（澄清）池之前的管道，一般为两条。接入方式应考虑远期的协调和检修时对生产运行的影响。原水管可采用钢管、塑料管，由于阀门、配件、短管较多，较少采用钢筋混凝土管。

(2) 沉淀水管道：由沉淀池（澄清池）至滤池的管道，有两种布置方式：一种是架空，水头损失小；另一种是埋地，不影响池间通道。管道流量应考虑沉淀池超负荷运转的可能。

(3) 清水管道：指滤池至清水池之间的管道，承压较小。当设有两座以上清水池时，清水池之间的联络管线在池底，埋深大，阀门安装困难，可采用虹吸管联通。配水泵房前应尽可能设置吸水井，以减少清水池与泵房间的联络管道。

(4) 超越管道：是水厂内管线布置的重要环节。设计时应考虑某一环节因事故检修停用时，不影响整个水厂运行。超越管道接法如图 2.8－3 所示。

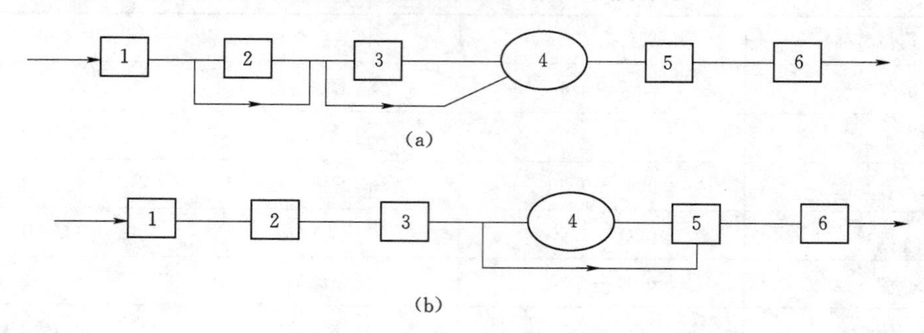

图 2.8－3　超越管道接法示意图

(a) 超越沉淀池或滤池的接法；(b) 超越清水池的接法

1—取水泵房；2—沉淀池；3—滤池；4—清水池；5—吸水井；6—配水泵房

2. 排水管道

水厂排水系统有三个方面：一是厂内地面雨水排除（包括山区防洪排除）；二是水厂内生产废水排除，包括沉淀（澄清）池污泥排除、滤池冲洗水排除、投药间废渣液排除等；三是办公室、食堂、浴室、宿舍等生活污水排除。

上述三个排水系统一般分别设置。沉淀池排泥和滤池反冲洗排水应符合当地环保部门要求。

3. 加药管道

加矾、加氯以及加氨、加碱等管道，一艘做成浅沟敷设，上做盖板，加药管道一般采用塑料管，以防止腐蚀。

4. 自用水管道

(1) 厂内自用水指生活用水、消防用水、泵房、加药间及清洗水池用水，一般均单独自成系统，从配水泵房出水管接出。

(2) 消防系统应满足要求，在必要地点设置消火栓。

二、连接管道水头损失计算

连接管道水头损失，包括沿程水头损失和局部水头损失两部分。沿程水头损失可参照本指南第九章输配水部分相关公式计算；局部水头损失与管件形式有关，占比较大，计算中应加以重视。连接管道小头损失常用计算公式如下：

$$h=h_1+h_2=\sum Li+\sum\xi\frac{v^2}{2g} \tag{2.8-3}$$

式中　h——连接管道水头损失，m；

h_1——沿程水头损失，m；

h_2——局部水头损失，m；

L——连接管长度，m；

i——单位管长水头损失，m；

ξ——局部阻力系数；

v ——管内流速，m/s；

g ——重力加速度，m/s^2，$g=9.81m/s^2$。

各构筑物间的连接管（渠）断面尺寸由流速决定。当地形有适当坡度可利用时，可采用较大流速，以减小管道直径及相应配件和闸阀尺寸；当地形平坦时，为避免增加填、挖土方量和构筑物造价，宜采用较小流速。连接管道水头损失应通过水力计算确定。估算时可采用表 2.8－12 数值。

表 2.8－12　　连接管允许流速和水头损失

连接管段	允许流速/(m/s)	水头损失/m	附注
取水（一级）泵房至混合池	1.0～1.2	视管长而定	
混合池至絮凝池	1.0～1.5	0.1	
絮凝池至沉淀池	0.1～0.15	0.1	防止絮体破坏
混合池至澄清池	1.0～1.5	0.5	
混合池或进水井至沉淀池	1.0～1.5	0.3	
沉淀池或澄清池至滤池	0.6～1.0	0.3～0.5	流速宜取下限，留有余地
滤池至清水池	0.8～1.2	0.3～0.5	流速宜取下限，留有余地
滤池冲洗水的压力管道	2.0～2.5	视管长而定	因间歇运行，流速可大些
冲洗水排水管道	1.0～1.2	视管长而定	

第七节　道路与绿化

一、道路

1. 道路宽度

（1）主厂道，为水厂中人员和物料运输的主要道路，应与厂外入厂道路相连接。主厂道宽度一般为 4～6m，两侧根据水厂总体布置要求，设置办公楼、绿化带、人行道等。

（2）车行道，为厂区内各主要建筑物间的联通道路。所需车行道一般为单车道，宽度 4m 左右；车行道成环状，便于车辆回程。

（3）步行道，为水厂的辅助道路，宽度 1.0～1.5m。

2. 道路断面和路面设计

（1）车行道一般采用沥青混凝土路面、沥青表面处理路面或混凝土路面。

（2）步行道，一般采用水泥路面，绿地中步行道可采用片石勾缝或混凝土预制板块。

各类道路均应有侧石及排放雨水设施，各类道路断面型式和路面构造，可按当地习惯设计。

各种道路断面及路面结构见表 2.8－13。

3. 道路坡度

平坦地区纵坡一般为 1%～2%，最小可为 0.4%，以便于雨水排除；丘陵地带道路纵坡一般应在 6%以下，最大不应超过 8%。

表 2.8-13　各种道路的断面及路面结构

路面结构			道路横坡/%
混凝土路面		>18cm 厚 C20～C25 混凝土 15cm 厚石灰稳定土基层 15cm 天然砂砾石垫层	1.5～2.0
沥青混凝土路面		4cm 厚中粒沥青混凝土 11～18cm 泥灰结碎砾石 15cm 天然砂砾石垫层	1.5～2.0
沥青表面处置泥结碎石路面		2.5cm 厚沥青碎石表面处置 12～17cm 泥灰结碎砾石 15cm 天然砂砾石垫层	1.5～2.5
人行道		5cm（或 10cm）C20～C25 预制混凝土板 3cm 砂 10cm 碎（砾）石	2.0
		8cm 厚 C20～C25 混凝土 8cm 碎（砾）石	2.0

二、绿化

绿化是水厂环境美化的重要手段，一般有绿地、花坛、绿化带、行道树等。

1. 绿地

指块状地形的局部绿化面积。可由草地、绿篱、花坛和树木组成。大面积绿地，中间可设建筑小品和人行走道。小块绿地可布置花坛。

2. 花坛

指有规则的局部绿地，主要配置色彩鲜艳的花卉，形成图案达到装饰和美化的目的。

花坛可以是圆形、矩形、多角形，花卉以多年宿根为主。水厂花坛不宜过多，在重要部位起到点缀作用。

3. 绿化带

利用道路与构筑物之间的带状地进行绿化。绿化带以草皮为主，要求有一定的宽度，最好 5m 以上；绿化带不要求对称，可单侧布置，也可随地表起伏，宽度上可有一定坡度。绿化带布置要求绿草如茵，整齐简洁，不宜繁琐零乱。

4. 行道树

在水厂主要道路两侧栽植主干挺直、树大阴郁的树木，但在净水构筑物附近不宜栽植高大乔木，以免落叶进入水池。树带宽度为 1.25～2m，一般配以一行乔木，一行灌木，株距 4～6m。行道树的位置与建筑物及地下管道的水平距离可参考表 2.8-14。

表 2.8-14　　行道树的位置与建筑物及地下管道的水平距离

建筑物、构筑物及地下管线名称	最小间距/m	
	至乔木中心	至灌木中心
建筑物外墙：有窗	3.0～5.0	1.5
无窗	2.0	1.5
挡土墙顶或墙脚	2.0	0.5
高 2m 及 2m 以上的围墙	2.0	1.0
道路边缘	1.0	0.5
人行道边缘	0.5	0.5
排水明沟边缘	1.0	0.5
给水管	1.5	不限
排水管	1.5	不限
电缆	2.0	0.5

注　①表中间距除注明者外，建筑物、构筑物自最外边轴线算起；管线自管壁或防护设施外缘算起；电缆按最外一根算起；②树木至建筑物外墙（有窗时）的距离，当树冠直径小于 5m 时采用 3m，大于 5m 时采用 5m；③树木至铁路、道路弯道内侧的间距应满足视距要求；④建筑物、构筑物至灌木中心系指灌木丛最外边的一株灌木中心。

第九章

输配水管网设计

输配水管道按其功能一般分为输水管和配水管。

输水管是指从水源输送原水至净水厂或配水厂的管。当净水厂远离供水区时，从净水厂至配水管网间的干管也可视为输水管。输水管按其输水方式可分为重力输水和压力输水。一般输水管在输水过程中沿程无流量变化。

配水管是指由净水厂或配水厂直接向用户配水的管道。配水管按其布置形式分为树枝状和环网状，配水管又可分为配水干管和配水支管。配水管一般分布面广且成网状，故称管网。配水管内流量随用户用水量的变化而变化。

第一节　管　道　布　置

一、输配水管线选择

（1）输配水管应选择经济合理的线路。应尽量做到线路短、起伏小、土石方工程量少、减少跨（穿）越障碍次数、避免沿途重大拆迁、少占农田和不占农田。

（2）输配水管走向和位置应符合村镇规划要求，尽可能沿现有道路或规划道路敷设，以利施工和维护。

（3）输配水管应尽量避免穿越河谷、山脊、沼泽、重要铁路和泄洪地区。

（4）输水管线应充分利用水位高差，结合沿线条件优先考虑重力输水。如因地形或管线系统布置所限必须加压输水时，应通过技术经济比较确定。

（5）输配水管路线的选择应考虑近远期结合和分期实施的可能。

（6）输配水管的走向与布置应考虑与村镇现状及规划的协调与配合。

二、输配水管道布置要求

（1）输水管一般布设一条。当输水距离远，有条件时可同时建设安全贮水设施。

（2）重力输水管应根据具体情况设置检查井和排气设施。当地面坡度较陡或非满管流重力输水时，应根据具体情况在适当位置设置跌水井、减压井或其他控制水位的措施。

(3) 对于压力水管，应分析出现水锤的可能，必要时需设置消除水锤的措施。

(4) 在输水管道和配水管道隆起点和平直段的必要位置上，应装设排（进）气阀，以便及时排除管内空气，不使发生气阻，以及在放空管道或发生水锤时引入空气，防止管道产生负压。

(5) 在输配水管渠的低凹处应设置泄水管和泄水阀。泄水阀应直接接至河沟和低洼处。泄水管直径一般为输水管直径的1/3。

(6) 管道上的法兰接口不宜直接埋在土中，应设置在检查井或地沟内。

(7) 输配水管道布置，应减少管道与其他管道的交叉。当有交叉时，宜按下列规定处理：①压力管线让重力管线；②可弯曲管线让不易弯曲管线；③分支管线让干管线；④小管径管线让大管径管线；⑤一般给水管在上，废、污水管在其下部通过。

第二节　管道流量与水力计算

一、管道设计流量

1. 输水管设计流量

(1) 从水源到水厂的原水输水管设计流量，当水厂内有调节构筑物时，按最高日平均时用水量加输水管漏失水量和水厂自用水量确定；当水厂内无调节构筑物时，按最高日最高时用水量加输水管漏失水量和水厂自用水量确定。

(2) 从水厂到配水干管的输水管设计流量，当管网内无调节构筑物时，按最高日最高时用水量确定；当管网内有调节构筑物时，按最高日工作时用水量确定。

(3) 相关参数选取：输水管道漏失水量应根据管道材质、接口形式、系统布置及管道长度等确定；水厂自用水量设计应根据净水工艺确定，一般占设计供水规模的5%左右；最高日最高时用水量为最高日平均时用水量乘以时变化系数（K_h），基本全日供水工程时变化系数如表2.9-1所示。

表2.9-1　基本全日供水工程时变化系数

供水规模 W (m^3/d)	$W\geqslant 5000$	$5000>W\geqslant 1000$	$1000>W\geqslant 100$	$W<100$
时变化系数 K_h	1.6～2.0	1.8～2.2	2.0～2.5	2.5～3.0

2. 配水管网设计流量

配水干管或配水管网总设计流量（$q_{配}$），按最高日最高时用水量计算。计算公式如下：

$$q_{配}=K_hQ_{设}/24 \tag{2.9-1}$$

式中　$Q_{设}$——设计供水规模，按最高日用水量计算，m^3/d；

K_h——时变化系数，基本全日制供水工程按照表2.9-1取值。

二、管道水力计算

1. 输水管管径

按照满流或压力流的输水管管径计算。计算公式如下：

$$D=\sqrt{\frac{4Q_{输}}{\pi v_e}} \tag{2.9-2}$$

式中　$Q_{输}$——输水管设计流量，m^3/s；

v_e——管道经济流速，m/s，根据选用管材及当地的敷管单价和动力价格等，通过计算确定。管道平均经济流速为：管径 $D=100\sim400$mm，$v_e=0.6\sim0.9$m/s；$D\geqslant400$mm，$v_e=0.9\sim1.4$m/s。

输配水管道设计流速宜采用经济流速，不宜大于 2.0m/s。但原水输水管设计流速不宜小于 0.6m/s。

2. 管道水头损失

输配水管道水头损失包括沿程水头损失和局部水头损失，可按下列方法计算：

（1）沿程水头损失可按式（2.9-3）计算：

$$h_1=iL \tag{2.9-3.1}$$

$$i=10.67q^{1.852}C^{-1.852}d^{-4.87} \tag{2.9-3.2}$$

式中　h_1——沿程水头损失，m；

L——计算管段的长度，m；

i——单位管长水头损失，m/m；

q——管段设计流量，m^3/s；

d——管道内径，m；

C——海曾威廉系数，可按本标准表 2.9-2 取值。

表 2.9-2　海曾威廉系数 C 值

管道类型	C 值
塑料管	140～150
钢管、混凝土管及内衬水泥砂浆金属管	120～130

（2）输水管和配水干管的局部水头损失可按其沿程水头损失的 5%～10%计算。

三、配水管网水力计算

1. 管网水力计算工况

管网中所有管段的沿线出水流量之和应等于最高日最高时用水量。各管段的沿线出水流量可根据人均用水当量、各管段用水人口、用水大户的配水流量计算确定。人均用水当量可按式（2.9-4）计算：

$$q=1000(W-W_1)K_h/(24P) \tag{2.9-4}$$

式中　q——人均用水当量，L/（h·人）；

W——村或镇的最高日用水量，m^3/d；

W_1——企业、机关及学校等用水大户的用水量之和，m^3/d；

K_h——时变化系数；

P——村镇设计用水人口，人。

设计供水水压（最小服务水头）应根据建筑物层数确定：单层建筑物可取 10m；两层建筑物可取 12m；两层以上建筑物每增高一层增加 4m。配水管网中消防栓设置处的最小服务水头不应低于 10m。用户水龙头的最大静水头不宜超过 40m，超过时宜采取减压措施。

对于供水范围内建筑物层数相差较多或地形起伏较大的管网，设计供水水压以及控制点的选择应从总体的经济性考虑，避免为满足个别点的水压要求，而提高整个管网压力。必要时应考虑分区、分压供水，或个别区、点设置调节设施或增压泵。

由于农村居住相对分散，配水管网以树状为主。

2. 树状管网水力计算

计算步骤如下：

(1) 绘制管网平面布置图，在图上标明节点和节点处地面标高及每段管道的长度(m)。

(2) 计算设计流量。

(3) 确定每个节点对水压的要求。

(4) 确定每个节点上大用户的集中供水量，并标在管网平面图上。

(5) 按平面布置图统计有用水户的管段，计算出各管段长度（m）及用水人口、用水大户。

(6) 计算各管段比流量或人均用水当量。

(7) 按管网平面布置图上的节点号，列出各段编号，计算各段的配水流量。

(8) 计算各节点的出流量。

(9) 计算每一管段的流量。

(10) 按各管段的计算流量，所用管材，确定管径、流速和单位管长的沿程水头损失。

(11) 计算总水头损失。

3. 环状管网水力计算

(1) 计算公式：

1) $\sum q=0$——流向任一节点的流量之和，应等于流离该节点的流量（包括节点流量）之和。

2) $\Delta h=0$——每一闭合环路中，以水流为顺时针方向的管段水头损失为正值，逆时针方向为负值，正值的和应与负值的和相等。在实际计算中闭合差绝对值，小环应小于 0.5m，大环应小于 1.0m。

(2) 管网平差计算步骤如下：

1) 绘制管网平差运算图，标出各计算管段的长度和各节点的地面标高。

2) 计算节点流量。

3) 拟定水流方向和进行流量初步的分配。

4) 根据初步分配的流量，按经济流速选用管网各管段的管径（水厂附近管网的流速宜略高于经济流速或采用上限，管网末端的流速宜小于经济流速或采用下限）。

5）计算各管段的水头损失，即 $h=il$。

6）计算各环闭合差 Δh；若闭合差 Δh 不符合规定要求，用校正流量进行调整（一般先大环后小环调整），连续试算，直至各环闭合差达到上述要求为止。

第三节　管材及附属设施

一、管材类型与选择

1. 管材类型及特点

农村供水常用管材可分为三类：一是塑料管材，包括硬聚氯乙烯管（UPVC）、聚乙烯管（PE）、聚丙烯管（PP）等；二是金属管，包括钢管（SP）和球磨铸铁管（DIP）等；三是混凝土管，包括自应力混凝土管（SPCP）和预应力混凝土管（PCP）。

（1）硬聚氯乙烯管（UPVC），采用挤出成型的内外壁光滑的平壁管。常用口径为DN20～630，公称压力 0.6～1.6MPa，管径。该管材化学稳定性、耐腐蚀性和水力性能好；管道内壁光滑，阻力系数小，不易结垢；相对金属管材，密度小，材质轻，施工方便，是目前国内替代镀锌钢管和灰口铸铁的主要管材之一，应用规模不断扩大。

（2）聚乙烯管（PE），采用挤出成型的内外壁光滑的平壁管。常用口径为 DN32～500；公称压力 0.4～1.6MPa。除具有 UPVC 管的优点外，该管属柔性管，具有热形变性、耐磨性、耐应力开裂等特点；敷设方便，连接时采用热熔连接，可将管道连接达数百米进行弹性敷设，在给水管市场发展势头强劲，应用规模不断扩大。

（3）聚丙烯管（PP），口径较小（DN100 以下），具有优良的耐热性，在建筑室内冷热水管道中应用较多。但脆化温度较高，尺寸收缩率大，对低温敏感性强，随着温度下降，力学性能降低，老化性较差，使用范围受到限制。

（4）钢管（SP），一般采用 Q235A/B 碳素镇静钢焊接而成，是大口径埋地管道中运用最为广泛的管材。钢管的壁厚根据内外负载和埋设条件计算确定。埋地钢管易受腐蚀，必须对其内外壁进行防腐，否则需要增加 2mm 的腐蚀余量。一般钢管的埋敷设长度大于500m 时，还需同时作阴极保护，其使用寿命可达 50 年左右或更长。

（5）球磨铸铁管（DIP），是选用优质生铁，采用水冷金属型模离心浇铸技术，并经退火处理，获得稳定均匀的金相组织。具有较高的抗拉强度和延伸率，而且具有较好的韧性、耐腐蚀性、抗氧化、耐高压等优良性能，被广泛运用于输水、输气及其他液体。球墨铸铁外壁采用喷涂沥青或喷锌防腐，内壁陈水泥砂浆防腐。球磨铸铁管均采用柔性接口，机械式或滑入式，施工方便，已在国内广泛应用。

（6）混凝土管，包括自应力混凝土管（SPCP）和预应力混凝土管（PCP）。其中大口径、高压力的混凝土管大都为预应力钢筋混凝土管。预应力钢筋混凝土管由钢筋、钢丝和混凝土组成，采用振动挤压和管芯缠丝工艺制造，具有良好的抗渗性和抗裂性，输送能力强，使用寿命长。可代替钢管和铸铁管，降低工程造价，且耐腐蚀性优于金属管材。管壁厚按管径大小和内压力确定。管内径有小口径（0.4m 以下）、中口径（0.4～1.4m）和大口径（1.4m以上）。采用承插式胶圈柔性连接，安装方便，密封止水效果好。其缺点是自重较大、性脆、在运输安装过程中较易破损。

2. 管材选择基本要求

供水管材选择一般根据管径、公称压力、设计工作压力、外部荷载、地形、施工和材料供应等条件，经结构计算和技术经济比较确定，并符合下列要求：

（1）管材质量应符合国家现行产品标准，包括卫生安全要求。

（2）选用管材的公称压力应小于管道的设计内水压力，可按表2.9-3确定。管道的最大工作压力（P）应根据工作时最大动水压和不输水时的最大静水压力确定。

表2.9-3　不同管材的设计内水压力

序号	管材种类		设计内水压力/MPa
1	塑料管		$P+0.5\geqslant 0.9$
2	钢管		$2P$
3	球墨铸铁管	$P\leqslant 0.5$	$P+0.5$
		$P>0.5$	$2P$
4	混凝土管		$1.5P$

（3）管道结构设计应符合《给水排水工程管道结构设计规范》（GB 50332）的规定。

（4）露天明设管道应选用金属管。采用钢管时应进行内外防腐处理，内防腐应符合《生活饮用水输配水设备及防护材料的安全性评价标准》（GB/T 17219）要求。严禁采用冷镀锌钢管。

3. 管材选择方法

（1）当管径小于DN300，且使用压力不高时，首选UPVC管；经济条件较好时，宜选PE管。

（2）当管径大于DN300，且管道工作压力较大时，可选球磨铸铁管、钢管等；当工作压力不大时，可选用预应力钢筋混凝土管；无压力输水时，可选用自应力钢筋混凝土管。

（3）管径较小（如DN25以下）的入户管或临时性应用，首选PE管。

二、附属设施及功能

1. 附属设备

（1）止回阀。又称单向阀或逆止阀，用于防止管路中水倒流和水锤。止回阀按结构分为升降式止回阀、旋启式止回阀和蝶式止回阀三种，主要用于水泵出口处，防止突然停泵后水倒流，并具有防止水锤作用。此外，普通止回阀适用于管径DN≤300、总扬程（压力）小于20m的管道；快关止回阀仅适用管径小，总压力小于20m的管道。缓闭止回阀，适用于一般输水管道。

（2）水位控制阀。主要用于控制水池（水塔）水位，可装在进水管上、池内或池外。常用的水位控制阀（也称浮球阀）有活塞式和膜片式，活塞式适用于清水，膜片式性能较好，优先选用。

（3）减压阀。利用控制阀体内的启闭件的开度来调节水的流量，降低水压，同时借助阀后压力的作用调节启闭件开度，使阀后压力保持在一定范围内。一般用于重力流输水管道主管和重力流及压力流的分支管，在进口压力不断变化的情况下，保持出口压力在设定的范围内。按结构形式分为膜片式、弹簧薄膜式、活塞式；按阀座数目分为单座式和双座式；按阀瓣的位置不同分为正作用式和反作用式。根据使用要求选定减压阀的类型和调压精度，再根据所需最大输出流量选择其通径。

（4）泄压阀和调压（流）装置。主要用于特殊情况下调压调流，防止水锤，保护管道运行安全。泄压阀主要用于泵站和管道超高压保护，当管道产生突发性意外超压时，泄压阀自动快速开启泄除高压，防止爆管，泄压后自动关闭，无需人工管理。调压（流）装置主要用于调节山丘区供水管道上游河下游压力，保护下游管道。

（5）泄（排）水阀。主要用于放空管道或者水池中的水。一般安装在主管道的泄水三通上，安装在泄水管线最低部位。所用规格为管道直径的 1/3～1/5，事故检修时打开。

（6）空气阀，包括进、排气阀。利用阀体内浮球控制排气口的启闭，理想的排气阀具有遇气开遇水关功能。主要用于排除输配水管道内的气体，防止水锤；同时有进气功能，消除或减少负压，防止管道被吸空，对管道运行安全极为重要。

（7）检修阀。可控制管道的开启和关闭，以减少检修对供水的影响。在输水管道上一般每隔 5～10km 设置一个检修阀，间距越大，检修时放水量越大，应统筹工程造价和运行管理费用。检修阀一般采用蝶阀，当兼有调节流量功能时，每处做好串联两个蝶阀或闸门。检修阀公称直径与主管道相同，个别情况可减小一号。

（8）消火栓。用于控制可燃物、隔绝助燃物、消除着火源。承担消防任务的输水管道应设置消火栓，消火栓距离一般不小于 120m，选用类型根据安装处具体要求确定。

（9）给水栓及防冻水栓。当多户集中用水时采用给水栓，一般设在交通及管理方便的位置。北方寒冷地区应使用防冻给水栓。给水栓通一般用于最冷月平均最低气温不低于－15℃的地区，其他地区应选用防冻给水栓。

2. 附属设施

（1）阀门井。输配水管道上的阀门一般应设在阀门井内。阀门井的尺寸应满足操作阀门及拆装管道阀件所需的最小尺寸。根据地质条件和地下水位情况等采用钢筋混凝土结构或砖砌，应采取防止雨水进入和地下水渗入的措施。

（2）排水井。一般设置在管道下凹及阀门间管段的最低处。根据地质条件和地下水位情况等采用钢筋混凝土结构或砖砌。如地形高程允许，可建成干井，直接排水至河道、沟谷。如地形高程不能满足直排要求，可建成湿井或集水井，用水泵排水。

第四节　管　道　敷　设

一、管道埋设要求

1. 一般要求

（1）除岩石地基区和山区且无防冻要求外，一般地区输配水管网应埋设地下。

（2）除覆盖层很浅或基岩出露的地区可浅沟埋设外，一般地区输配水管网应按设计深度埋设。

（3）管道埋深应根据冰冻情况、外部荷载、土壤地基、与其他管道交叉等因素确定。

2. 管道埋深

（1）非冰冻地区，在松散岩层中，管顶覆土深度一般不应小于0.7m；在基岩风化层上埋设时，管顶覆土深度不应小于0.5m。

（2）冰冻地区，管顶最小覆土深度应位于土壤冰冻线以下0.15m。

（3）管道穿越农田、道路或沿道路铺设时，管顶覆土深度不宜小于1.0m，特别是塑料管道。

3. 埋设基础与回填

（1）管道应埋设在未经扰动的原状土层上，管道周围0.2m范围内应用细土回填，回填土的压实系数不应小于0.9。

（2）在承载力达不到设计要求的软地基上埋设管道应进行地基处理，在岩石或半岩石地基上埋设管道应铺设砂垫层，砂垫层厚度不应小于0.1m。

（3）沟槽回填从管底基础部分开始到管顶以上0.5m范围内，应采用人工回填；管顶0.5m以上部位，可用机械从管道轴线两侧同时夯实，每层回填厚度不大于0.2m。

4. 与其他设施相关关系

（1）当供水管与污水管交叉时，供水管应布置在上面，且不应有接口重叠。当给水管道敷设在下面时，应采用钢管或钢套管，钢套管的两端伸出交叉管的长度不得小于3m，采用防水材料封闭钢套管的两端。

（2）供水管道与建（构）筑物、铁路和其他管道的水平净距，应根据建（构）筑物基础结构、路面种类、管道埋深、管道设计压力、管径、管道上附属构筑物、卫生安全、施工和管理等条件确定。最小水平净距应符合《城市工程管线综合规划规范》（GB 50289）的相关规定。

（3）供水管道与铁路、高等级公路、输油管道等重要设施交叉时，应取得相关行业管理部门的同意，并按有关规定执行。

二、露天及特殊管道敷设

1. 露天管道敷设

（1）金属管道可露天敷设并采取冬季防冻措施；塑料管道露天敷设应采取防晒、防冻保护措施。

（2）露天管道应有调节管道伸缩的设施，并设置保证管道整体稳定的措施。

2. 穿越河流管道敷设

（1）管道穿越河流可采用沿现有桥梁架设或采用管桥或敷设倒虹吸管从河底穿越等方式。

（2）管道穿越河底时，管道管内流速应大于不淤流速，在两岸应设阀门井，应有检修和防止冲刷破坏的措施；管道在河床下的深度应在其相应防洪标准的洪水冲刷深度以下，且不小于1m。

（3）管道埋设在通航河道时，应符合航运部门的规定，并应在河岸设立标志，管道埋设深度应在航道底设计高程 2m 以下。

3. 其他管道敷设

（1）穿越沟谷、陡坡等易受洪水或雨水冲刷地段的管道，应采取防冲刷措施。

（2）非整体连接管道在垂直或水平方向转弯处、分叉处、管道端部堵头处及管径截面变化处应设置支墩或镇墩，其结构尺寸根据管径、转弯角度、设计内水压力、接口摩擦力以及地基和回填土的物理学指标等因素确定。

第十章

泵站

泵站是给水系统中的扬水设施。按照功能分为取水泵站、配水泵站和加压泵站。按照泵站室内地面与室外地面的位置分为地面式、半地下式和地下式泵站。农村供水常见泵站为取水泵站和配水泵站，主要采用地面式和半地下式布置。

泵站设计主要包括泵站选址、水泵机组配置、水泵选型和泵房布置。

第一节　泵站类型和基本要求

一、泵站类型及特点

1. 取水泵房

取水泵站亦称“一级泵站”，主要指从水源取水，通过输水管道将水送到净水厂的泵站；当井水等原水无需净水处理时，取水泵站可直接将原水输送到高位水池或配水管网。取水泵站一般建在水源附近，水泵的抽水条件受到水源水位波动的影响，往往使泵房埋深较大。取水泵站送水量均衡，水泵台数和型号较少。

地表水取水泵站，多与取水构筑物合建于一体。如进水井与泵站合建在一起的岸边式取水泵站、湿井式取水泵站或浮船式取水泵站等。也有将取水头部、集水井与取水泵站分建，或采用潜水泵、离心泵直接从地表水库取水的泵站。具体设计时应根据河、库等水文条件、工程地质条件等经技术经济比较后确定。

地下水取水泵站，多与地下水构筑物合建，从管井或大口井中取水，将水送到水厂净水设施。当原水符合《生活饮用水卫生标准》（GB 5749—2006）要求时，可直接送入清水池或配水管网，经消毒后供水。

2. 配水泵站

配水泵站亦称“二级泵站”，是指从清水池或水井取水，将出厂水送入配水管网或高位水池的泵站。一般配水泵站设在净水厂内，从清水池或水井中取水时的水位变化较小，泵房埋深较浅。由于供水量受用水量变化影响大，泵站流量和扬程的日变化很大。为使水泵在高效条件下运行，一般配置多台不同型号的水泵，采用大小泵组合供水。也可采用变频装置调控水泵供水，以适应供水量和水压变化。

3. 加压泵站

加压泵站亦称“中途加压站”，主要用于提高管网中水压不足地带的水压。一般建在管网压力较低、输水距离过长或用户集中的地区。从清水池或水井取水，供水对象所在地势很高时，也可采取中途加压方式，以降低管网工作压力。一般配套建设调蓄水设施，供加压泵取水。

二、泵站设计基本要求

(1) 泵站设置及位置，应根据供水系统布局，以及地形、地址、防洪、电力、交通、施工和管理等条件综合确定。

(2) 取水泵站应满足取水构筑物与净水构筑的设计要求，配水泵站应满足水厂总体布置和供水需求，加压泵站应根据输配水管道布置、居民区分布和地形确定。

(3) 泵站设计应充分考虑节能；取水泵站和加压泵站离水厂较远时可采用远程自动控制；加压泵站宜设前池或采用无负压供水装置。

(4) 供电有保障，地势平缓的小型泵站，可采用软启动和气压罐供水。

(5) 泵站设计应符合《泵站设计规范》(GB/T 50265) 的有关规定。

第二节 水泵机组设计

一、泵站设计流量和扬程

1. 取水泵站

(1) 设计流量：①当水厂内有调节构筑物时，一般按最高日平均时用水量加输水管漏失水量和水厂自用水量确定；②当水厂内无调节构筑物时，按最高日最高时用水量加输水管漏失水量和水厂自用水量确定；③当部分农村水厂的取水泵站或净水设施不是24小时连续工作时，设计流量应按工作时所需流量设计。

(2) 设计扬程：应满足从水源最低取水位将水提升到净水构筑物最高设计水位的要求。取水泵扬程计算示意图如图2.10-1所示，计算公式如下：

$$H=H_1+H_2+h_1+h_2 \tag{2.10-1}$$

式中 H_1——水源最低水位与水泵基准面的几何高度，m；

H_2——水泵基准面与净水构筑物水面的几何高度，m；

h_1——吸水管路总水头损失，m；

h_2——输水管路总水头损失，m。

计算时一般需要考虑一定的富余水头，但不宜过大，一般为1～2m；选择深井泵时，富余水头可按10%考虑。

2. 配水泵站

(1) 设计流量：①配水泵从清水池或水井中取水，当直接向配水管网供水时，按最高

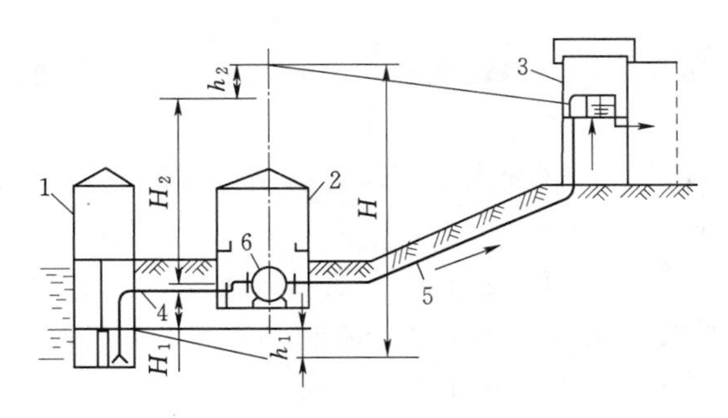

图 2.10-1　取水泵向净水构筑物输水时扬程计算示意图

1—进水间；2—泵房；3—净化构筑物；4—吸水管路；5—输水管路；6—水泵

日最高时用水量计算；②当向高位水池等调节构筑物配水时，按最高日用水量与管网漏水量之和除以配水泵工作时间计算。

（2）设计扬程：①当配水泵直接向配水管网供水时，应满足配水管网压力控制点（最不利用户接管点）的最小服务水头要求；水泵扬程计算示意图如图 2.10-2 所示，计算公式如式（2.10-2）；②当配水泵向高位水池等调节构筑物配水时，设计扬程应满足从清水池或水井最低取水位将水提升到调节构筑物最高设计水位的要求；水泵扬程计算公式参照式（2.10-1）。

$$H=H_1+H_2+h_1+h_2+H_3 \tag{2.10-2}$$

式中　H_1——最低吸水水位与水泵基准面的几何高差，m；

H_2——泵基准面与管网压力控制点的几何高差，m；

h_1——吸水管路总水头损失，m；

h_2——配水泵至最不利供水点之间配水管网总水头损失，m；

H_3——管网控制点要求的最小服务水头，m。

计算时一般也需考虑一定的富余水头。

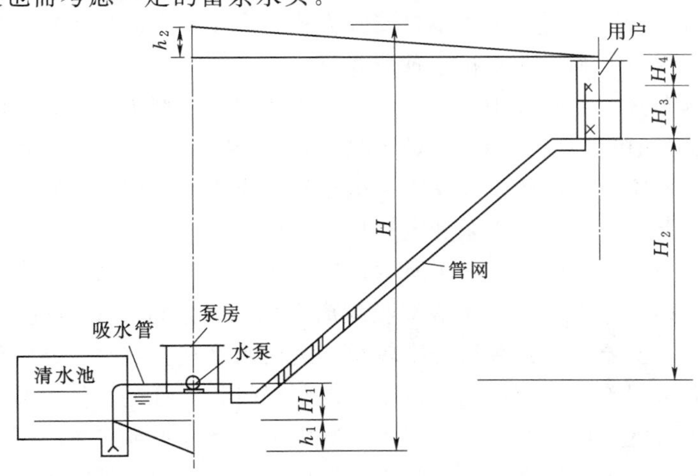

图 2.10-2　配水泵向配水管网供水时水泵扬程计算示意图

3. 加压泵站

（1）设计流量：加压泵从调蓄水设施取水，向供水区配水管网供水，按最高日最高时用水量计算。

（2）设计扬程：应满足供水区配水管网压力控制点（最不利用户接管点）的最小服务水头要求。水泵扬程计算公式如下：

$$H=Z+H_c+\sum h_s+\sum h_n \tag{2.10-3}$$

式中　Z——加压泵最低吸水水位与供水区最不利供水点的几何高差，m；

H_c——供水区最不利供水点的最小服务水头，m；

$\sum h_s$——加压泵站内吸水管和出水管的总水头损失，m；

$\sum h_n$——加压泵至最不利供水点之间配水管网总水头损失，m。

二、水泵机组配置

1. 一般原则和要求

（1）水泵机组的选择和配置应根据泵站性能、流量和扬程，进水含沙量、水位变化，以及出水管路的流量—扬程特征曲线等确定。

（2）水泵性能和水泵组合，应满足泵站在所有工况下对流量和扬程的要求，平均扬程时水泵机组在高效区运行，最高和最低扬程时水泵机组能安全、稳定运行。

（3）水泵宜采取自灌式吸水，无条件时可采用真空引水或其他装置自吸引水，小型离心泵可设吸水底阀。

（4）水泵工作范围变化较大时，应经技术经济比较选用大小水泵搭配，台数不宜过多，也可采用变频调速装置。

（5）泵站宜设1～2台备用水泵，其中至少1台型号应与大泵一致。

（6）应选择运行稳定可靠、节能高效和低噪音的水泵，严禁水泵在气蚀条件下运行。

（7）电机选型，应与水泵性能相匹配，采用多型号的电机时，其电压应一致。

2. 水泵机组布置

水泵机组台数4台以下时，采用单排安装方式，大于4台时可采用双排布置。布置可分为平行单排、直线单排和横向双排三种形式。

（1）平行单排布置：如图2.10-3所示，一般适用于小型泵、单级单吸悬臂式离心泵（如1S、BJ型泵）和单级双吸离心泵（Sh型泵）。主要特点：悬臂式水泵的吸水管可处于顺直状态，布置紧凑，泵房建筑面积小，电动机取出方便；但泵站跨度较大，管道配件较多，水力条件较差，单轨起吊水泵和电动机不方便。

（2）直线单排布置：如图2.10-4所示，广泛用于中、小型水厂；常用于侧向进水和侧向出水的水泵，如Sh型、SA型单级双吸式离心泵；水泵台数不超过5～6台，吸水管阀门可放在泵房外。主要特点：泵房跨度较小，进出水管顺直，水力条件好，可减少水头损失和电耗，只需采用单轨葫芦作起重设备；但泵房较长，管道配件拆装不便。

（3）横向双排布置：如图2.10-5所示，适用于大型双吸卧式离心泵，水泵数量6台以上，施工要用沉井。主要特点：布置紧凑，泵房面积小，配管件简单，水力条件好；但泵房跨度大，水泵倒顺转布置，泵间间距小，检修空间少，需采用桥式起重机。

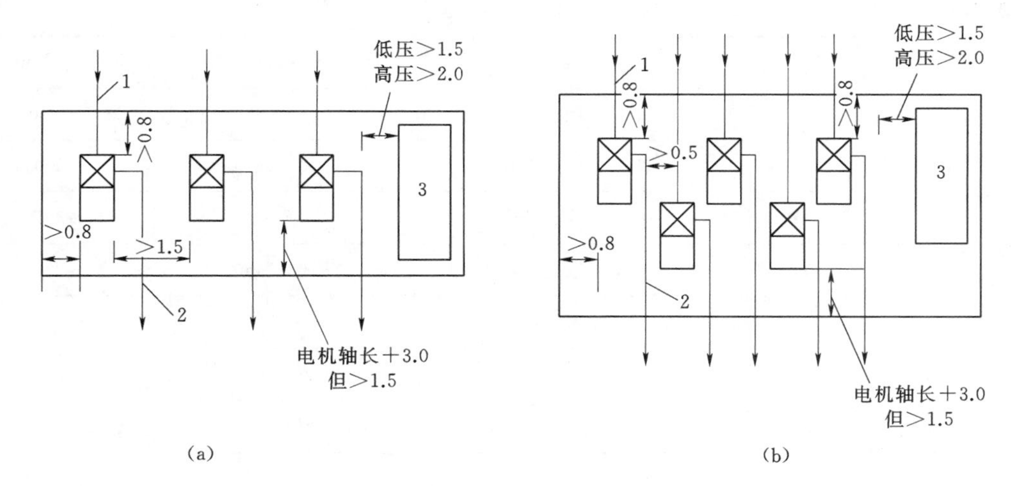

图 2.10-3　机组平行单、双排布置（单位：m）

（a）IS 型单级离心泵单排布置；（b）IS 型单吸离心泵双排布置

1—吸水管；2—出水管；3—配电设备

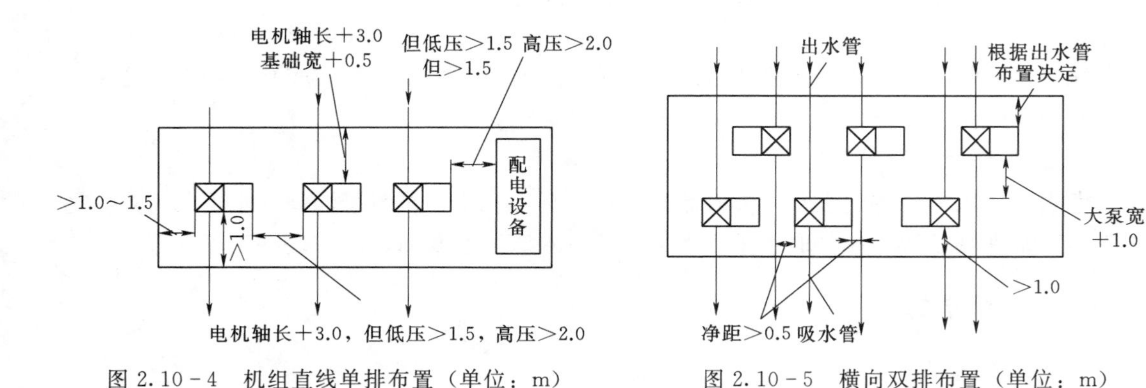

图 2.10-4　机组直线单排布置（单位：m）

图 2.10-5　横向双排布置（单位：m）

第三节　水泵类型与选择

一、水泵类型及特点

水泵类型很多，其中离心泵具有流量和扬程工作区间最广，产品品种、系列和规格最多的特点。一般供水工程的扬程为 20～100m，单泵流量的适用范围一般为 50～10000m^3/h。根据常用水泵的流量～扬程特征曲线谱图，离心泵十分合适。对于大型供水工程，可采用多台离心泵工作并联方式满足大流量需求。

农村供水工程中小型为主，抽取地表水和地下水比例相当，通常采用卧式离心泵、深井泵和潜水泵三种，均属离心泵类。农村供水工程常用水泵类型及适用范围见表 2.10-1。

表 2.10-1　　农村供水工程常用水泵类型及适用范围

水泵类型	系列	结构形式	流量范围/(m^3/h)	扬程范围/m
卧式离心泵	IS	单级、单吸、悬臂式	3.5～380	3.3～140
	Sh	单级、多吸、中开式	90～6696	10～140
	DA	多级、单吸、分段式	10.8～345	14～351
系列深井泵（长轴深井泵）	JD	多级、单吸、分段式	10～1450	24～220
	J	单级、多吸、分段式	10～1200	16～228
井用潜水泵	QJ	单级、多吸、分段式	20～275	14～220
供水潜水泵	QG	单级、双吸、多段式	10～260	12～489

1. 卧式离心泵

卧式离心泵具有一般离心泵特点，工作流量和扬程范围广，水泵高度小，特别适用于地表水源和供水规模较大的取水泵站和配水泵站。当地下水埋藏浅（距离地面不超过5～6m），在卧式离心泵的吸水能力范围，通常采用卧式离心泵。

2. 深井泵

深井泵实际为立式单吸多段式多级离心泵，具有流量较小、扬程较高的特点，适用于地下水埋藏较深、单井取水量不太大的地下水源取水泵站。

3. 潜水泵

潜水泵是机电一体化水泵，具有流量较小、扬程较小、机泵可同潜入水下的特点，适用于地下水埋藏较浅、单井取水量不太大的地下水源取水泵站，经济性好于深井泵。

二、水泵选择

1. 水泵选择要点

水泵如同供水系统的心脏，对保证工程正常运行、降低运行成本具有重要意义和作用，应进行多方案技术经济比较，选择效率高、高效区宽、机组尺寸小、耗能低、运行管理和维护方便的水泵。具体要点如下：

（1）首先选择满足经常供水运行工况的流量和扬程，且所选水泵流量-扬程特性曲线的高效区尽量平缓，使水泵经常在高效区运行。

（2）尽可能选用同型号或扬程相近、流量大小搭配的水泵，互为备用；

（3）优选效率较高的泵，以尽量减少水泵台数。通常取水泵房至少设置2台水泵，配水泵房至少2～3台。一般泵站设备用泵1台，型号与最大的工作泵相同。

（4）水泵选择须考虑节能和低噪音，尽量选用大泵，选择运行工况可调节水泵，必要时采用变频调速装置，以有效降低泵站运行电费。

（5）尽可能选用吸水高程大小的泵，以提高水泵安装高度，减少泵房埋深，降低造价。

（6）如地下水源供水工程，取水泵兼有配水功能，应按配水泵设计流量。

(7) 应考虑近远期结合，一般可考虑远期增加水泵台数或换装大泵。对于高度较深的取水泵房，远期可采用更换水泵的方式，以减少泵房面积。

(8) 应选择性能稳定、质量可靠，达到现行国家和行业标准的系列化、标准化产品。

2. 水泵工况确定

(1) 管路特性曲线。管路特性曲线综合反映了水泵供水对象要求水泵提供的不同流量时的扬程关系，与水泵装置的进、出水管的管径、长度、管壁粗糙度，管道布置联结方式，局部和沿程水头损失等因素有关。

管路特性曲线以泵房的供水流量为横坐标，以要求的扬程为纵坐标。要求的扬程有几何高差和管路损失两部分组成，对不同作用的泵房，两部分的比例也不相同。

(2) 水泵工况确定。水泵实际工作的运行状况，既要满足管路特性曲线需要，又要符合水泵特性曲线，对于管路特性曲线的与水泵特性曲线的交点，表示管道要求的扬程正好与水泵的工作扬程相一致，此交点即为水泵的工况点。

当水泵的工作扬程高于相应管路特性曲线扬程时，为要达到管路特性曲线的要求，可关小出水阀门，使阀门增加的损失恰好等于水泵扬程与管路要求的扬程之差；也可不关小阀门，让出水的实际压力高于管路要求的压力。

3. 水泵台数选择

(1) 供水规模较小且建有水塔的供水泵站，通常根据设计流量和扬程选择两台同型号的取水泵或配水泵，一备一用，以便工作泵发生故障或检修时投入运转。

(2) 规模较大且直接向管网供水的配水泵站，需选择型号和流量不同的水泵配合使用，以适应用水量变化，减少动力浪费。此时每台水泵的出水管应并联在同一根输水管上，用水量少时开一台或两台水泵，用水量多时同时开多台水泵供水。

当两台同型号水泵并联工作时，把同一扬程（纵坐标）下的流量（横坐标）加倍，再把各点连接起来．即成并联曲线，如图 2.10－6 所示。可以看出，两台水泵并联工作时，总流量为 $Q_{(1+2)}$，大于一台水泵单独工作流量 Q_1，但小于两台水泵单独工作流量之和 $2Q_1$。由此可知，增加一台水泵并非增加 1 倍流量，并联的水泵愈多，增加的流量愈少。但若能放大供水管的管径，使管路性能曲线平坦，则各泵的工作点仍可处于高效区范围。总之，为保证每一台水泵都在高效率区工作，当供水管径较大，管内流速较低，总的供水扬程不同时，并联工作的水泵台数可多一些，否则少一些。

三台（或多台）同型号水泵并联工况的确定方法与两台同型号水泵并联工况的确定方法相同。绘制两台不同型号水泵的并联工作曲线时，仍然是在同一扬程下将流量相加，但自低扬程水泵的空转水头（即流量为零时的扬程）开始，绘一条横坐标的平行线；该平行线与高扬程泵性能曲线的交点为并联特性曲线的起点，如图 2.10－7 中的 A 点。由此可知，只有当供水扬程低于低扬程水泵的空转水头时，两台水泵才能并联工作。若供水扬程高于低扬程水泵的空转水头时，实际上只有一台高扬程水泵在单独工作，低扬程水泵不仅不出水，甚至还会有压力水倒流。因此并联水泵的扬程应基本接近，且水泵性能曲线应为连续下降型的，不能有驼峰。扬程相差过大的水泵，只能单独运行，不能并联工作。

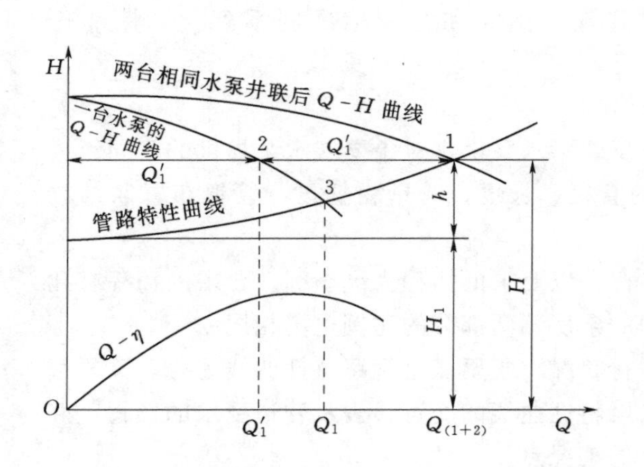

图 2.10－6 两台同型号水泵并联工作

H—水泵扬程（m）；H_1—总几何高度差；

h—总水头损失（m）；

1—两台水泵并联时的工作点；2—并联工作时，

每台水泵的工作点；

3——台水泵单独工作时的工作点

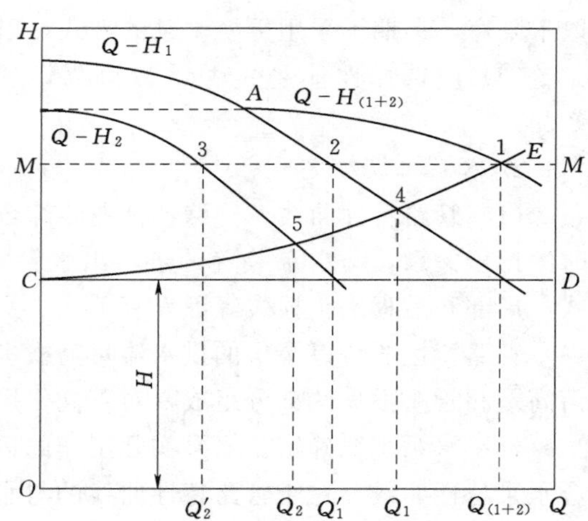

图 2.10－7 两台不同型号的水泵并联工作

1—并联水泵极限工作点，水泵的合成输水量；

2 与 3—并联时各台水泵的工作点；

4 与 5—第一、第二台水泵的工作点；

H—总几何高差

（3）有些地区居民用水点离水厂很远，或用水点与水厂的地面标高差距太大，如选用高扬程水泵一次性提升供水，则泵站附近的配水管段工作压力往往超过管道额定工作压力。为保证管道在正常压力下工作，可采用普通压力泵中途串接增压供水的办法，即水泵串联工作，如图 2.10－8 所示。第一台水泵将流量为 Q 的水提升到 H_1 高程后，第二台水泵把流量为 Q 的水再提升至 H_2 高程，两台水泵串联后的总扬程为 H_1+H_2。

实际设计中应注意：①串联的两台水泵型号最好相同；②第二台水泵出口应安装止回阀和控制闸阀。

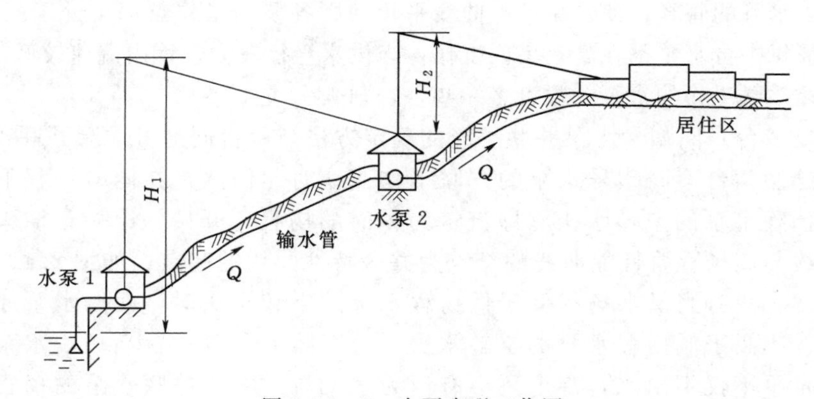

图 2.10－8 水泵串联工作图

第四节　泵　房　设　计

一、泵房布置

1. 一般要求

(1) 泵房布置主要满足水泵机组配置需要，便于水泵、电机和配电等设备进出、安装及运行管理与维修；选用潜水泵的小型供水工程，可不设泵房。

(2) 泵房平面布置一般采用矩形或圆形，高程布置一般采用地面式和半地下式。地面式泵房室内地坪标高应高出室外地坪 0.3m。

(3) 泵房内主要人行道宽度不应小于 1.2m；相邻机组之间、机组与墙壁间的净距不宜小于 0.8m，并满足泵轴和电动机转子检修拆卸要求；高压配电盘前的通道宽度不应小于 2.0m；低压配电盘前的通道宽度不应小于 1.5m；泵房内安装气压罐的，气压罐与墙间距应不小于 0.5m。

(4) 泵房内应设排水沟，地下或半地下式泵房应设集水坑，必要时应设排水泵，地面散水不应回流至吸水池（井）内。泵房内应设排水沟与集水坑。

(5) 泵房至少应设一个可以搬运最大尺寸设备的门；重量超过 100kg 的设备应布置在起重机工作范围内或设置专门拆装设备。

(6) 配电装置和操作间布置在泵房端部或者单独房间；在安装复杂电缆设备的泵房内，当主机组不少于 4 台、功率大于 1000kW 时，应该设置高度不小于 1.6m 的电缆层；

(7) 长轴井泵和多级潜水泵泵房，宜在井口上方屋顶处设吊装孔。

(8) 寒冷地区泵房应有保温与采暖措施。

2. 水泵安装高度计算

(1) 离心泵。

1) 对于大型水泵以及启动要求迅速的水泵和供水安全要求高的泵房，宜采用自灌式充水。水泵轴心安装高度应满足水泵外壳顶点低于吸水井内最低水位的要求。

2) 离心水泵可利用允许吸上真空高度的特性，采用非自灌式充水，提高水泵的安装高度，节省泵房土建造价。水泵轴线安装高度应满足公式（2.10－4）的要求。

$$Z_s=[H_s]-\left(\frac{v_1^2}{2g}+\sum h_1\right) \tag{2.10-4}$$

式中　Z_s——吸水高度或淹没深度（泵轴中心或基准面与吸水处水面高差），m，大型水泵的安装高度 Z_s 值，应以吸水井水面至叶轮入口边最高点的距离来计算，见图 2.10－9；

$[H_s]$——按实际装置所需的真空吸上高度，m，若 $[H_s]>H_s$，将发生汽蚀，实际设计中为考虑安全，一般采用$[H_s]\leqslant(90\sim95)\%H_s$；

$\sum h_1$——吸水管沿程及局部水头损失之和，m；

v_1——水泵吸入口的流速，m/s；

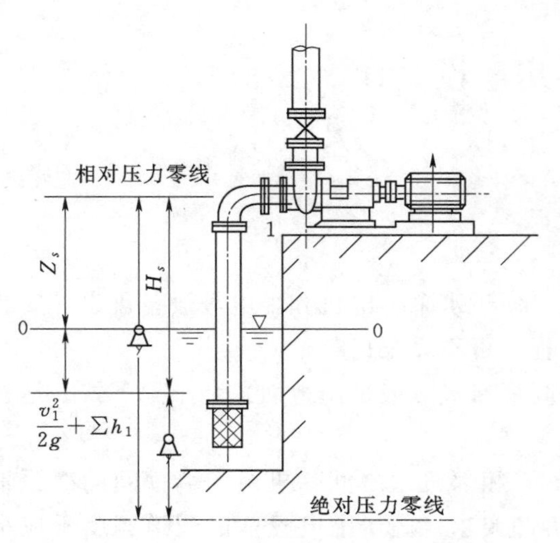

图 2.10-9　水泵安装高度计算

H_s——标准状况下，水泵样本中给出的最大允许吸上真空高度，m。

大型水泵的安装高度值，应以吸水井水面至叶轮入口边最高点的距离来计算。卧式离心泵的安装高程应满足水泵在最低吸水位运行时的允许吸上真空高度的要求。

（2）深井泵和潜水泵。采用深井泵、潜水泵时，必须使井泵叶轮处于动水位以下，安装要求按水泵制造厂规定。

1）JD 型深井泵。第一级叶轮浸入动水位以下不得少于 1m，以 2～3m 为好。

2）J 型深井泵：2～3 个叶轮浸入动水位以下。

3）QJ 型深井潜水泵：最低动水位高于水泵进水口 0.5m 以上。

4）潜水泵在最低设计水位下的淹没深度：管井中应不小于 3m，大口井、辐射井中应不小于 1m，吸水池中应不小于 0.5m。潜水泵吸水口距水底的距离应根据泥沙淤积情况确定。

3. 泵房高度与起重设备

（1）泵房高度，主要取决于水泵安装高度和水泵机组起吊高度。具体根据选用的水泵机组尺寸和起重设备，经计算确定。

（2）起重设备，根据最大一台水泵或电机重量选用。起重量小于 500kg，选用移动吊架或固定吊钩；起重量 500～2000kg，选用手动单轨吊车；起重量大于 2000kg，选用电动桥式吊车。具体选择可参照《给水排水设计手册·城镇给水》（第二版）。

二、管路布置与水锤防护

1. 管路布置

（1）水泵吸水管流速宜为 0.8～1.2m/s，出水管流速宜为 1.0～1.5m/s。

（2）水泵采用非自灌充水时，吸水管不宜过长，以避免造成漏气，影响水泵正常运行；水泵吸水管的水平段应有向水泵方向上升的坡度，以防止管道内积存空气，造成水泵气蚀。

（3）吸水池（井）最高设计水位高于水泵时，吸水管上应设压力真空表和检修阀；吸水池（井）最高设计水位低于水泵时，吸水管上应设真空表。

（4）水泵出水管路上应设压力表、工作阀、止回阀及检修阀；出水总干管上应安装计量装置。

（5）水泵出水管上应设防止水倒流的单向阀。单向阀一般可采用普通止回阀、多功能水泵控制阀、缓闭止回阀、液控蝶阀等。普通止回阀价格低，但不能消减停泵水锤；多功能水泵控制阀、缓闭止回阀和液控蝶阀价格高，但能消减停泵水锤，应根据具体情况选定。

2. 水锤防护

当泵站输配水管路较长或管路高差较大时，应采取水锤防护措施：

（1）水泵出水管上应设分阶段关闭的控制阀或缓闭止回阀。

（2）泵房出水总管起端应安装缓冲关闭的高速空气（进排气）阀，以防止事故停水或断流时产生水锤。

（3）必要时，在泵房出水总管安装超压泄压阀或其他水锤消除装置。

第十一章

建筑与结构设计

建筑与结构设计应依据国家现行有关标准、规范、规程和规定及工程施工所在地方标准，并结合实际情况，及相关行业标准精心设计和制图，从确保总图到个体供水建筑物和构筑物设计，做到安全适用、经济合理、技术先进、质量可靠。

第一节　建　筑　设　计

一、基本原则和要求

根据农村供水工程特点，建筑设计主要以满足使用功能和生产工艺要求为基础，使各建筑物在功能上适用、经济，形式上简洁、美观，体现出现代工业建筑特点。对已编制抗震设防区划的地方，可按批准的抗震防烈度或设计地震动参数进行抗震设防，对有特殊要求的建筑物，如取、配水泵房及变配电室、加氯间、投药间等应作相应专业技术处理。

农村供水工程的建筑物主要集中在净水厂，在满足使用功能的前提下，生产工艺上有创新、有提高，总体布置有序有层次，平面布置均衡协调，立面处理简洁明快，色彩简易清淡。常规要求如下：

（1）净水构筑物布置时，之间应有一定距离，以便施工；既要充分利用现有地形，又要注意连接管道的紧凑和水流简捷，建筑物尽量南北向布置。

（2）值班室主要靠近净水构筑物，特别是投药系统、絮凝池、滤池和气浮池需要较多人员管理工作，布设尽量集中。

（3）办公楼、值班宿舍、食堂、锅炉房等按房屋使用条件和建设，形成良好的生活区。

（4）建（构）筑物平面要简朴，注意构图均衡，立面处理不宜运用过细线条，要突出块形，有厚实感。要注意虚实对比，高低有序，前后层次，交错合理。门窗形式可作为一种图案，多求变化。

（5）注意细部设计，特别注意室内的线路，管道、孔洞都要精心设计，合理安排，一般不暴露在外。

（6）色彩处理宜平淡整洁为主，局部点缀，鲜明程度要次于厂前区建筑色彩。

（7）做好建筑物连接体处理，兼顾空间和环境。

二、设计依据

主要包括建设单位委托的任务书及相关规范和技术标准：

（1）《民用建筑设计统一标准》（GB 50352）。

（2）《公共建筑节能设计标准》（GB 50189）。

（3）《建筑模数协调统一标准》（GBJ 2）。

（4）《建筑设计防火规范》（GB 50016）。

（5）《建筑工程抗震设防分类标准》（GB 50223）。

（6）《建筑制图标准》（GB/T 50104—2001）。

（7）《城镇给水厂附属建筑和附属设备设计标准》（CJJ 41）。

三、常规要求和数据

1. 设计使用年限

水厂建筑物常规为3类设计使用年限50年。

2. 建筑构件与装修

建筑设计以满足生产工艺及相关专业要求为原则，综合办公楼、变配电室及窗门采用国标或工程所在地标准、通用图，立面装修宜采用简洁明快的直线条建筑风格。

3. 建筑尺寸

建筑物的蹦、柱距、开间、进深、高度以及冲突洞口等尺寸，在满足工艺、电气、设备以及建筑使用功能的前提下，按照《建筑模数协调统一标准》（GBJ 2）、《厂房建筑模数协调标准》（GBJ 6）、《住宅建筑模数协调标准》（GB/T 50100）的规定，基本模数值M为100mm。水平扩大模数基数为$3M$、$6M$、$12M$、$15M$、$30M$、$60M$，相应尺寸分别为300mm、600mm、1200mm、1500mm、3000mm、6000mm；竖向扩大模数基数为$3M$与$6M$，相应尺寸为300mm和600mm。

4. 设计标高

（1）设计标高应依据下列主要因素确定：

1）厂区地坪不被水淹，雨水能顺利排出。山区要特别注意防洪、排洪问题。江河附近，设计标高应高出设计洪水位0.5m以上，而设计洪水位按建筑物设防标准确定。

2）考虑地下水位、地质条件影响。地下水位很高的地段不宜挖方，否则须采取施工降水排水措施；地下水位低的地段，可考虑适当挖方，以获得较高地耐力，减少基础埋深。同时应考虑各地不同的冰冻线深度。

3）考虑交通联系的可能性。应当考虑场地内外道路连接的可能性，场地内建筑物、构筑物之间相互运输联系的可能性。

4）减少土石方工程量。地形起伏变化不大的地方，应使设计标高尽量接近自然地形标高；在地形起伏变化较大地区，应充分利用地形，避免大填大挖。

(2) 设计标高的确定应符合下列一般要求：

1) 室内、外高差。当建筑物有进车道时，室内外高差一般为0.15m；当无进车道时，一般室内地坪比室外地面高出0.3m。

2) 建筑物与道路。道路中心标高一般比建筑室内地坪低0.25～0.30m以上；同时，道路原则上不设平坡部分，其最小纵度为0.3%，以利于建筑物之间的雨水排至道路，然后沿着路缘石排水槽排入雨水口。

(3) 场地排水。一般有管排水和明沟排水两种形式。

1) 管排水。净水厂中构筑物最为集中，排水量较大，主要有沉淀池排泥水、滤池反冲洗水、气浮池排渣水，这些生产废水适宜地下暗管排放；生活污水也应通过暗管集中排放；大部分屋面为内落水，道路低于建筑物标高时，可利用路面雨水口排水。排水均采用重力流设计。

2) 明沟排水。取水构筑物、中途增压泵站、调蓄水池等建筑物布置分散，可设明沟排水，断面尺寸按汇水面积大小而定，坡度为0.3%～0.5%，特殊困难地段可为0.1%。

3) 场地排水坡度：为了方便排水，场地最小坡度为0.3%，最大坡度不大于8%。

4) 室内外高差：综合当地水文地质条件和单体建筑物防内涝等设计要求，综合办公楼按0.45m设计；其他建筑物按0.30m设计。

5. 层高

根据工艺、电气、设备、采光需求确定，办公楼及管理房等一般不小于3.3m。净水间、泵房等有吊车的厂房中，不同的吊车对厂房高度的影响相同。采用梁式或桥式吊车的厂房可按下式计算：

柱顶标高

$$H=H_1+H_2 \tag{2.11-1}$$

轨顶标高

$$H_1=h_1+h_2+h_3+h_4+h_5 \tag{2.11-2}$$

轨顶至柱顶高度

$$H_2=h_6+h_7 \tag{2.11-3}$$

式中　h_1——需跨越的最大设备高度；

h_2——起吊物与跨越物间的安全距离，一般为400～500mm；

h_3——起吊的最大物件高度；

h_4——吊索最小高度，由起吊物件的大小和起吊方式决定，一般大于1m；

h_5——吊钩至轨顶面的距离，由吊车规格表中查得；

h_6——轨顶至吊车小车顶面的距离，由吊车规格表中查得；

h_7——小车顶面至屋架下弦底面之间的安全距离，应考虑到屋架的挠度、厂房可能不均匀沉陷等因素，最小尺寸为220mm，湿陷黄土地区一般不小于300mm。如果屋架下弦悬挂有管线等其他设施时，还需另加必要的尺寸。

根据《厂房建筑模数协调标准》(GBJ 6) 的规定，柱顶标高H应为300mm的倍数。

6. 建筑行业做法

工程建筑行业做法可采用各省编制的建筑标准图集，也可采用《05系列建筑标准设计图集》(简称《05图集》建筑(05J)、给排水(05S)、采暖通风(05N)和电气(05D),这些图集基本涵盖了建筑设计的主要方面。下面介绍农村供水工程常用建筑做法,供参考:

(1)楼地面:一般采用水泥或瓷地砖。

(2)外墙面:一般采用喷涂。

(3)内墙面:一般采用耐擦洗涂料。

(4)踢脚:水泥踢脚或粘贴瓷板。

(5)屋面:平屋面加女儿墙。

(6)散水:采用宽0.6~0.8m混凝土散水。

(7)坡道:采用混凝土坡道水泥浆擦面层。

(8)室内外台阶:采用高0.15m,宽0.3m水泥台阶。

(9)栏杆:建(构)筑物栏杆制作材料有不锈钢、钢材、木材等,根据经济条件和建筑风格选用。楼梯栏杆高度不宜小于0.9m,平台及走道栏杆高度不宜小于1m。

(10)门窗:窗一般为塑钢,车间、泵房多用钢门,办公室及其他附属房屋多用木门或铝合金门,外门多采用防盗门。变配电室采用甲级防火门。

四、节能设计

(一)设计依据

(1)国家计委、经贸委、建设部计高能〔1997〕2542号文件。

(2)国家现行有关规范,标准及节能要求。

(3)《建筑外窗气密性能分级及检测方法》(GB/T 7107)。

(二)节能措施

1. 建筑热工设计

(1)保温要求高的楼呈条形布置,尽可能避开冬季主导风向。

(2)各建筑平面尽可能选用规则无凹凸变化的体形,减少外墙面积。

(3)选用节能双层窗,气密性等级不低于GB/T 7107中规定的11级水平,门窗选取用国家建设主管部门审查定点厂家产品;均采用双层保温窗。

(4)外墙采用300mm厚空心砖外贴6mm厚聚苯板保温以减少热耗增强隔热效果。

2. 建筑供暖设计

(1)围护结构传热系数:

外墙:可采用砂空心砖块+XPS(30mm)+聚苯板保温;

外窗:中空隔热窗等保温;

屋顶:15mm钢筋混凝土+XPS(50mm)+陶粒混凝土 $K<0.62W/(m^2 \cdot K)$;

地面:150细石混凝土+XPS(40mm)$K<0.81W/(m^2 \cdot K)$;

室外保温:XPS(40mm)$K<0.81W/(m^2 \cdot K)$。

窗内遮阳;窗墙比为50%。以这些基本条件计算空调负荷。

(2)建筑专业采取节能围护结构的热工性能,要好于《公共建筑节能设计标准》(GB 50189)中对围护结构的热工性能要求。

（3）按不同使用功能与使用时间采用相应的系统。

（4）水泵等设备选用高效节能产品，达到较好的节能效果。

（5）管道保温采用导热系数小的保温材料，减少热损失。

（6）室外工程设计及设备造型：

1）所有设备选用高效节能环保产品。

2）总平面布局尽量使供电、给水、供暖等线路短捷，通畅。

3）总体项目设计中，尽量使工程设计达到一次性成型，保证达到设计年限。

4）避免大修，减少维修维护次数。

5）运用高技术实现建筑设备系统的优化集成。

6）运用高技术成果实现节能调控，确保高效运行。

第二节　结　构　设　计

一、设计原则

净水厂建构筑物及取水构筑物的结构设计应满足技术先进、经济合理和安全使用的要求。结构设计的基本质量要求主要有以下三个方面：

（1）严格按照现行国家规范、标准进行设计。

（2）根据工程特点，优化结构设计方案，以减小土建投资；通过采用先进的结构形式、高强的建筑材料获得较高的可靠度指标。

（3）地基处理方案应做到经济合理，易于操作，有利于环境保护。

二、设计依据和要求

（1）规范和标准。结构设计必须遵循现行的国家规范和标准，农村供水工程常用的规范和标准如下：

《建筑结构可靠度设计统一标准》（GB 50068）

《建筑结构荷载规范》（GB 50009）

《混凝土结构设计规范》（GB 50010）

《给水排水工程构筑物结构设计规范》（GB 50069）

《给水排水工程钢筋混凝土水池结构设计规范》（CECS 138）

《建筑抗震设计规范》（GB 50011）

《建筑工程抗震设防分类标准》（GB 50223）

《室外给水排水和燃气热力工程抗震设计规范》（GB 50032）

《建筑地基基础设计规范》（GB 50007）

《建筑地基处理技术规范》（JGJ 79）

《砌体结构设计规范》（GB 50003）

《地下工程防水技术规范》（GB 50108）

《给水排水构筑物施工及验收规范》（GBJ 141）

《给水排水管道工程施工及验收规范》(GB 50268)

《建筑防腐蚀工程施工规范》(GB 50212)

《城市污水处理厂工程质量验收规范》(GB 50334)

《工业建筑防腐蚀设计标准》(GB 50046)

(2) 相应的工程地质勘察报告及其主要成果包括：

1) 有无影响建筑场地稳定性的不良地质条件及其危害程度。

2) 项目所在区的地震烈度、建筑场地类别、地基液化判别。

3) 取水构筑物、净水厂、增压泵站、调蓄水池等主要建(构)筑物的工程地质详查情况，工程场地土物理力学指标和地下水情况；特殊地质条件要分别说明。

4) 天然蓄水池(水库)要查清土壤的渗透性。

5) 地下水埋藏情况、类型和水位变化幅度及规律，包括确定抗浮水位，以及对建筑物的腐蚀性。

6) 对于无勘察报告或已有地质勘察报告不能满足设计要求时，应明确提出勘察或补充勘察的要求。

(3) 采用的设计荷载，包含所在地的风荷载和雪荷载、楼(屋)面使用荷载、其他特殊荷载。

(4) 建设单位提出的符合有关标准和法规的、与结构有关的书面要求。

(5) 批准的可行性研究报告等设计文件。

三、结构设计

(一) 净水构筑物

净水构筑物应布设于地上，个别由于高程等条件限制可布设为半地下式。蓄水池应埋设于地下，顶盖覆土厚度根据气候条件确定。净水构筑物及蓄水池应建在基础稳定的基层上，基层应有足够的承载力，运行后，基层的下沉量不得对构筑物有破坏性影响；在湿陷性黄土地区应遵守《湿陷性黄土地区建筑标准》(GB 50025) 的技术要求。

净水构筑物混凝土等级应不低于C25，整体式现浇钢筋混凝土底板，外池壁为悬臂式挡水墙结构，外池壁厚应根据结构计算确定，但不宜小于250mm；底板厚应计算确定，但不宜小于350mm；较大构筑物应设置道伸缩缝，中间埋设橡胶或其他止水带，并在混凝土中加入有效外加剂，形成补偿收缩混凝土，以减少收缩变形。地下蓄水池混凝土结构主体的厚度应不小于250mm；地上蓄水池蓄水深度一般小于10m，混凝土结构主体的厚度根据池体大小、地质情况、工程安全等因素决定，但应不小于200mm，底板厚应计算确定，但不宜小于300mm。

主体结构设计应符合《地下工程防水技术规范》(GB 50108) 中防水混凝土的要求。抗渗等级应根据蓄水深度和池体埋置深度，取二者中的最大值设计，并应符合GB 50108中表1.4.1的要求。

(二) 水池结构

生产工艺流程中各种水池，包括可选用国标图集的蓄水池，还有不能选用或没有适合通用图的水池，须进行结构设计。供水工程的水池结构的基本模式为矩形水池和圆形水池，下面简述两类水池的结构设计。

(1) 矩形水池：有敞口水池和有盖水池之分。

1) 敞口水池：顶端无约束为自由端，水池与底板连接可视池壁为固端支承；池壁顶端有走道板、连系梁等作为支承结构时，池壁顶端的支承条件视实际情况可定为铰支或弹性支承。

2) 有盖水池：根据顶板在池端搁置连接情况而视为自由端、铰支承或弹性固定；池壁与底板（包括条形基础斗槽等）连接可视池壁固定支撑。

3) 当池壁为双向受力时，相邻池壁间的连接视为弹性固定。

(2) 圆形水池：按池壁分为柱形圆壳、组合壳体和池壁与环梁底板整体连接三类型式。

1) 敞口和有盖柱形圆壳水池结构设计基本与矩形水池类同。

2) 当池壁为组合壳体时，壳体间的连接为弹性固定。

3) 当池壁为环梁底板整体连接时可视为弹性固定，当池壁底端为独立环形基础时，池壁顶端可视为固定支承。

(3) 钢筋配置等按混凝土结构设计规范执行，其他要求，如钢筋净保护层要求、裂缝控制等要求，应按给排水市政工程的规定执行。

(三) 生产生活建筑物

(1) 生产建筑物，主要包括配水泵房、净水车间、反冲洗及自用水泵房等，应以单层现浇钢筋混凝土框架结构或砖混结构为主，现浇屋面板，基础为柱下独立基础。

(2) 管理及生活建筑物，办公楼可采用钢筋混凝土框架结构，现浇楼面板屋面板，基础宜采用为柱下独立基础或墙下混凝土条形基础；其他生活建筑物以单层砖混砖混结构为宜，基础为墙下素混凝土条形基础即可满足要求。

加药间、加氯间、变配电室、锅炉房、机修间及车库等建筑物以单层现浇钢筋混凝土框架结构或砖混结构为宜，现浇屋面板，基础为柱下独立基础或墙下条形基础。

(四) 结构材料

1. 混凝土

采用普通硅酸盐水泥，应对混凝土所使用砂石骨料的碱活性进行检验，当使用具有碱反应活性骨料时，最大碱含量为 3kg/m^3。最小水泥用量 320kg/m^3，最大水灰比 0.50，最大氯离子含量（水泥用量的百分比）0.1。

(1) 防水混凝土：用于盛水构筑物（包括泵房及建筑物地下室部分），强度等级不低于 C30，抗渗等级不低于 S6，抗冻等级不低于 F150。

(2) 普通混凝土：用于建筑物及构筑物的上部结构（室内环境），强度等级不低于 C30；钢筋混凝土独立基础混凝土强度等级不低于 C25；砌体结构中的混凝土构件强度等级可采用 C25；设备基础、管道支墩、拖拉墩等为 C25；管道基础、素混凝土垫层及素混凝土填料均为 C15。

(3) 外加剂：根据《普通混凝土配合比设计规程》(JGJ 55) 的有关规定，供水工程中所有与水接触的构筑物，其砼中均掺入抗裂密实防水剂，以提高砼的抗裂防水性能。

2. 钢材

(1) 钢筋：钢筋混凝土结构普通钢筋宜采用 HPB235 级、HRB335 级、HRB400 级、RRB400 级热轧钢筋；预应力钢筋混凝土结构预应力钢筋宜采用钢绞线、钢丝，也可采用热处理钢筋。

(2) 型钢及钢板：宜采用 Q235 钢材。

3. 砌体

(1) 承重砌体：可采用 M10 机制黏土砖，不小于 Mu7.5 的混合砂浆砌筑，地面以下可采用 Mu10 普通烧结砖（非黏土），不小于 Mu10 水泥砂浆砌筑。

(2) 非承重砌体：可采用非承重型机制黏土空心砖或加气混凝土砌块，M7.5 以上的混合砂浆砌筑或 M7.5 以上的水泥砂浆砌筑。

4. 防水材料

(1) 止水板材：一般采用橡胶止水带，宽度 250～350mm，厚度一般为 8～10mm，材料多为天然橡胶或氯丁橡胶。

(2) 填缝板材：一般采用低发泡高压聚乙烯闭孔型泡沫塑料板。

(3) 嵌缝材料：嵌缝应采用黏接性能较好、抗老化性和耐水性强的双组分聚硫橡胶密封膏等材料，底板下采用遇水膨胀橡胶条。

(4) 主体防护材料：净水构筑物及蓄水池内壁采用水泥基渗透结晶防水涂料，外壁地下部分应采用冷底子油两道，环氧煤沥青两道涂刷。

四、地基设计

1. 地基设计的原则

地基设计应保证地基岩土在上部结构荷载作用下不发生强度破坏和丧失稳定，同时应使建筑物的地基变形计算值，不大于地基变形允许值。有条件时宜优先采用天然地基。它具有造价低，施工方便和建设周期短的优点。只有在地基条件差或建筑物荷载较大以及对地基沉降有较高要求，采用天然地基不能满足强度、变形和稳定要求时，经过技术经济比较，选择最佳的处理方法。

2. 地基设计等级

农村供水工程的建筑类型单一，荷载相对较小，建筑物一般在七层及七层以下，根据《建筑地基基础设计规范》(GB 50007) 规定，属丙级建筑物。

3. 常规地基承载力验算

根据《建筑地基基础设计规范》(GB 50007) 规定，地基基础设计等级为丙级以上建筑物的地基均需进行承载力验算。基础地面压力应满足下列公式要求：

轴心荷载作用时

$$P_k \leqslant f_a \tag{2.11-4}$$

偏心荷载作用时，除应符合上式要求外，尚应符合下式要求：

$$P_{kmax} \leqslant 1.2 f_a \tag{2.11-5}$$

式中 P_k——相应于荷载效应标准组合时，基础地面处的平均压力值；

f_a——修正后的地基承载力特征值；

P_{kmax}——相应于荷载效应标准组合时，基础地面边缘的最大压力值。

4. 地基变形

地基基础设计除保证地基的强度、稳定要求外，还要保证地基的变形控制在允许的范围内，以保证上部结构不因地基变形过大而丧失其使用功能。

调查研究表明，很多工程事故是因为地基基础的不恰当设计、施工以及不合理使用造成的，其中又以变形过大超过相应的允许值引起的事故居多。

根据《建筑地基基础设计规范》（GB 50007）中表 3.0.2 所列范围内设计等级为丙级的建筑物可不作变形验算，但如有下列情况之一的农村供水工程，仍应作变形验算：

（1）地基承载力特征值小于 100kPa，且体型复杂的建筑。

（2）在基础上及其附近有地面堆载或相邻基础荷载差异较大，可能引起地基产生过大的不均匀沉降时。

（3）软弱地基上的建筑物存在偏心荷载时。

（4）相邻建筑距离过近，可能发生倾斜时。

（5）地基内有厚度较大或厚薄不均的填土，其自重固结未完成时。

5. 软弱地基处理方法

软弱地基指主要由淤泥、淤泥质土、冲填土、杂填土或其他高压缩性土层构成的地基。地基处理的根本目的就是提高地基的承载力，减小地基的沉降量。地基处理的方法大致可分为五类，见表 2.11-1。

表 2.11-1　软弱地基处理方法分类

序号	分类	主要处理方法	原理及作用	适用范围
1	碾压夯实	碾压法 重夯法 强夯法	通过机械碾压及夯击压实土的表层，强夯法则利用强大的夯击功迫使深层土液化和动力固结而密实	适用于砂土及含水量不高的猫性土。强夯法应注意其震动对附近建筑物的影响
2	换土垫层	砂垫层 碎石垫层 素土垫层	挖去浅层软土，换土、砂、砾石等强度较高的材料，从而提高持力层的承载力，减少部分沉降量	适用于处理浅层软弱土地基，一般只应用于荷载不大的建筑物基础
3	排水固结	压法 砂井预压法 排水纸板法 井点降水 预压法	通过改善地基的排水条件和施加预压荷载，加速地基的固结和强度增长，提高地基的稳定性，并使基础沉过改降提前完成	适用于处理厚度较大的饱和软弱土层，但需要具有预压条件（预压的荷载和时间）对于厚度较大的泥炭层，则要慎重对待
4	振动及挤密	挤密砂桩 振冲桩 挤实土桩 CFG 桩	通过挤密或振动使深层土密实，并在振动挤压过程中，回填砂、砾石等，形成砂桩或碎石桩，与土层一起组成复合地基，从而提高地基的承载力，减少沉降量	适用于处理砂土、粉砂或部分翻土粒含量不高的戮性土
5	化学加固	电硅化法 旋喷法 深层石灰 搅拌法	通过注入化学浆液，将土粒胶结，或通过化学作用或机械拌和等，改善土的性质，提高地基的承载力	适用于处理软土，特别是对已建成的工程事故处理或地基的加固等

6. 抗浮设计

地下水对水位以下的岩土体有静力压力的作用，并产生浮托力。农村供水工程的取水构筑物、地下蓄水池等位于地下水位以下的建（构）筑物底板应进行浮托验算。当建筑物位于粉土、砂土、碎石土和节理发达的岩石地基上时，应按设计水位计算浮托力；位于节理不发育的岩石地基或黏性土地基上时，应根据实际建筑经验确定浮托力。根据地质条件和浮托力验算结果选择相应的抗浮设计方案和措施，抗浮设计常用的方法如下：

（1）配重抗浮。一般有三种方法：一是在底板上部设低等级混凝土压重；二是设较厚的钢筋混凝土底板；三是在底板下部设低等级混凝土挂重。供水工程构筑物，多为配重抗浮。

（2）锚固抗浮。一般有两种方法：一是锚杆，在底板和其下土层之间设拉杆，当底板下有坚硬土层且深度不大时，设锚杆不失为一种即简便又经济的方法；二是抗拔桩，利用桩侧摩阻力和自身重量来抵抗浮力，桩型可采用灌注桩或预制桩，桩径一般为400mm；也可采用方桩，桩距和桩长应通过计算确定，桩距不宜过大，否则会增加底板厚度，桩端最好能伸入相对较硬的土层。

（3）降水抗浮。这是抗浮设计的另一条思路，即不硬抗，而采用放的方法。具体做法是在构筑物底板下设反滤层，在构筑物周围设降水井，降水井和反滤层间用盲沟相连，当构筑物因检修设备而需要放空时，可在降水井内抽水使地下水位降至底板下，从而保证构筑物的稳定。

7. 混凝土腐蚀防止

地下水和土壤中含有大量硫酸盐、碳酸盐、镁盐和氯化物。由于混凝土在这种环境中使用会遭受这些有害离子的侵蚀，引起硬化后水泥成分的变化，使其强度降低而遭破坏。如干湿循环、高温、低温的交替，都能使多孔结构的混凝土产生腐蚀，具体表现：钢筋腐蚀、混凝土开裂、混凝土剥落。导致混凝土的破坏主要有物理性侵蚀和化学性侵蚀两个方面。

防腐措施可采用抗硫酸盐水泥，减小水灰比为0.4，加大混凝土水泥用量，提高防渗等级，加大钢筋混凝土保护层厚度等。

五、基础设计

基础设计包括基础形式的选择、基础埋置深度及基底面积大小、基础内力和断面计算等。基础设计应满足地基的强度和稳定性应有足够安全度的要求；满足地基变形应不超过建筑物的地基变形容许值的要求；满足基础的强度、刚度和耐久性要求。这三个原则应该综合考虑，进行基础工程设计时，应把下部结构中的基础与地基当成一个整体来考虑，从而做到安全适用、技术先进、经济合理。

基础的埋置深度由多种多类条件决定的。建筑物有无地下设施、设备基础，基础的形式和构造、作用在地基上的荷载大小和性质，有否相邻建筑物的基础埋深，以及冰冻线深度，避免地基土冻胀和融陷的影响。

基础可分为独立基础、条形基础、筏板基础、箱形基础、壳形基础。农村供水工程的建筑物体体积相对较小，基础形式单一，处理方式相对简单。一般采用条形基础、独立基础、筏形（梁板式或平板式）基础。

（一）条形基础

条形基础的形式很多，如砖墙下混凝土刚性基础、柱（混凝土墙）下钢筋混凝土单向条形基础、柱（混凝土墙）下钢筋混凝土双向条形基础。农村供水工程以墙下条形基础为主。

墙下条形基础分为墙下单向条形基础和墙下双向条形基础（见图 2.11－1）。墙下条形基础受力简单、传力直接，墙下双向条形基础一般均可拆分为两个单向条形基础计算。

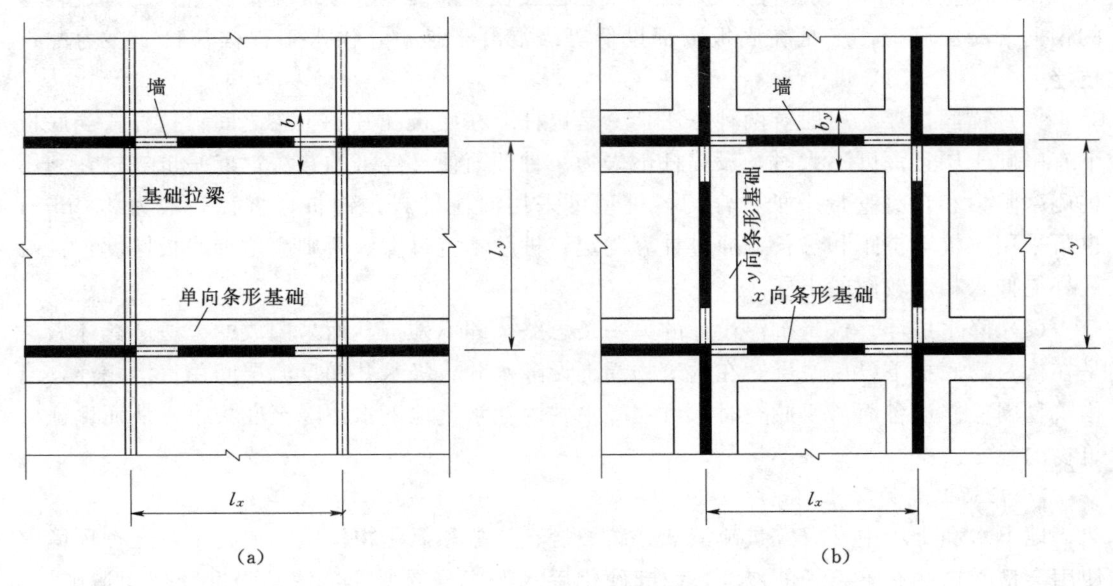

图 2.11－1　墙下条形基础

(a) 单向条形基础；(b) 双向条形基础

墙下条形基础设计要求如下：

(1) 墙下条形基础底面积应根据上部荷载、地基持力层情况综合确定。

(2) 钢筋混凝土条形基础的最大弯矩截面位置（见图 2.11－2）应符合下列规定：

1) 钢筋混凝土墙下条形基础，取 $a_1=b_1$；

2) 砖墙下条形基础，当放脚宽度不大于 1/4 砖长时，取 $a_1=b_1+1/4$ 砖长。

（二）独立基础

根据地质条件和构筑物的结构要求，农村供水工程基础也可选择独立基础。

按《建筑地基基础设计规范》(GB 50007) 的要求，无筋扩展基础适用于多层民用建筑和轻型厂房。基础高度，应符合式（2.11－6）的要求［见图 2.11－3（a）］：

$$H_0>0.5(b-b_0)/\tan\alpha \qquad (2.11-6)$$

式中　b——基础底面宽度；

b_0——基础顶面的墙体宽度或柱脚宽度；

H_0——基础高度；

$\tan\alpha$——基础台阶高宽比 $b_2:H_0$，其允许值可按表 2.11－2 选用。

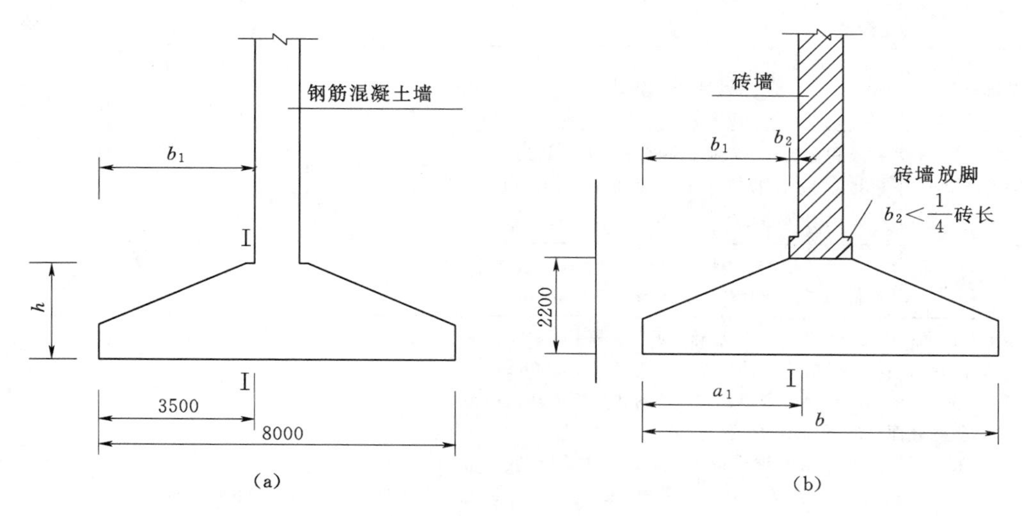

图 2.11-2　墙下条形基础

(a) 钢筋混凝土墙下基础；(b) 砖墙下条形基础

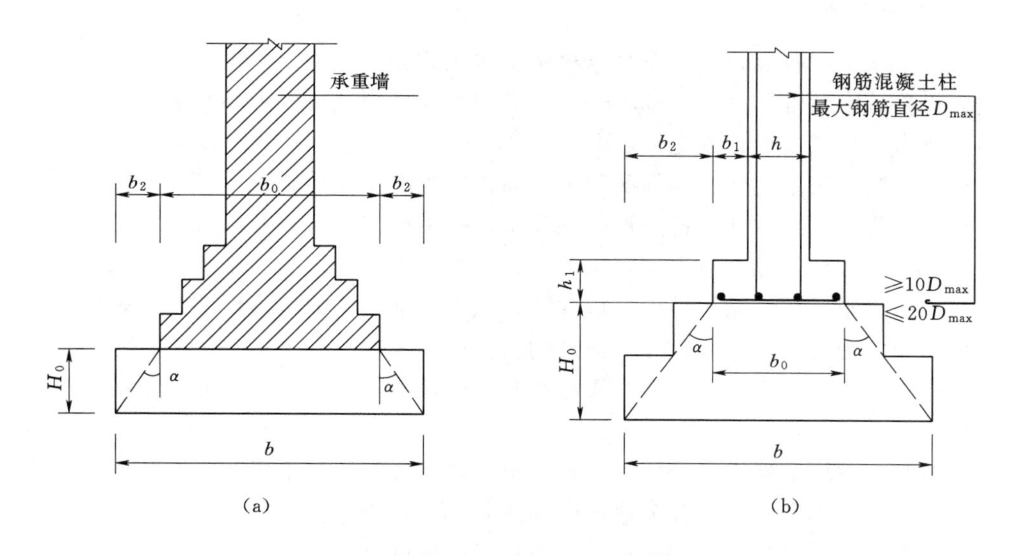

图 2.11-3　无筋扩展基础构造示意

d_{max}柱中纵向钢筋直径最大值

表 2.11-2　无筋扩展基础台阶宽高比的允许值

基础材料	质 量 要 求	台阶宽高比的允许值		
		$P_k<100$	$100\leqslant P_k<200$	$200\leqslant P_k<300$
混凝土基础	C15 混凝土	1∶1.00	1∶1.00	1∶1.25
毛石混凝土基础	C15 混凝土	1∶1.00	1∶1.25	1∶1.50
砖基础	砖不低于 MU10、砂浆不低于 M5	1∶1.50	1∶1.50	1∶1.50
毛石基础	砂浆不低于 M5	1∶1.25	1∶1.50	—

续表

基础材料	质量要求	台阶宽高比的允许值		
		$P_k<100$	$100\leqslant P_k<200$	$200\leqslant P_k<300$
灰石基础	体积比为3∶7或2∶8的灰土，其最小密度：粉土1.55t/m^3，粉质黏土1.50t/m^3，黏土1.45t/m^3	1∶1.25	1∶1.50	—
三合土基础	体积比为1∶2∶4、1∶3∶6（石灰∶砂∶骨料），每层约虚铺220mm，夯至150mm	1∶1.5	1∶2.0	

注　1. P_k 为荷载效应标准组合时基础底面处的平均压力值，kPa。
2. 阶梯形毛石基础的每阶伸出宽度，不宜大于200mm。
3. 当基础由不同材料叠合组成时，应对接触部分作抗压验算。
4. 基础底面处的平均压力值超过300kPa的混凝土基础，尚应进行抗剪验算。
5. 采用无筋扩展基础的钢筋混凝土柱，其柱脚高度 h_1 不得小于 b_1，并不应小于300mm且不小于 $20D_{max}$（D_{max}为柱中的纵向受力钢筋的最大直径）。当柱纵向钢筋在柱脚内的竖向锚固长度不满足锚固要求时，可沿水平方布设。

六、抗震设防

集中式供水工程抗震设计应符合《村镇供水工程技术规范》（SL 310—2019）、《建筑工程抗震设防分类标准》（GB 50223）、《建筑抗震设计规范》（GB 50011）、《室外给水排水和燃气热力工程抗震设计规范》（GB 50032）的相关规定。Ⅰ～Ⅲ型农村供水工程的主要建（构）筑物应按本地区抗震设防烈度提高Ⅰ度采取抗震措施；Ⅳ、Ⅴ形供水工程的主要建（构）筑物，可按本地区抗震设防烈度采取抗震措施。地基基础抗震设计要求如下：

（1）地基基础抗震设计应根据建筑类型、结构特点、场地与地基条件，选择适宜的基础类型与构造措施，增强结构整体抗震性能，减少上部结构的地震反应，有效地将作用于基础结构的作用力传递给地基，并保证结构的整体稳定性。

（2）同一结构单元不应设置在性质截然不同的地基土上，亦不应部分采用天然地基部分采用桩基。

（3）地基有软弱黏性土、液化土、新近填土或严重不均匀土层时，应估计地震时地基不均匀沉降或其他不利影响，并采取相应的地基土处理措施。

（4）抗震设防烈度大于7度的地区，应按设防烈度进行抗震设防与结构验算。

（5）当地有液化土层或软弱土层时，应考虑地基失效及不均匀沉降对建筑的不利影响；当建筑物位于不均匀地基上，应考虑不同地基土的地震反应差异和不均匀沉降对建筑物的影响。

第十二章

供电与自动监控系统

第一节 供电系统设计

一、供电系统设计原则

根据电力行业规范，水厂供电宜采用二级负荷。当不能满足要求时，又不得间断供水时应设置备用动力设施。

在动力、照明设计中，应做好预留、预埋管线设计，保证水厂主要设备最低运行水平用电要求。水厂用电主要负荷为取水泵站、配水泵站、滤池冲洗等。为提高水厂供电可靠性，可采用双回路电源供电，互为备用。

取水泵站采用直配水冷电动机，可提高电机效率，降低噪声，改善泵站环境的效果。机旁设置HPLC型就地无功补偿控制柜，以及机旁手动控制电机启停。也可取水泵站的高压开关柜放在配水泵站的高压开关室内，可简化供配电系统，节省投资，管理方便。

水厂供电设计应执行《供配电系统设计规范》（GB 50052）、《10kV及以下变电所设计规范》（GB 50053）和《低压配电设计规范》（GB 50054）等规定。

供电设计须遵守以下基本原则：

（1）遵守国家有关规定、标准和政策，包括节约能源、节约有色金属等政策。

（2）安全可靠、先进合理。保障人身和设备安全，供电可靠，电能质量合格，技术先进和经济合理，采用效率高、能耗低和性能先进的电气产品。

（3）近期为主、考虑发展。根据供水规模和发展规划，正确处理近期建设与远期发展的关系，做到远近结合，适当考虑扩建可能性。

（4）着眼全局、统筹兼顾。供电设计是工程设计中的重要组成部分，按负荷性质、用电容量、工程特点和地区供电条件等合理确定设计方案。

二、供配电设计内容及步骤

水厂变电站及配电系统设计，应根据取水泵站、配水泵站及各净水构筑物的负荷数量和性质、净水工艺对负荷的要求，以及负荷布局，结合国家供电情况，按照安全可靠、经济合理的原则配置。设计内容和步骤如下：

（1）负荷计算。在计算取水泵站、配水泵站及各净化构筑物负荷的基础上，考虑变压器功率损耗，求出水厂变电站高压侧计算负荷及总功率因数。列出负荷计算表，表达计算成果。

（2）确定水厂变电站的位置及主变压器的台数及容量。参考电源进线方向，综合考虑变电站有关因素，结合水厂计算负荷以及扩建和备用的需要，确定变压器的台数和容量。

（3）水厂总降压变电站主结线设计。根据变电站配电回路数、负荷要求的可靠性级别和计算负荷数等，确定变电站高、低接线方式，满足安全可靠，经济灵活，安装容易，维修方便的要求。

（4）高压配电系统设计。根据厂内负荷情况，从技术和经济合理性考虑确定厂区配电电压。参考负荷布局及总降压变电站位置，比较几种可行的高压配电网布置方案，计算出导线截面及电压损失、不同方案的可靠性、电压损失、基建投资、年运行费用、有色金属消耗量等，通过技术经济列表比值，择优选择。按选定配电系统进行线路结构与敷设方式设计。通过厂区高压线路平面布置图、敷设要求和架空线路杆位明细表及工程预算书表达设计成果。

（5）供配电系统短路电流计算。水厂用电通常为国家电网末端负荷，其容量运行小于电网容量，均可按无限容量系统供电进行短路计算。由系统不同运行方式下的短 路参数，求出不同运行方式下各点的三相、两相及单相短路电流。

（6）改善功率因数装置设计。按负荷计算求出变电站功率因数，通过查表或计算求出达到供电部门要求所需补偿的无功率。通过手册或产品样本选用所需电容器规格和数量，选用合适的电容器柜。

（7）变电站高低压侧设备选择。参照短路电流计算数据和各回路计算负荷以及对应的额定值，选择变电站高、低压侧电器设备，如隔离开关、断路器、母线、电缆、绝缘子、避雷器、互感器、开关柜等设备，根据需要进行热稳定和力稳定检验。用总降压变电所主结线图、设备材料表和投资概算表达设计成果。

（8）继电保护及二次结线设计。为监视、控制和保证安全可靠运行，变压器、高压配电线路移相电容器、高压电动机、母线分段断路器及联络线断路器，皆需设置相应的控制、信号、检测和继电器保护装置，并对保护装置做出整定计算和检验其灵敏系数。

设计变电站二次结线系统，包括继电器保护装置、监视及测量仪表、控制和信号装置、操作电源和控制电缆，通过二次回路原理接线图或二次回路展开图及元件材料表达设计成果。35kV 及以上系统尚需给出二次回路保护屏和控制屏屏面布置图。

（9）变电站防雷装置设计。参考当地气象地质材料，设计防雷装置。进行防直击的避雷针保护范围计算，按避雷器的基本参数选择防雷电冲击波的避雷器的规格型号，并确定其接线部位。

（10）变电站变、配电装置总体布置设计。综合前述设计计算结果，参照国家有关规程，进行内外变、配电装置总体布置和施工设计。

第二节　供水工程自动监控系统

农村供水工程自动监控系统，按管理层级分为供水工程自动监控系统和区域信息监管系统。

一、系统总体设计要求

1. 一般要求

(1) 系统设计应考虑兼容性，不同层级系统应采用通用接口与标准协议。

(2) 区域系统应能远程采集、分析水厂的关键数据，不宜对工程或现地控制单元直接控制。

(3) 系统应具备良好的可扩展性，应支持远程维护更新。

(4) 系统应安全可靠，具有防止数据泄露或恶意攻击措施。

(5) 硬件设备运行可靠，维护方便。

2. 监控软件要求

(1) 具有良好的实用性，满足供水业务应用需求。

(2) 具有良好的可扩充性，通过对软件配置、扩展、升级等，可满足供水工程发展需求。

(3) 具有安全性、可靠性，数据传输应经加密后才能接入公网。

(4) 具有良好兼容性，宜提供 OPC 或数据库等标准接口方便其他应用软件接入，可通过 .XLS (X)、.DBF、.MDB 等常用数据格式实现数据的导入导出。

(5) 数据采集具有良好的实时性。

(6) 应用软件选用模块化结构，方便扩展或修改；系统硬件升级时，软件方便移植。

3. 系统设备要求

(1) 主要设备包括传感器、控制设备、传输（通信）设备、工控机或服务器等。

(2) 有接口和通信要求的设备应支持通用接口和标准通信协议。

(3) 系统设备应进行统一编号，加强性能跟踪和维护。

(4) 自动监控系统设备应采取有效的防雷措施。

(5) 系统设备应符合使用区域的环境条件要求。

二、供水工程自动监控系统设计

1. 系统控制模式

(1) 规模以上供水工程自动监控系统，宜采用集中式或分布式控制系统，小型供水工程自动监控系统可采用现地控制单元模式。

(2) 现地控制单元模式，应设置“现场/远程”转换开关，具有独立自动或手动控制功能，可实现远程监测。

2. 系统监控内容

(1) 主要监测内容：①供水参数：水位、水压、流量、水量；②水质指标：以地表水为水源的供水工程，宜监测浑浊度、pH、消毒剂余量，有条件时监测化学耗氧量、氨氮及其他存在超标风险的指标；以地下水为水源的供水工程，宜监测浑浊度、pH、电导率、消毒剂余量，有条件时监测其他存在超标风险的指标；③电学指标：电流、电压、电量、功率；④状态指标：水泵、阀门等主要设备启停开闭状态。

(2) 主要控制内容：水泵、药剂投加等设备启停，阀门开闭与开度；取水泵与水源水位及清水池水位，供水泵与高位水池水位联动启停控制；净水工艺中反冲洗、加药、消毒设备等控制。

3. 自控软件功能和要求

(1) 监测功能：通过传感器或控制器远程监测关键供水参数和设备运行状态；通过人机交互画面等实时展示供水工程关键指标参数、设施设备运行状态及有关信息。

(2) 控制功能：提供状态监视画面和手工下达指令功能。

(3) 报警功能：对监测数据、指标超限时报警；报警应伴有声音、颜色闪烁等警示，重要报警内容通过手机短信等形式发送给管理人员；发生水质、水量等重大供水事故报警时，系统应具备暂停供水并连锁急停相关设备的功能。

(4) 数据处理：包括统计分析、数据报表打印、智能查询、文件输出、图表显示等功能。

(5) 系统管理：应与工程实际管理权限一致，具有防止越权存取、显示数据以及系统内不同用户权限的分级管理等安全保密功能；具有防误及闭锁功能。

(6) 衔接功能：对上能与区域系统对接，对下支持现地控制单元数据接入，支持移动终端等多种访问方式。

(7) 其他要求：能长期不间断运行；软件界面响应速度、数据存取速度等满足使用要求；存储2年以上历史数据时软件性能无明显下降。

4. 中控室设计

(1) 中控室网络及环境条件：网络环境具有安全性、可靠性、开放性和可扩充性；建立网络管理制度和网络运行保障支持体系；土建面积依据设备台数、当地管理条件等具体确定，符合《计算机场地通用规范》(GB/T 2887) 规定；监控室净高依据机房的面积大小、机柜高度及通风要求确定，宜为2.5～3.2m。

(2) 设备配置：根据供水规模、经济条件综合确定，宜符合表2.12-1的规定。

表2.12-1　　中控室设备配置表

项　目	供水规模 $W/(m^3/d)$			规格（数量）	主要功能
	$W \geq 5000$	$1000 \leq W < 5000$	$W < 1000$		
工控机/微机	√	1台	1台	2台	系统上位机
视频主机（录像机）	√	√	√	1台	视频监控
打印机	√	√	⊙	1台	打印报表
监控台	√	√	⊙	1套	监控操作台
备用电源	√	√	√	1kVA	备用电源
显示设备	√	⊙	⊙	1台	外围设备

注 "√"表示宜选择；"⊙"表示可根据经济状况等确定。

三、区域供水工程信息监管系统设计

1. 系统设计模式及功能、框架

（1）系统设计模式宜为分布式控制系统，对区域内所有供水工程静态信息进行管理，对供水工程自动监控系统在线信息进行采集和统计分析。

（2）区域系统功能，包括供水工程自动监测与信息化管理两个功能。①自动监测功能依托供水工程自动监控系统实现，包括采集、汇总与分析区域内在线监测数据、视频安防监控等；②信息化管理功能包括基础信息管理、工程信息管理、地图信息管理、数据信息采集、数据信息发布、数据统计分析等。

（3）区域供水工程信息监管系统组成架构，如图 2.12－1 所示。

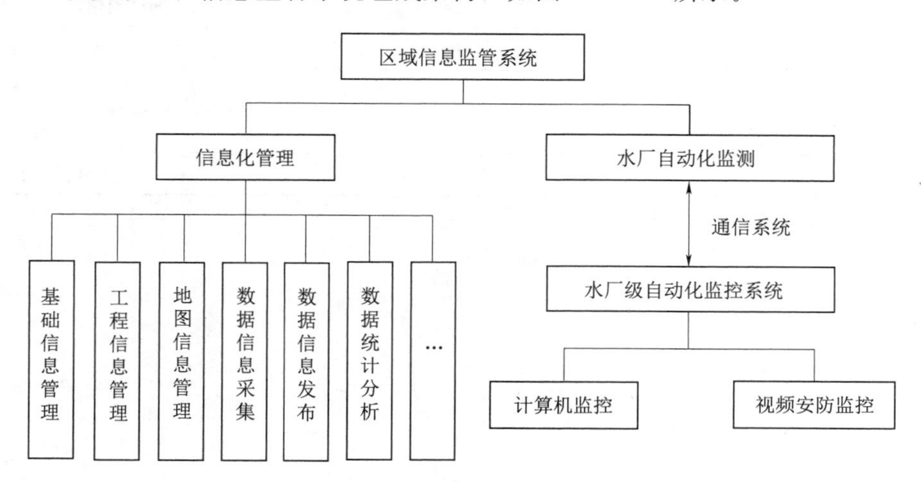

图 2.12－1　区域供水工程信息监管系统组成架构

2. 监管软件功能及要求

（1）信息管理功能：对区域内供水工程概况、运行管理、资料管理、应急管理等信息进行统一管理，包括数据采集、校验与编辑、发布、处理等。

（2）地图管理功能：对区域内行政区划及千人以上集中供水工程的水源、水厂位置、供水干支管网路由、覆盖范围等信息进行分图层显示、编辑等。

（3）自动监测功能：①信息采集，根据供水工程自动监控系统的监控功能而定；②可视化，包括水源、水厂位置、水厂工艺流程、供水干支管网路由、供水关键环节位置等可视化展示，显示在线数据；③报警，发现异常时能自动报警。

（4）管理功能：根据系统管理员、维护人员、运行人员等职责给予不同操作权限。

（5）衔接功能：能与上级信息管理系统对接，并支持供水工程自动监控系统数据接入及多种访问方式。

（6）其他要求：采用 B/S 结构，存储 2 年以上历史数据时软件性能无明显下降；采用服务器版操作系统和 TCP/IP 通信协议。

3. 监管中心设计

（1）场地及环境条件：远离产生粉尘、油烟、有害气体及生产或贮存具有腐蚀性、易燃、易爆物品等存在安全隐患的区域；供电系统可靠，避开强电磁场、强振动源和强噪音源的干扰；避免设在建筑物的高层或地下室；机房宜室温为18～28℃，相对湿度为35%～75%。

（2）设备配置：根据建设规模、管理单位要求、经济能力、安装地点等因素配备设备，宜符合表2.12-2规定。

表2.12-2　区域监管系统监管中心设备配备

项　目	配置	规格（数量）	主要功能
主计算机	√	1～2台	系统上位机
视频主机	⊙	1台	视频监控
交换机	√	1台	网络通信设备和通信介质
监控台	√	1套	监控操作台
备用电源	√	2kVA	备用电源
打印机	√	1台	外围设备
显示设备（或大屏幕）	√	1台	外围设备

注 “√”表示宜选择；“⊙”表示可根据经济状况等确定。

第十三章

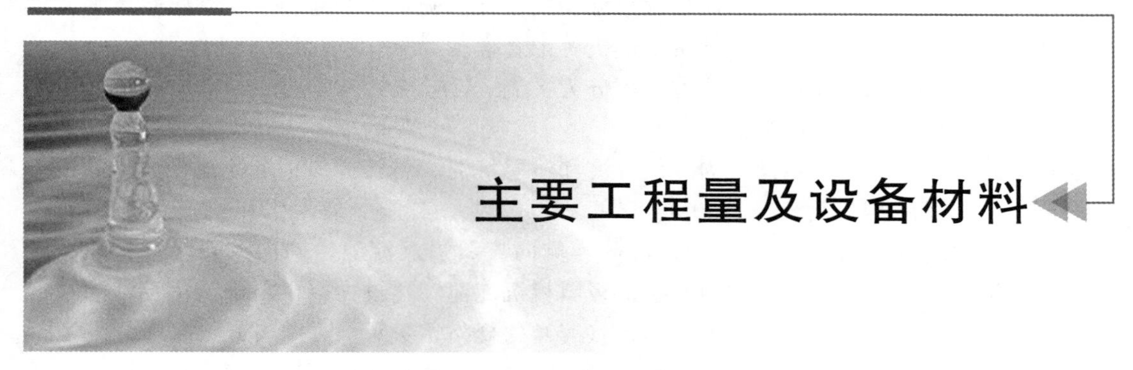

主要工程量及设备材料

第一节 主要工程量

一、生产构筑物

农村供水工程的生产构筑物分为取水构筑物、输水构筑物、净水构筑物、配水构筑物等部分。

1. 取水构筑物

(1) 地下水取水构筑物：确定井的数量、井径、井深、井壁材料和厚度、滤管长度，配套井泵台数及配电设备。

(2) 地表水取水构筑物：按结构形式可分为固定式和活动式两种。固定式地表水取水构筑物，其种类较多，一般都包括进水口或取水头部、引水管（或水平集水管）和集水井、泵站。活动式地表水取水构筑物有缆车式和浮船式，应说明缆车或浮船的尺寸及配套机电设备。地表水取水构筑物受水源流量、流速、水位影响较大。建设内容应说明进水口或取水头部的形式，尺寸，引水管的长度、管径（断面尺寸）；集水井的深度、直径；泵站泵房平面尺寸，结构形式和配套机电设备。

2. 输水构筑物

输水构筑物主要有输水泵站、调蓄水池、阀门井及输水干管。输水泵站要确定泵房尺寸、结构形式及配套机电设备；调蓄水池确定结构形式、蓄水容积等；阀门井应按检查井、排气井、减压井、分水井等分别确定阀门井的结构形式、直径、深度及安装阀门型号；输水干管应确定不同管材的等级长度、管径、壁厚等。

3. 净水构筑物

常规水处理净水构筑物包括絮凝、沉淀澄清、气浮、过滤等工序。

(1) 混合池：混合的形式主要有水泵混合、压力水管混合、静态混合器混合和机械搅拌混合等。混合池在规模大小的水厂都适用，主要确定混合池的结构形式，平面尺寸深度，搅拌机及配套电机等。

（2）絮凝池：絮凝池的种类较多，有隔板絮凝池、折板絮凝池、机械搅拌絮凝池、穿孔旋流絮凝池、网格絮凝池等。应根据水源和技术条件确定絮凝池的形式、座数及平面尺寸，深度，机械搅拌絮凝池的搅拌机、电机等配套设备。

（3）沉淀池：沉淀池按其水流方向可分为平流式、竖流式和辐流式。其中平流式沉淀池有单层、多层和倾斜底沉淀池。

按截除颗粒沉降距离不同分为一般沉淀和浅层沉淀。斜管或斜板沉淀池为典型的浅层沉淀池，其沉降距离仅为30～200mm，也是农村供水工程中最为常用的沉淀池。斜板（管）沉淀池按斜板（管）的不同布设可分为侧向流斜板沉淀池、同向流斜板沉淀池、异向流斜管沉淀池、带翼斜板沉淀池和波形板斜板沉淀池。建设内容中要确定沉淀池的结构形式、平面尺寸、深度、侧墙厚度和斜板（管）的规格、数量与安装方式。

（4）澄清池：要确定结构形式、平面尺寸、深度、池壁池底厚度，搅拌机和刮泥机的规格、数量与安装方式。

（5）气浮池：气浮池由接触室、分离室和排渣槽及配套设备组成。设计要确定接触室的宽度、深度，分离室的宽度和深度。确定溶气泵、空压机、溶气罐、释放器的数量、规格型号等。

（6）过滤池：农村供水工程常用过滤池形式有普通快滤池、重力无阀滤池、V形滤池等。工程量中要确定滤池形式、滤池格数、平面尺寸、高度、滤料厚度和分层种类、规格、承托层种类、规格和形式厚度、反冲洗的方式和配套设备。

4. 配水构筑物

配水工程有重力配水和压力配水两种情况。重力配水构筑物相对简单，主要有配水泵站、调蓄水池、阀门井及配水管道等。压力配水通过配水泵站和加泵站实现。配水构筑物和输水构筑物基本一致，泵站工程要确定泵房尺寸、结构形式及配套机电设备；调节水池确定结构形式、蓄水容积等；阀门井应按检查井、排气井、减压井、分水井等分别确定阀门井的结构形式、直径、深度及安装阀门型号；配水干管应确定不同管材的规格、长度、管径、壁厚及埋深等。

二、挖、填土石方量

农村供水工程中常见的土石方工程有：场地平整、基坑（槽）与管沟开挖回填、地坪填土，路面破坏及恢复。

（一）人工土石方计算

土石方工程分人工土石方和机械土石方。

1. 人工平整场地

室内场地土方地坪标高±0.3m以内就地填挖找平（土层厚度不超过300mm）。

2. 人工挖土方

（1）挖地槽（沟）。槽底宽度在3m内，槽长大于槽宽3倍的挖土量。不放坡不支挡土板、放坡且留工作面、支挡土板且留工作面、由垫层上表面放坡。

（2）挖地坑。坑长小于坑宽3倍，坑底面积在20m^{2}以内（不包括加宽工作面）。

矩形不放坡的土方量＝坑底长×宽×深。

矩形放坡的土方量=坑底长×宽×深加工作面宽度，放坡系数和地坑四个角的一个角锥体积。

(3) 挖土方。槽底宽度在3m以上，或坑底面积在$20m^2$以上，或平整场地土层厚度在0.3m以上，均为挖土方。

(4) 人工挖孔桩。土方量按桩断面积乘以设计桩孔中心线深度计算。

3. 人工回填土

(1) 基槽、基坑回填土。基槽(坑)=基槽(坑)-设计室外地坪以下建(构)筑物埋置部分m^3。

(2) 室内回填土。室内回填(m^3)=主墙间(净面积)×回填土(厚度)-各种沟道所占体积m^3。

(3) 运土方。按不同的运距分别计算。运土工程量=挖土总体积-回填土总体积。若式中计算值为正值表示余土外运，为负值时表示取土回填。

(二) 机械土石方计算

(1) 根据土方施工机械种类、土壤类别、运输距离的不同分别以m^3计算。

推土机运距按挖方区中心至填方区中心的直线距离计算。

铲运机按挖、卸中心区加转向距离45m计算。

自卸汽车按挖、填中心区最短距离计算，考虑坡度系数。

(2) 机械土方量计算应注意以下几点：

1) 推、铲的土层厚度平均小于300mm时，推台班用量乘以系数1.25，铲乘以1.17。

2) 挖掘机在垫板作业，定额人工、机械乘以系数1.25，铺垫板工、料、辅台班应按实计算。

3) 推、铲未经压实的堆积土时，按定额项目乘以系数0.73计算。

4) 采用机械挖掘土时，死角需人工开挖，因此其中10%的土方量按人工挖土、人工乘以系数2。

(3) 生产及附属建筑物名称、数量、建筑面积。生产建筑物包括取水泵房、格栅间、配水泵房、反冲洗间、自用水泵房、加药间、加氯间、变配电室、锅炉房、机修间及药库等。管理及生活附属建筑物包括综合办公楼、传达室、大门车库等。工程建设内容中应确定不同建筑物的结构形式、建筑层数、开间数和平面尺寸。

第二节　主要设备材料

一、主要设备

农村供水工程设备主要用于水源工程、输水管线、净水厂、配水工程、电气工程、自控仪表工程和化验设备。使用最多的设备为水泵和阀门。

(1) 水泵。水泵是供水工程的主要设备，从水源取水、输水，水厂各生产工序，配送清水等，绝大多数都由水泵增压完成。水泵的种类很多，选择时根据水源种类、取水深度、扬水高度、用户对水压的要求等具体条件确定水泵的型号和性能。农村供水常用水泵有离心泵、深井泵和潜水泵三类。

(2) 阀门。阀门是通过改变其流道面积大小来控制流体流量、压力和流向的机械产品。供水工程常用阀门有闸阀、碟阀、球阀、空气阀、泄压阀、减压稳压阀、止回阀、多功能水泵控制阀、流量控制阀、过流关闭阀、快开排泥阀、防污隔断阀等。

1) 阀门的公称通径。公称通径是指阀门与管道连接处通道的名义直径，用DN表示，DN后面的数字单位是毫米。它表示阀门规格的大小。阀门公称通径系列见表2.13-1。

表2.13-1　　阀门公称通径　　单位：mm

3	6	10	15	20	25
32	40	50	65	80	100
125	150	(175)	200	(225)	250
300	350	400	450	500	600
700	800	900	1000	1200	1400

注　粗体字为基本系列，应优先选用，带括弧的尺寸仅用于特殊阀门。

2) 公称压力。公称压力是指与阀门的机械强度有关的设计给定压力，用PN表示，PN后的数值单位是MPa，阀门公称压力系列见表2.13-2。

表2.13-2　　阀门公称压力　　单位：MPa

0.1	0.25	0.4	0.6	0.8	1.0
1.6	2.0	2.5	4.0	5.0	6.3
10.0	15.0	16.0	20.0	25.0	28.0
32.0	42.0	50.0	63.0	80.0	100.0

(3) 农村供水工程应按单元工程分类对设备列表说明，见表2.13-3～表2.13-8。

表2.13-3　　水源工程主要设备

编号	设备名称及型号	规格	材质	单位	数量	备注
1	水泵					
2	电机					
3	阀门					
4	流量计					

表2.13-4　　净水构（建）筑物主要设备

编号	设备名称及型号	规格	材质	单位	数量	备注
一、格栅间及提升泵房						
1	启闭机					
2	格栅清污机					
3	电动葫芦					
4	潜水给水泵					
5	阀门					

续表

编号	设备名称及型号	规格	材质	单位	数量	备注
二、混合絮凝池						
1	桨叶式搅拌器（电机）					
2	管式静态混合器					
3	启闭机					
4	阀门					
三、沉淀池						
1	吸泥机					
2	阀门					
四、气浮池						
1	水泵					
2	电机					
3	空压机					
4	溶气罐					
5	释放器					
6	阀门					
五、配水泵房						
1	水泵					
2	电机					
3	电动葫芦					
4	潜水排污泵					
5	阀门					
六、气水反冲洗间						
1	水泵					
2	电机					
3	鼓风机					
4	空气压缩机					
5	消声罩					
6	电动葫芦					
7	消声器					
8	阀门					
七、加药间						
1	混凝剂计量泵					
2	折桨搅拌机					
3	机械式隔膜计量泵					
4	电磁流量计					
5	脉冲阻尼器					

续表

编号	设备名称及型号	规格	材质	单位	数量	备注
八、加氯间						
1	加氯机或二氧化氯装置					
2	轴流抽风机					
3	余氯吸收装置					
4	触摸式压力机					

表 2.13-5　　电气设备材料表

编号	名　　称	规格	单位	数量	备注
1	开关柜				
2	变压器				
3	低压抽屉柜				
4	免维护高频开关式直流电源				
5	智能模块式微机监控系统				
6	变频器				
7	软启动器				
8	动力配电箱				
9	照明配电箱				

表 2.13-6　　自控仪表设备材料表

编号	名　　称	规格	单位	数量	备注
1	pH 电极				
2	浊度感应器				
3	余氯传感器				
4	电导率传感器				
5	数字控制器				
6	超声波液位计				
7	电磁流量计				
8	压力变送器				
9	差压变送器				
10	流量计				
11	现场控制站				
12	监控管理计算机				
13	工业以太网交换机				
14	打印机				
15	UPS				
16	小型数字程控交换机				
17	工业电视监控系统				
18	大型动态模拟屏				

表 2.13－7　暖通设备材料表

编号	名　称	规格	单位	数量	备注
1	热水锅炉				
2	循环水泵配电机				
3	补水泵配电机				
4	软化水箱				
5	卧式直通除垢器				

表 2.13－8　化验设备表

编号	名　称	规格	单位	数量	备注
1	实验搅拌器				
2	台式 pH 计				
3	便携式 pH 计				
4	散射光浊度计				
5	游离余氯测定仪				
6	精密分析天平				
7	分光光度计				
8	电热恒温培养箱				
9	电热恒温干燥箱				
10	电动吸引器				
11	菌数计数器				
12	电冰箱				
13	不锈钢滤器				

二、主要管材及设施

管道工程投资在农村供水工程中所占比例很高，一般为 50%～70%。因此在设计中必须考虑管材造价、安装费用、维护运行费用等经济因素，将管径和管材作为设计重点加以控制。常用管材有钢管、PE 管、PVC－U 管、球墨铸铁管等。其工程量计算不但列表说明各级输配水管道的管径、材质、规格、公称压力、长度等，还应列表说明相应规格的三通、弯管、变径管等管件规格、材质及安装方式。

输配水工程设有大量的阀门井，需统计安装各种闸阀、水表、消火栓规格、数量。

三、主要材料

对于工程中用量多、投资大的主要材料是钢材、水泥、沙石料、木材等，用量应列表统计。钢材包括线材和型材，按不同规格计算；一般采用普通硅酸盐水泥，其强度等级有 32.5、32.5R、42.5、42.5R、52.5、52.5R，应按不同等级计算；木材应按圆木、方木或板材分别计算，以 m^3 统计。

第十四章

工程用地与定员编制

第一节 工 程 用 地

一、用地原则和种类

1. 农村供水工程用地应遵循的原则

(1) 供水工程项目的建设，必须遵守国家有关经济建设的法律、法规，执行国家有关节约用水、节约能源、节约用地、环境保护等政策和行业发展方针。

(2) 供水工程项目建设，应在总体规划的指导下，近、远期结合，对水资源要统一规划、合理开发，工程建设和系统布局应与农村相关规划相适应。

(3) 水厂总体布置应考虑近、远期的协调。当确定分期建设时，流程布置应统筹兼顾，既要有近期的完整性，又要有分期的协调性。厂区建筑系数不应小于25%。净水厂应有良好的卫生环境。水厂建设应有绿化，厂区绿化覆盖率应控制在20%～40%。

(4) 给水工程项目建设应贯彻科学合理、节约用地的原则。土地征用应以近期为主并结合远期的发展。

2. 农村供水工程用地种类

(1) 输、配水工程用地（多为临时用地）。

(2) 净（配）水厂工程用地。

(3) 泵站工程用地。

二、净（配）水厂及泵站建设用地

(1) 大、中型净（配）水厂与泵站建设用地不应超过表2.14-1所列指标。

表2.14-1　　大、中型净（配）水厂与泵站建设用地指标

建设规模/(万 m^3/d)	净水厂/[m^2/(m^3 · d)]	配水厂/[m^2/(m^3 · d)]	泵站/[m^2/(m^3 · d)]
5～10	0.7～0.5	0.4～0.3	0.25～0.20

续表

建设规模/(万 m^3/d)	净水厂/[m^2/(m^3·d)]	配水厂/[m^2/(m^3·d)]	泵站/[m^2/(m^3·d)]
10～30	0.5～0.3	0.3～0.2	0.20～0.10
30～50	0.3～0.10	0.2～0.08	0.10～0.03

注　1. 建设规模大的水厂取下限，反之，取上限。采暖地区及净水构筑物设在室内时可采用较高值。
2. 净水厂按常规净水工艺考虑，非常规净水工艺及需要在净水厂内设置预沉构筑物时，可根据需要增加用地。
3. 配水厂包括消毒设施，未包括水质处理。
4. 特殊水质处理或因城市条件需要增加构筑物时可根据需要增加用地。
5. 地下水除铁、除锰、除氟水厂可参照执行。
6. 加压泵站设有大容量的调节水池时，可按计算增加用地。

(2) 大、中型净（配）水厂附属建筑物面积指标见表2.14-2。

表2.14-2　　大、中型净（配）水厂附属建筑物面积指标

建设规模/(万 m^3/d)	净水厂/m^2			配水厂/m^2		
	辅助生产与行政管理用房	生活福利设施用房	合计	辅助生产与行政管理用房	生活福利设施用房	合计
5～10	1300～1900	700～900	2000～2800	1000～1300	600～900	1600～2200
10～30	1900～2400	900～1300	2800～3700	1300～1800	900～1200	2200～3000
30～50	2400～3000	1300～1600	3700～4600	1800～2300	1200～1500	3000～3800

注　1. 建设规模大的水厂宜取上限，反之，宜取下限。采暖地区及净水构筑物设在室内时可采用较高值。
2. 辅助生产用房包括行政办公、调度、化验、维修、仓库、车库、医务等用房。中心控制室按需要另设置。
3. 生活福利设施用房包括厂区食堂、浴室、托儿所、单身宿舍、绿化用房与自行车棚等。

(3) 农村水厂、泵站的建设用地面积，可按厂区生产构（建）筑物、附属生产建筑物、生活建筑物面积总和的3倍计算，厂区道路面积与厂区绿化面积分别占总面积的1/3。

第二节　定　员　编　制

一、定员原则和标准

1. 定员原则

(1) 定员应以保证安全供水、提高劳动生产率、有利生产经营为原则。

(2) 应按照因事设岗、以岗定员、精简高效的原则合理设置岗位，配备管理人员，包括生产人员、辅助生主产人员和管理技术人员等。

2. 定员试行标准

按照水利部《村镇供水站定岗标准》，参照《城市建设各行业编制定员试行标准》(1985年1月10日　城劳字第5号)、《城镇给水厂附属建筑和附属设备设计标准》(CJJ 41)，并结合水厂实际情况确定。

二、组织机构和人员编制

1. 组织机构

根据生产管理需要设置职能科室和生产工段。职能科室包括厂办、生产计划、生产管理、财务、后勤等；生产工段包括给水处理、辅助生产等，其中生产辅助工段又包括动力、维修工、车队等。

2. 人员编制

(1) 劳动定员按净水厂常规净水工艺所需人员参照表 2.14-3 的标准按需配备。营业人员（包括查表、收费、装修、换水表、50mm 以下的管道安装和维修等）的配备，可按装表（查表）的户数每 200～250 户配备 1 人。

表 2.14-3　　净水厂生产工人配备标准

建设规模/(万 m^3/d)	地下水源/人	地表水源/人
5～10	70～75	80～90
10～30	100～120	115～135
30～50	130～160	150～180

注　1. 建设规模大的水厂取上限，反之，取下限值。
2. 如水源地不在一处，可按水源点、井组情况适当增加生产工人。
3. 非常规净水工艺的人员配备，可酌情增减。

(2) 管理与工程技术人员应占企业全员数的 11%～13%，建设规模大、取水难度大、净水工艺复杂、长距离输水取较高值，反之，取较低值。服务人员不应超过企业全员数的 8%。

(3) 泵站所需人员，可参照表 2.14-4 的标准配备。

表 2.14-4　　泵站定员标准

建设规模/(万 m^3/d)	泵站/人
5～10	30～45
10～30	45～70
30～50	70～100

注　1. 建设规模大、有加氯消毒设施取上限，反之，取下限。
2. 表中指标包括管理和服务人员在内。

(4) 输（配）水工程管理维修人员（包括检漏、巡线、闸门维修，后勤人员）可按管道长度配备，南方每 6～8km 可配备 1 人，北方每 4～6km 可配备 1 人。

第十五章

环境保护与水土保持

第一节　环　境　保　护

一、水源地保护

水源建设对环境的影响应统筹兼顾，既要考虑取水工程建设对江河、湖泊及地下水的生态影响，又要防止取水时使水体受污染。地表水水源应按规定设置卫生防护带；地下水水源应根据水文地质条件、取水构筑物形式和附近地区卫生状况确定卫生防护措施。地下水严禁过量开采，防止地面沉降，破坏生态平衡。

在拟建水源地周围，应严格控制该区域开采水量，水资源要统一管理，合理开发，防止水源枯竭。在水源地保护区禁止一切直接或间接污染水体的行为，在水源保护区不宜建任何工厂、机关、医疗单位及住宅；饮用水水源井应设半径为50m的一级卫生防护带和半径为300m的二级防护带。防护带内严禁喂养畜禽，堆积垃圾、粪便等，严禁使用剧毒或高残留农药，不得修建渗井、渗水厕所和污水明渠，不得破坏深部土层，同时制定地下水源保护管理方法。

新建水库作为饮用水源，应采取有力措施作好水源保护工作。为保障水质维持在Ⅲ类及以上地表水水质标准水平，必须坚决贯彻《中华人民共和国水法》和《中华人民共和国水污染防治法》，按照国家《关于防治水污染技术政策的规定》和《生活饮用水卫生标准》（GB 5749）对水源卫生防护的要求，划定一级水源保护区，采取有效措施，切实加强水源的卫生防护管理。其主要措施如下：

（1）禁止在新建水库周围发展种植业，严禁施用毒性较大的农药和化肥。

（2）严禁在流域内新建排放有毒有害物质和污水量大的企业和大型养殖业，种植业，加强对水库附近汇水范围内村庄生活污水的排放管理，禁止沿途村庄生活污水不经处理直接排入水库。

（3）严禁水库周围堆放废渣、垃圾和其他废弃物、并禁止施用持久性或剧毒性农药。

（4）应对水库水体实行连续的水质观测并提供水质情报，以便供水企业对上游导致的水源污染和水质恶化能及时采取对策和有效的防治措施。

(5) 严禁在水库内及沿岸从事放牧业和养殖业、滥砍滥伐，挖掘土石活动。

(6) 新建水库整体设置为水源保护区。

(7) 建议县政府针对新建水库发“水源保护”的专项文件，并强制执行，以保护水源水质。

(8) 将取水点上游1000m以外的河段划为二级水源保护区，严格控制上游污染物排放量。

二、净水厂及输水管道施工与生产

1. 主要污染源及影响

施工期间的主要污染因子对环境的影响主要有两个方面：一是由于开挖、填筑、材料运输等项施工作业产生的粉尘，废气污染和噪声，对施工人员和沿线居民的影响；二是机械设备保养冲洗等项活动所排放的污水以及施工人员生活垃圾和生活污水等所造成的污染。

2. 环保设计依据

(1)《中华人民共和国环境保护法》。

(2)《中华人民共和国水污染防治法》。

(3) 当地的相关规定。

3. 环保设计主要内容

根据供水工程的特点，环境保护设计主要内容如下：

(1) 施工区环境保护、施工期间的空气污染、噪声污染的控制、污水、废渣的处理。

(2) 弃土、取土区和施工场地的环境保护设计，做好场地处理和土地复耕工作。

4. 供水工程施工对环境的影响及保护措施

(1) 输水管道施工期间临时用地对土地植被的破坏，输配水管线工程土方量大，临时占地较多，对工程及施工占地应按国家有关规定结合当地实际情况进行赔偿。施工中产生的弃土，应事先安排好弃置地点，决不能乱弃乱放。对放置在荒沟、荒滩的弃土，应及时平整成田，对于平铺在管线两侧的弃土以不压农田、渠道和影响周围环境为前提。

(2) 施工噪声。在施工期间，运输车辆喇叭声，施工机械的轰鸣声所造成施工的噪声。施工时应尽量考虑到施工对周围居民生活的影响，施工时间应尽可能避免在居民休息的时间内进行，尽量选用低噪声施工机械，对机械设备要注意保养，使之保持良好的工作状态，降低机械噪声。

(3) 扬尘的影响。施工期间泥土长期裸露堆放，风吹尘扬和泥土运输等，造成大气中悬浮颗粒含量骤增，影响大气质量，影响人民生活。因此在施工过程中，应有计划合理施工，减少泥土的裸露堆放。运输时应加强文明施工观念，减少泥土散落，以及采取诸如路面洒水等措施，尽可能减少施工扬尘的影响。

(4) 配水管线在村庄附近施工时，由于路面破坏造成交通阻塞，对生产、生活会产生短期影响，为此应与有关部门配合，组织临时通行路线，尽量把影响降到最低。

5. 工程投产对环境的影响及保护措施

针对水厂运行时可能对环境产生影响的因素，设计时应分别采取措施：

（1）沉淀池和滤池排放的废水。水厂运行时，沉淀池排泥和滤池冲洗时产生的废水，水量大，尤其是滤池的冲洗废水。水中主要污染物是原水中的悬浮物质，若未经处理直接排入城市污水系统，废水中的悬浮污泥在管道中沉淀淤积，造成管道堵塞。为此应对废水预处理后的上清液回收利用，污泥可进行浓缩脱水处理后外运填埋或作园林土用。

（2）加药间的废渣。加药间的废渣是固体药剂中的不溶解杂质为无机物，沉渣本身是无毒的，不会对环境造成危害。一方面在选择药剂时考虑此因素，尽量减少沉渣量；另一方面在溶液池设排渣管单独排入排渣井内处理。

（3）消毒间氯气泄漏防治。二氧化氯发生器、盐酸罐、亚氯酸钠罐应分开放置在独立的房间内，并应在在消毒间设排风扇通风。为了防止泄漏事故情况，消毒间应设氯气泄漏报警装置。事故发生时，报警器会自动发出信号，及时处理事故；在消毒间内设防毒面具及胶皮手套等劳动保护器具。

（4）噪声。主要来自锅炉房与泵房的机电设备，应选用噪声低、频率低的机电设备；在泵房内采用吸音板，对水厂进行绿化、美化、以减少噪声。

（5）其他。锅炉房应设置在下风向，使排放烟尘对水厂影响小；厂区排水采用地面径流，汇入雨水管道，生活污水由排污管集中排出厂外。

第二节　水　土　保　持

根据国家有关水土保持的法规要求，坚持“预防为主、全面规划、综合防治、因地制宜、注重效益”的方针，坚持水土保持措施与主体工程建设“同时设计、同时施工、同时投产使用”的原则。

农村供水工程属村镇公用工程，水土保持综合防治措施既要满足水土保持的要求，又要与绿化和景观美化相结合。

（1）根据工程建设地点、工程规模和建设内容按照水土保持预防保护区、重点监督区和重点治理区的划分，从水土流失分布情况和水土保持综合防治的特点出发，结合当地的实际情况确定水土流失防治标准执行等级。

（2）对工程建设过程中新增水土流失进行预测，并采取相应措施：

1）扰动原地貌、损坏土地和植被面积预测。

2）弃土、弃石、弃渣量预测。

3）损坏水土保持设施预测。

4）造成水土流失的面积及流失总量的预测。

（3）水土流失防治方案。

（4）水土流失防治责任范围。

（5）水土保持防治分区及水土保持措施。

（6）水土流失监测方案。

（7）水土保持方案实施的保证措施。

第十六章

防火、节能与安全生产

第一节　防　火

一、法规、标准依据

工程规划设计阶段应严格执行以下法规、标准和规范：

(1)《中华人民共和国消防条例》。

(2)《中华人民共和国消防条例实施细则》。

(3)《建筑设计防火规范》(GB 50016)。

(4)《爆炸和火灾危险环境电力装置设计规范》(GB 50058)。

(5)《消防站建筑设计标准》(GBJ 1)。

(6)《建筑物防雷设计规范》(GB 50057)。

(7)《火灾自动报警系统设计规范》(GB 50116)。

(8)《建筑灭火器配置设计规范》(GBJ 140)。

(9)《低倍数泡沫法灭火系统设计规范》(GB 50151)。

(10)《车库、修车库、停车场设计防火规范》(GBJ 50067)。

(11)《建筑内部设计防火规范》(GBJ 50222)。

二、防火及消防措施

工程在正常生产情况下，一般不易发生火灾，只有在操作失误、违反规程、管理不当及其他非正常生产情况或意外事故状态下，才可能导致火灾发生。根据“预防为主，防消结合”的方针，在工程设计上应采取相应的防范措施。

1. 总图设计

在厂区总平面布置上，按生产性质、工艺要求及火灾危险性的大小等划分各个相对独立的小区，并在各小区之间采用道路相隔。

厂内道路呈环形布置，保证消防通道畅通，水厂最少应设 2 个出入口（含 1 个紧急出入口），均与厂外道路相连，满足消防通道的要求。

在火灾危险性较大的场所设置安全标志及信号装置，在设计中对各类介质管道涂以相应的识别色。

2. 建筑

工程建筑物的耐火等级均应至少达到Ⅱ级，主要厂房设两个以上的出入口。

所有建（构）筑物之间的防火间距和工程建筑物的防火设计，均应满足《建筑设计防火规范》（GB 50016）的规定。

3. 电气

消防设施应采用双回路电源供电，其配电线采用安全的非延燃铠装电缆，明敷时置于桥架内或埋地敷设，以保证消防用电的可靠性。

厂内设置火灾自动报警系统，使消防人员及时了解火灾情况并采取措施。

消防水可在泵房及各车间内任意一个消防箱处控制，以及时扑救火灾。

建、构筑物的设计应按防雷规范设置相应的避雷装置，防止雷击引起火灾。

在爆炸和火灾危险场所严格按照环境的危险类别或区域配置相应的防爆型电器设备和灯具，避免电气火花引起火灾。

电气系统具备短路、过负荷、接地漏电等完备保护系统，防止电气火灾发生。

三、消防给水及消防设施

水厂应建立完善的消防给水系统和消防设施，以保证消防的安全性和可靠性。

（1）水量计算和依据。水厂根据占地面积和《建筑设计防火规则》（GB 50016）的规定，确定同一时间内火灾次数和消防用水量。

（2）水源和给水管网。为满足消防要求，厂内自来水管网干管布置为环状，主要建筑物到干管的距离不超过 50m。

（3）室外消防。室外设置由室外消火栓组成的消防系统。采用低压给水系统，按《建筑设计防火规则》（GB 50016）要求最不利点消火栓的水压不小于 10m 水柱，最大消防用水量为 20L/s。室外沿道路均匀布置室外消火栓，消火栓间距不大于 120m。

（4）室内消防。根据有关建筑消防规范要求室内设置相应的消防灭火器材。

第二节　节　　能

随着科技进步和社会发展，能源需求量日益增加，如何高效合理地利用能源，最大限度地节省能源是我们面临的新课题。由于供水工程需要提升给水，能源消耗较大，节能非常必要。设计时应以技术先进、节能降耗、提高效益为原则，进行工艺选择和设备配置，力争节能和降耗。

用低压电容器集中补偿，减少有功损耗。设计上尽可能使各构筑物连接顺畅，减少弯头，降低水损，以节约提升电耗；设计时采用自控仪表，根据原水的浊度和余氯量调整加药量和加氯量，以达到节药和保证出水水质的功效。各建筑物设计时充分考虑墙体的隔热，以减少热损耗。

工程设计应采用以下节能措施：

(1) 对整个供水管网的水力计算，优化管网布置。

(2) 配水泵房采用大小泵搭配，可安装水泵电机变频调速装置，达到节能目的。

(3) 用省力、轻便耐用，不易渗漏的阀门等附属设备，减少水量及能源的损耗。

(4) 配水主干管应设置排气阀、泄水阀、区段阀门及分支阀门井，以保证事故时维修及时，影响范围小，达到节水节能的目的。

(5) 加药和加氯采用自动控制投加，根据水量和水质的变化自动调节，能节省药耗。

(6) 电气设备和机电设备均选用技术先进的节能型产品，以降低每一环节的能耗。采用高效节能的水泵机组，并要满足其性能和安装的要求，特别注意气蚀余量问题，采用输水配水摩阻小的管材和管件。水泵机组的运行性能参数曲线要与管网的概化曲线相适应，并保持高效范围内。工作水泵机组选型的高效点不按短时间最大时用水量，而采用日变化的供水量均在高效范围内的特征流量确定台数。

(7) 供水工程规划要考虑水厂位置应靠近用水量大的区域。地形起伏较大和狭长分布的乡镇要采用分区、分压供水的方式，输水干管以最短的长度到最大用水区。管网平差管段计算要在经济流速的范围内。

第三节　安　全　生　产

一、设计依据和标准

(1)《国务院关于加强防尘防毒工作的决定》(国发〔1984〕97号)。

(2)《室外给水设计标准》(GB 50013—2018)。

二、安全

1. 不安全因素

(1) 意外伤亡。沟槽开挖，敷设过河、过公路管线时和管道试压时，工人操作不慎，可能造成机械操作和其他事故。

(2) 交通事故。管线施工时，如果采取的措施不当可能造成交通堵塞甚至交通事故。

2. 安全生产措施

为改善操作环境和劳动条件，应采取如下安全生产措施：

(1) 工艺设备选型：采取实用、安全、能减轻劳动强度、方便操作管理的设备和控制方式。如大部分闸门选用省力、轻巧、耐用的手动蝶阀。

(2) 管道开挖：主管道采用机械开挖方式，施工过程中要防止机械伤人和塌方伤人事件。支管及进村管采用人工开挖的施工方法，一般由受益村民投工投劳，要做好塌方伤人的防护工作。

(3) 交通事故预防：道路交通频繁地段，在施工开挖和安装过程中应在工作面设置安全护栏和示警标志，夜间还要安放足够数量的红灯，防止不安全事故发生，保证施工和交通安全。在施工现场，应有严密的施工组织设计，使劳动力、材料、机具使用，压缩施工用地面积，不占或少占道路，不任意堵塞交通，减少施工时噪音、土方垃圾对环境的影响，做到文明施工。

(4) 管道安装、试压验收后必须进行消毒、冲洗，并取得水质监督部门水质检验合格后，才能通水投入管网运行。

第十七章

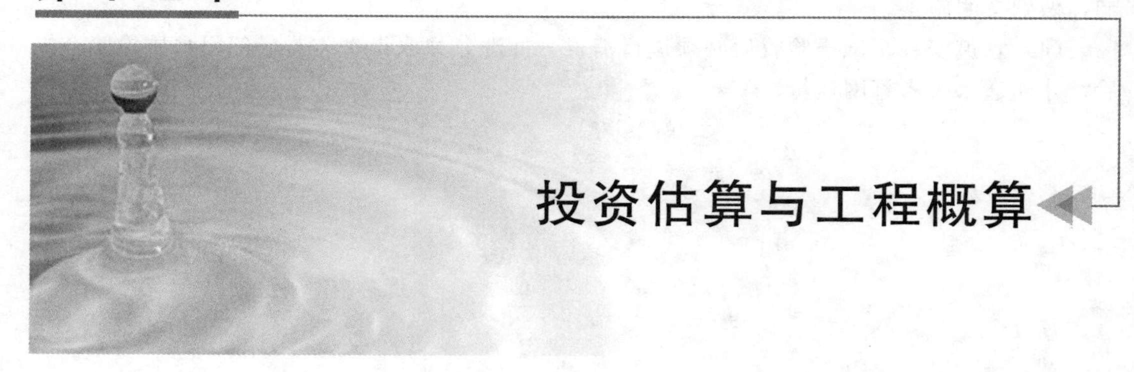

投资估算与工程概算

投资估算是指在项目的投资决策过程中，对项目的建设规模、技术方案、设备方案、工程方案及项目的进度计划、资金筹措已初步确定的基础上，估算项目投入总资金。

工程设计概算是初步设计和实施方案报告的重要组成部分，是进行项目国民经济评价及财务评价的依据，也是有关部门对工程项目进行稽查审计、项目法人筹措建设资金和控制管理工程造价的依据。

第一节 投 资 估 算

一、投资估算基本要求

（一）基本要求

建设项目可行性研究报告中的投资估算，对总造价起控制作用，作为工程造价的最高限额，不得任意突破。在投资估算编制工作中，必须严格执行国家的方针、政策和有关法规制度，在调查研究基础上，如实反映工程项目建设规模、标准、工期、建设条件和所需投资，既不能高估冒算，也不能故意压低，留有缺口。

（二）工程简要说明

简要说明工程建设规模，建设范围、供水人口，水源类型、水源保护，取水工程（含取水构筑物、泵房等），输水工程管道或管渠、管线长度、管径，净水工程，水厂总体设计及水厂厂区平面等以及配水管网等整个给水系统。

（三）编制依据

（1）国家及主管部门发布的有关法律、法规、规章、规程等。

（2）有关部门发布的工程建设其他费用估算方法和费用标准。

（3）工程所在地区建设行政主管部门发布的原材料价格、人工单价、设备及造价指数等。

（4）部门或地区发布的投资估算指标、建筑、安装工程综合定额或指标。

（5）拟建项目各单项工程的建设内容及工程量。

二、投资估算内容及编制方法

根据《建设项目经济评价方法与参数》（第二版）和《投资项目可行性研究指南》，工程建设投资估算采用综合指标估算法。工程项目总投资由各单项工程费、其他费和预备费三部分组成。其中工程费包括各单项工程的工程费、安装工程费、设备及工器具购置费。其他费包括征地及拆迁、勘察设计、前期准备费、监理、管理费等。预备费为基本预备费。

（一）工程费用估算

1. 建筑工程费估算

建筑工程费估算，应计单项工程即一个独立构（建）筑物所需要工程费用，则根据主要构筑物或单项工程的设计规模、工艺参数、建设标准和主要尺寸，可套用相适应的构筑物估算指标或类似工程的造价指标。但应注意应用估算指标或类似工程造价指标编制估算时，应结合工程的具体条件，考虑时间、地点、材料价格可变因素作以下调整：

（1）将人工和材料价格及费用水平调整为工程所在地编制估算年份的市场价和现行的费率标准。

（2）设计构筑物或单项工程规模与套用指标的规模有较大差异时，应调整相应的工程量及其费用。

（3）套用概算定额时，当设计构筑物或单项工程缺乏合适的估算指标，应根据设计图纸计算主要工程数量，套用概算定额。

2. 安装工程费估算

安装工程费可根据各单项工程的不同情况采用以下方法：

（1）套用估算指标或类似工程技术经济指标进行估算，单项构筑物的管配件安装工程，可根据构筑物设计规模和工艺形式套用相应的估算指标，调整人工和材料价格以及费率标准。

（2）按概算定额或综合定额进行估算：当缺乏相应单项构筑物的估算指标时，可采用计算主要工程量，按概算定额进行编制。

（3）按主要设备或主要材料的百分比进行估算，安装费占主要设备和主要材料的百分比可根据有关指标或同类工程测算取定。

3. 设备购置费估算

设备购置费计算时，往往与设计项目实际选用的设备类型、规格和台数有很大差别，应按设计方案所确定的主要设备内容逐项计算。

（1）主要设备费应采用制造厂现行出厂价格，也可按类似设备现行价格及有关资料计算。

（2）设备运杂费：根据工程所在地运杂费费率估算，以设备价格为计算基础，一般为6%～11%。

（3）工具器购置费可按设备购置费的1%～2%计。

（二）其他费用估算

（1）征地及拆迁补偿费。根据主管单位批准的建设用地，并按各省（自治区、直辖市）人民政府制定颁发的各项补偿费、安置补助费标准计算。

（2）建设单位管理费。依据《基本建设财务管理规定》（财建〔2002〕394号）计取。

（3）工程建设监理费。按《建设工程监理与相关服务收费管理规定》（发改价格〔2007〕670）计取。

（4）办公和生活家具购置费。可按设计定员人数，按每人1000元计。

（5）勘察设计费。指建设项目进行勘察设计工作所发生的费用，由工程设计费、工程勘察费组成。工程设计费：按《工程设计收费标准》（计价格〔2002〕10号）进行计算。勘察设计费：按项目进行勘察工作所发生的费用计取，或按工程费的0.8%～1.1%计取。

（6）项目前期工作咨询费，按《建设项目前期工作咨询收费暂行规定》（计价格〔1999〕1283号）规定计取。

（7）前期工作费：系指进行预可行性研究所发生的费用，包括水源水质化验费、厂址选择、环境评估、编制可行性研究报告、设计指标等发生费用。

（8）初步设计及概算评审费：按6万～10万元计。

（三）预备费

预备费一般仅计基本预备费，以第一部分“工程费”总值与第二部分“工程建设其他费”总值之和的8%～10%计取。

三、工程总投资

工程建设项目总投资包括工程建设全部费用，即工程费用（各单项工程综合估算汇总）、工程建设其他费用、预备费的总和。其中工程建设其他费用按照国家、地区或有关部委所规定的项目和标准确定，并按统一格式编制。

工程总投资为工程费用、工程建设其他费用及预备费用的总和。

四、资金筹措

（一）规划内农村供水工程

（1）中央财政补助资金，农村饮水安全工程有较强的公益性，是农村基础设施的重要组成部分。其投资由中央、地方和受益群众共同负担。在落实农村饮水安全工程的资金筹措上，要坚持实事求是，量力而行的原则。按照《全国农村饮水安全工程“十一五”规划》中的补助原则和比例确定中央财政补助资金，足额落实地方投资。中央财政补助资金根据各省的经济实力分东部、中部和西部，中央为上述地区补助比例分别为30%、60%和80%。

（2）地方投资，包括省、地（市）、县级财政用于工程项目的资金，其中省级安排的资金不低于地方投资的30%。地（市）、县级配套资金由于各地经济状况、财政能力差异较大。

（3）农民自筹资金，约占总投资的10%。我国多数农民经济收入水平不高。对于经济条件较好的地区，群众在负担能力许可范围内，适当集资；对于贫困地区，以投工投劳为主。一般原则上各级政府补助材料费，农民投劳折资。

（二）规划外农村供水工程

对于未纳入全国规划的农村供水工程，或为提高工程建设标准以及解决农村饮水安全以外其他问题所增加的工程投资，应由地方政府从其他资金渠道筹措。鼓励和引导多种直接或间接融资，建立多元化投融资渠道，如国内银行贷款、股份制或融资租赁等。各地政府应根据不同地区、不同项目的实际情况，通过各种渠道落实筹措资金。在此基础上，才能建设规划外农村供水工程。

第二节　工　程　概　算

一、工程概算基本要求

工程设计概算的编制单位应具备相应的工程造价咨询资质。概算编制人员应具备注册造价工程师执业资格和水电工程造价从业资格，掌握政策，熟悉工程，坚持原则，实事求是，广泛收集分析实际资料，合理选用定额、标准和价格，保证编制质量。

工程设计概算按编制年的政策及价格水平进行编制。工程有重大设计变更，或开工年与概算编制年相隔两年及以上时，应根据开工年的政策和价格水平重新编制和报批。

二、工程概算组成

（一）编制说明

1. 工程概况

工程概况应包括建设地点、对外交通条件、工程布置型式、工程范围及供水规模、工程效益，主体建筑工程量、主要材料用量、施工总工期、工程投资、资金来源和投资比例等。

2. 主要投资指标

主要投资指标包括工程总投资、建筑安装工程投资、机电设备投资、金属结构投资、临时工程、其他费用、预备费、人均投资、单方水投资成本。

3. 编制原则和依据

（1）选择建筑安装工程定额：指选用部颁或省颁定额，缺项选用的补充定额或基价。

（2）选择概算编制办法及费用标准：指选用与定额相对应的费用标准。

（3）确定主要材料市场预算价格的时间：指编制概算时前一季度。

（4）其他需说明的问题。

4. 取费说明

（1）人工费，施工用电、水、砂石料等基础单价的计算方法和结果。

（2）间接费、计划利润、税金的费用标准。

（3）确定其他费用的计算项目及费用标准。

（4）基本预备费计费标准。

（二）费用构成

农村供水工程费由建筑工程费、安装工程费、设备费、金属结构、临时工程费、其他费用、预备费等组成。

1. 建筑工程费和安装工程费

建筑工程费和安装工程费由直接工程费、间接费、计划利润、税金四部分组成。

（1）直接工程费包括直接费、其他直接费、现场经费。

（2）间接费包括企业管理费、财务费、其他费用。

2. 设备费

设备费由设备原价、临时工程费和其他费用组成。

（1）设备原价包括运杂费、运输保险费、采购及保管费。

（2）临时工程费，构成与建筑工程费用和安装工程费用相同。

（3）其他费用，由建设管理费、生产及管理单位准备费、勘察设计费组成。

1）建设管理费包括建设单位开办费、建设单位经常费、工程监理费、项目建设管理费、建设及施工场地征用费、联合试运转费。

2）生产及管理单位准备费包括提前进场费、生产职工培训费、管理用具购置费、备品备件购置费、工器具及生产用具购置费、管理单位运行启动费。

3）勘察设计费包括勘察费、设计费。

三、工程概算编制

（一）建筑及安装工程单价计算式

1. 建筑工程单价表列式

（1）直接费。

1）基本直接费：

人工费＝定额劳动量×人工预算单价；

材料费＝定额材料用量×材料预算单价；

机械使用费＝定额机械使用量×施工机械台时费。

2）其他直接费：

其他直接费＝基本直接费×其他直接费率之和。

（2）间接费间接费＝直接费×间接费率。

（3）利润＝（直接费＋间接费）×利润率。

（4）税金＝（直接费＋间接费＋利润）×计算税率。

建筑工程单价计算式：单价合计＝直接费＋间接费＋利润＋税金。

2. 安装工程单价表列式

（1）以消耗量形式表示的安装工程单价。

1）直接工程费。

a. 基本直接费：

人工费＝定额劳动量×人工预算单价；

材料费＝定额材料用量×材料预算单价；

机械使用费＝定额机械使用量×施工机械台时费；

未计价装置性材料费＝未计价装置性材料用量×材料预算价格。

b. 其他直接费＝基本直接费（不含未计价装置性材料费）×其他直接费率之和。

c. 现场经费＝人工费×现场经费费率之和。

2）间接费＝人工费×间接费率。

3）利润＝［直接费（不含未计价装置性材料费）＋间接费］×利润率。

4）税金＝（直接工程费＋间接费＋利润）×计算税率。

安装工程单价合计＝直接费＋间接费＋利润＋税金。

（2）以费率形式表示的安装工程单价。

1）直接工程费。

a. 基本直接费：

人工费＝定额人工费（%）×设备原价；

材料费＝定额材料费（%）×设备原价；

装置性材料费＝定额装置性材料费（%）×设备原价；

机械使用费＝定额机械使用费（%）×设备原价。

b. 其他直接费＝基本直接费×其他直接费率之和。

c. 现场经费＝人工费×现场经费费率之和。

2）间接费＝人工费×间接费率。

3）利润＝(直接工程费＋间接费)×利润率。

4）税金＝(直接工程费＋间接费＋利润)×计算税率。

以费率形式表示的安装工程单价合计＝直接费＋间接费＋利润率＋税金。

3. 工程单价中费用计算标准

（1）直接费。直接费按照选用定额中相应项目子项目的人工、材料、机械及其他费用数量，乘以单价计算。

（2）其他直接费，包括冬雨季施工增加费、特殊地区施工增加费、夜间施工增加费及其他。

1）冬雨季施工增加费。计算方法根据不同地区，按建筑安装工程基本直接费的百分率计算。

a. 西南、中南、华东地区：0.5%～1.0%。

b. 华北地区：1.0%～2.5%。

c. 西北、东北地区：2.5%～4.0%。

西南、中南、华东地区，按规定不计冬季施工增加费的地区取小值，计算冬季施工增加费的地区可取大值；华北地区的内蒙古等较为严寒的地区可取大值，一般取中值或小值；西北、东北地区中的陕西、甘肃等省取小值，其他省、自治区可取中值或大值。也可按照各省（自治区、直辖市）规定计算。

2）特殊地区施工增加费。高海拔地区的高程增加费，按规定直接计入定额；其他特殊增加费（如严寒、酷热、风沙），应按工程所在地区规定的标准计算，列入其他直接费。地方没有规定的，不得计入此项费用。

3）夜间施工增加费。夜间施工增加费按基本直接费的百分率计算，其中建筑工程为0.5%，安装工程为0.7%。一班制作业的工程，不计算此项费用。地下工程照明费已列入定额内；照明线路工程费用包括在“临时设施费”中；施工辅助企业系统、加工厂、车间的照明，列入相应的产品成本中，均不包括在本项费用之内。

4）其他。包括施工工具使用费、检验试验费、工程定位复测、工程点交、竣工场地清理、工程项目及设备仪表移交生产前的维护观察费等。其中：施工工具用具使用费，指施工生产所需，但不属于固定资产的生产用具，检验、试验用具等的购置、摊销和维护费，以及支付工人自备工具的补贴费。检验试验费，指在建筑材料、构件和建筑安装物进行一般鉴定、检查所发生的费用，包括自设试验室进行试验所耗用的材料和化学药品费用，以及技术革新和研究试验费，不包括新结构、新材料的试验费和建设单位要求对具有出厂合格证明的材料进行试验、对构件进行破坏性试验，以及其他特殊要求检验试验的费用。按基本直接费的百分率计算，其中建筑工程为1.0%，安装工程为1.5%。

4. 现场经费

现场经费费率见表2.17-1。

表2.17-1 现场经费费率表

序号	工程类别	计算基础	现场经费费率/%		
			合计	临时设施费	现场管理费
一	建筑工程				
1	土方工程	直接费	4	2	2
2	石方工程	直接费	6	2	4
3	模板工程	直接费	6	3	3
4	混凝土浇筑工程	直接费	6	3	3
5	钻孔灌浆及锚固工程	直接费	7	3	4
6	其他工程	直接费	5	2	3
二	机电、金属结构设备安装工程	人工费	45	20	25

5. 间接费计算

建筑工程间接费按直接费的百分比计算，安装工程间接费按人工费的百分比计算。间接费费率按不同工程项目，参照表2.17-2所列标准分别计取。

建筑工程的间接费费率标准中，各项工程具体内容包括：

（1）土方工程：包括土方开挖、土方填筑工程等。

（2）石方工程：包括石方开挖、石方填筑、浆砌石、干砌石、抛石工程等。

（3）混凝土工程：包括现浇和预制各种混凝土、伸缩缝、止水、防水层工程等。

（4）钻孔灌浆及锚固工程：包括各种类型的钻孔灌浆、地下连续墙、振冲桩、高喷灌浆工程、各种锚杆、锚索、喷混凝土等。

（5）其他工程：指除上述工程以外的其他工程。

表 2.17-2　　间接费费率标准

序号	工程类别	计算基础	间接费费率/%
一	建筑工程		
1	土方工程	直接工程费	4
2	石方工程	直接工程费	6
3	模板工程	直接工程费	6
4	混凝土浇筑工程	直接工程费	4
5	钻孔灌浆及锚固工程	直接工程费	7
6	其他工程	直接工程费	5
二	机电、金属结构设备安装工程	人工费	50

6. 企业利润

企业利润指按规定应计入建筑安装工程费用中的利润。利润率不分建筑工程和安装工程，均按直接工程费与间接费之和的7%计算。

7. 税金

税金指国家对施工企业承担建筑、安装工程作业收入所征收的增值税、城市维护建设税和教育费附加，分别根据国务院发布的《中华人民共和国营业税暂行条例》《中华人民共和国城市维护建设税暂行条例》《征收教育费附加的暂行规定》等文件规定的征用范围和税率计算。

在编制概算投资时，可按下列公式和税率计算：

$$税金=(直接费+间接费+利润)\times计算税率$$

$$计算税率=\frac{1}{1-增值税税率\times(1+城市维护建设税+教育费附加)}-1$$

建设项目在市区的为3.41%。

建设项目在县城的为3.35%。

建设项目在市区、县城以外的为3.22%。

(二）机电设备及安装工程

1. 设备费

设备费按设备原价、运杂费、运输保险费、采购及保管费分别计算。

(1) 设备原价。以出厂价为原价，可根据厂家报价资料和市场价格水平分析确定。

(2) 运杂费。按设备原价的百分率计算。农村供水工程所用设备一般比较小，运杂费率按表2.17-3选取。

表 2.17-3　　设备运杂费率

类别	适用地区	费率/%
Ⅰ	北京、天津、上海、江苏、浙江、江西、山东、安徽、湖北、湖南、河南、广东、山西、河北、陕西、辽宁、吉林、黑龙江等	5~7
Ⅱ	甘肃、云南、贵州、广西、四川、重庆、福建、海南、宁夏、内蒙古、青海等	7~9

注　工程地点距铁路线近者费率取小值，远者取大值。费率中未包括新疆、西藏地区，可根据本区具体规定计算。

(3) 运输保险费。国产设备的运输保险费率可按工程所在省（自治区、直辖市）的规定计算。省（自治区、直辖市）无规定的，可按中国人民保险公司的有关规定计算。进口设备的运输保险费按相应规定计算。

(4) 采购及保管费。采购及保管费按设备原价、运杂费之和的0.7%计算。

(5) 运杂综合费率。运杂综合费率=运杂费率+(1+运杂费率)×采购及保管费率+运输保险费率。

2. 安装工程费

按设计的设备清单工程量乘安装工程单价计算。

(三) 临时工程

(1) 施工导流、排水工程。按照施工组织设计中设计的工程量乘以工程单价进行计算。

(2) 施工交通工程。按设计工程量乘单价计算，也可根据工程所在地区造价指标或有关实际资料，采用扩大单位指标编制。

(3) 施工供电工程。依据实际的电压等级、线路架设长度及所需配备的变配电设施要求，采用工程所在地区造价指标或分析有关实际资料后确定。

(4) 施工房屋建筑工程。

1) 施工仓库。建筑面积由施工组织设计确定，单位造价指标，可采用工程所在地区的临时房屋造价指标（元/m^2），也可按设计资料分析确定。

2) 办公及生活营地。按照建安工作量的百分比计算，见表2.17-4。

表2.17-4 办公及生活营地计算系统表

工 期	百 分 率
3年及以内	1.5%～2.0%
3年以上	1.0%～1.5%

如果建设管理办公及生活营地与现场生产运行管理房屋统一规划建设时，应按具体项目和规模列入建筑工程的房屋建筑工程项下。

(5) 其他临时工程。按照建安工作量的0.5%～1.0%计算。

(四) 其他费用

(1) 建设管理费。包括施工期间建设单位人员经常费和工程管理经常费。按建筑安装工作量的2.0%计算。

(2) 工程建设监理费。按照各省的相关规定执行，或按建筑安装工作量的1.35%～2.15%计算，工程规模大的取小值，反之取大值。

(3) 生产准备费。包括生产及管理单位提前进场费、生产职工培训费、管理用具购置费、备品备件购置费、生产家具购置费等组成，按建安工作量的0.5%～1.0%计算。

(4) 联合试运转费。项目有加压泵站工程时计取，标准为每千瓦25～30元。

(5) 勘察设计费。

1) 施工科研试验费。按建筑安装工作量的0.2%计算。农村供水工程一般不计列。如工程规模巨大，技术难度高，需进行重大、特殊专项科学试验研究的，可按试验研究工作项目和数量，单独计列费用。

2）勘察设计费。执行《国家计委、建设部关于发布〈工程勘察设计收费管理规定〉的通知》（计价格〔2002〕10号）的规定，也可按各省的规定计算。有水处理工艺的集中供水工程设计费取2.0%～3.0%，分散式供水工程按1.0%计算。勘察费按照实物工作量计算。

（6）建设及施工场地征用费。指设计确定的建设及施工场地范围内的永久征地及临时占地，以及地上附着物的迁建补偿费用。包括土地补偿费、安置补助费、青苗、树木等补偿费，以及建筑物迁建和居民迁移费等。根据设计提出的实物量和《大中型水利水电工程建设征地补偿和移民安置条例》《中华人民共和国耕地占用税收政策暂行规定》，以及各省（自治区、直辖市）的有关规定计算此项费用。

（7）交通工具购置费。指工程竣工以后，为保证建设项目初期正常生产管理所必须配备的生产、生活车辆和船只的购置费用。具体应根据项目特点及各省要求进行。

（8）工程质量监督费。指为保证工程质量而进行的检测、监督、检查工作等费用。

（五）预备费

主要为解决施工过程中，经上级批准的设计变更所增加的工程项目和费用。计算方法根据工程规模、施工年限和地质条件等不同情况，按工程概（估）算部分投资合计数的百分率计算。

可行性研究阶段的投资估算为10.0%。初步设计概算为5.0%。

四、概算书主要内容

1. 概算表

（1）工程总概算表。

（2）永久工程综合概算表。

（3）建筑工程概算表。

（4）机电设备及安装工程概算表。

（5）金属结构及安装工程概算表。

（6）临时工程概算表。

（7）其他费用概算表。

（8）分年度投资表。

2. 概算附表

（1）建筑工程单价汇总表。

（2）安装工程单价汇总表。

（3）主要材料预算价格汇总表。

（4）施工机械台时费汇总表。

（5）主体工程主要工程量汇总表。

（6）主体工程主要材料用量汇总表。

（7）主体工程工日数量汇总表。

3. 建筑物概算计算书

（1）人工预算单价计算表。

（2）主要材料运输费用计算表。

（3）主要材料预算价格计算表。

（4）其他材料预算价格计算表。

（5）施工用电价格计算书。

（6）施工用水价格计算书。

（7）施工用风价格计算书。

（8）补充定额计算书。

（9）补充施工机械台时费计算书。

（10）砂石料单价计算书。

（11）混凝土材料单价计算表。

（12）建筑工程单价计算表。

（13）安装工程单价计算表。

（14）主要设备运杂费率计算书。

（15）作为计算人工、材料、设备预算价格和费用依据的有关文件、询价报价资料及其他。

概算书应单独成册，用于设计评审。

五、概算表格式

概算表格式见表2.17－5～表2.17－11。

表2.17－5　总概算表

编号	工程或费用名称	建安工程费	设备购置费	其他费用	合计	占一至六部分投资/%
1	2	3	4	5	6	7

表2.17－6　永久工程综合概算表

编号	工程名称	建筑工程费	设备费			安装费			合计
			机电设备	金属结构	小计	机电设备	金属结构	小计	
1	2	3	4	5	6	7	8	9	10

表2.17－7　建筑工程概算表

编号	工程或费用名称	单位	数量	单价/元	合计/万元
1	2	3	4	5	6

表 2.17-8　设备及安装工程概算表

编号	名称及规格	单位	数量	单价/元		合计/万元	
				设备费	安装费	设备费	安装费
1	2	3	4	5	6	7	8

表 2.17-9　临时工程概算表

序号	项目名称	计算依据	计算标准	概算值

表 2.17-10　其他费用概算表

序号	费用名称	计算依据	计算标准	概算值

表 2.17-11　分年度投资表

项目名称	合计/万元	建设工期/年					
		1	2	3	4	5	6
第一部分　建筑工程 ……							
第二部分　设备安装工程 ……							
第三部分　金属结构 ……							
一至三部分合计							

六、概算附表

概算附表见表 2.17-12～表 2.17-18。

表 2.17-12　建筑工程单价汇总表

编号	工程名称	单位	单价/元	其中						
				人工费	材料费	机械使用费	其他直接费	间接费	企业利润	税金

表 2.17-13　　安装工程单价汇总表

编号	工程名称	单位	单价/元	其中							
				人工费	材料费	机械使用费	装置性材料费	其他直接费	间接费	企业利润	税金

表 2.17-14　　主要材料预算价格汇总表

编号	名称及规格	单位	预算价格	其中		
				原价	运杂费	采购及保管费

表 2.17-15　　施工机械台时费汇总表

编号	名称及规格	台时费	其中				
			折旧费	修理费	人工费	动力燃料费	其他费用

表 2.17-16　　主体工程主要工程量汇总表

编号	工程项目	土石方明挖/m^3	石方洞挖/m^3	土石填筑/m^3	混凝土/m^3	钢筋/t	帷幕灌浆/t	固结灌浆/t

表 2.17-17　　主体工程主要材料用量汇总表

编号	工程项目	水泥/t	钢筋/t	钢材/t	木材/m^3	炸药/t	沥青/t	粉煤灰/t	汽油/t	柴油/t

表 2.17-18　　主体工程工时数量汇总表

编　号	项　目	工时数量	备　注

七、概算附件

概算附件包括主要材料运输费用计算表（见表 2.17-19）、主要材料预算价格计算表（表 2.17-20）、混凝土材料单价计算表（见表 2.17-21）和工程单价表（见表 2.17-22），共 4 个表格。

表 2.17-19　　主要材料运输费用计算表

编号	1	2	3	4	材料名称				材料编号	
交货条件					运输方式	火车	汽车	船运	火车	
交货地点					货物等级				整车	零担
交货比例/%					装载系数					

续表

编号	运输费用项目	运输起讫地点	运输距离/km	计算公式	合计/元
1	铁路运杂费				
	公路运杂费				
	水路运杂费				
	场内运杂费				
	综合运杂费				
2	铁路运杂费				
	公路运杂费				
	水路运杂费				
	场内运杂费				
	综合运杂费				
每吨运杂费					

表 2.17-20　　主要材料预算价格计算表

编号	名称及规格	单位	原价依据	单位毛重/t	每吨运费/元	价格/元						
						原价	运杂费	保险费	运至工地仓库价格	采购及保管费	包装品回收值	预算价格

表 2.17-21　　混凝土材料单价计算表

编号	混凝土标号	枢纽标号	级配	预算量						单价/元
				水泥/kg	掺合料/kg	砂/m^3	石子/m^3	外加剂/kg	水/kg	

表 2.17-22　　工程单价表

定额编号：____________工程　　　　　　定额单位：

施工方法

编号	名称及规格	单位	数量	单价/元	合计/元

第三节　资金来源

农村供水工程建设是农村公共服务体系建设中的重要内容之一，到2020年，要全面建设小康社会，中央决定用10～15年解决3.2亿农村人口的饮水不安全问题，已经取得了很大进展。按照财政职能，农村公共服务产品应该由各级财政承担，2005年以来实施的一大批饮水安全工程，国家财政投资占50%，其他50%由各省及以下财政、受益区群众投工投劳共同筹资。但事实上，全国有很多市县还不能承担如此面多量大的建设筹资任务，特别在西部地区，工程建设任务的全面完成造成了一定的困难。党的十七届三中全会明确规定，今后农村公共设施建设，对于财政有困难的市县可以不安排县级财政筹资。为此，农村供水工程建设，投资主体为国家和省级财政，有条件的市县筹资配套资金以提高建设标准。

按照国家农村饮水安全工程建设的有关规定，国家投资比例为，西部占 80%，中部占 60%，东部占 30%。国家及省级投资合计占 90%以上，群众投劳折资不超过 10%。

农村供水工程除了政府财政作为投资主体之外，还应当充分挖掘社会财力，动员企业、社会、个人积极捐助，整合资金，加快建设进度。在资金筹措上，要从推行小型水利工程产权改革入手，在产权流动、结构多元的基础上拓宽筹资、融资渠道，积极发展股份合作、联合办水；大户带头、民营办水；租赁承包，以水养水；贷款融资，举债办水等融资方式，使供水工程在产权明晰，责权利一致的前提下筹措资金，加大投入。

第十八章

经济分析与评价

第一节　经济评价概述

建设项目经济评价是项目可行性研究及初步设计的重要组成部分，它是项目决策前采用现代分析方法，对项目计算期（包括建设期和生产期）内投入和产出诸多经济因素进行调查、预测、研究、计算和论证，比选推荐最佳方案，作为项目科学决策的重要依据。

建设项目经济评价按时间可划分为事前评价、事中评价和事后评价，按照方法分为定量分析法和定性分析法。

建设项目经济评价分为两个层次，即财务评价和国民经济评价。

一、财务评价

财务评价也称财务分析，是在现行财税制度和价格条件下，从企业财务角度分析、预测项目直接发生的收入和成本，考察项目的盈利能力、清偿能力和外汇平衡状况，以判别项目的财务可行性。

二、国民经济评价

国民经济评价也称经济分析，是按照资源合理配置的原则，从国家、社会的角度考察项目的效益和费用，用货物的影子价格、影子汇率、影子工资和社会折现率等经济参数分析计算项目对国民经济的净贡献，评价项目的经济合理性。

1. 评价结论的判别运用

(1) 财务评价和国民经济评价结论都可行，项目应予以肯定。

(2) 财务评价和国民经济评价结论都不可行，项目应予以否定。

(3) 财务评价表明项目可行，而国民经济评价结论不可行，项目一般应予否定。

(4) 财务评价表明项目不可行，而国民经济评价表明是个好项目，项目一般应予以推荐。但是项目没有生存能力，因此必要时采取某些补贴措施，使其具有财务生存能力。

2. 国民经济评价的基本原则

（1）必须符合国家经济发展的产业政策，投资方针、政策以及有关法规。

（2）必须在国民经济与社会的中长期计划，行业规划，地区规划指导下进行。

（3）必须注意宏观经济分析与微观经济分析相结合，采用最佳建设方案。

（4）经济评价应遵守费用和效益的计算具有可比基础的原则。

（5）项目经济评价应该使用国家规定的参数。

（6）项目经济评价必须具备应有的基础条件，保证基础资料来源的可靠性和设计的同期性。

（7）必须保证项目经济评价的客观性、科学性和公正性。

3. 农村供水工程项目经济评价的作用

作为建设项目，农村供水工程项目进行经济评价是项目管理本身的需要，是分析项目经济合理性和财务可行性的需要。可以通过经济评价合理确定售水价格，选择最佳设计和投资方案，预测水厂及工程运行财务状况。

农民人均水费负担按国家规定不得超过其当年收入的5%，在农民负担承受能力许可的条件下，合理确定运营水价。通过降低工程投资费用和运行成本，以减轻农民负担，提高供水工程的经济效益。

4. 农村供水项目的评价要求

各种投资主体、投资来源、筹资方式兴办的农村供水建设项目，原则上按照建设项目经济评价方法与参数进行财务评价和国民经济评价。对于费用计算比较简单，规模较小，建设期和生产期比较短的农村供水工程来说，如果财务评价结果能够满足最终决策的需要时，可不进行国民经济评价。项目评价内容见表2.18-1。

表2.18-1　建设项目国民经济评价内容选择参考表

项目类型 \ 分析内容		财务分析			经济费用效益分析	费用效果分析	不确定性分析	风险分析	区域经济影响分析
		生存能力分析	偿债能力分析	盈利能力分析					
政府直接投资	经营	☆	☆	☆	☆	△	☆	△	△
	非经营	☆	△		☆	☆	△	△	△

注　表中☆代表要做，△代表根据项目特点，要求时做。农村供水工程一般按照非经营性投资项目评价。

5. 农村供水项目经济评价的基本依据

（1）《水利建设项目经济评价规范》（SL 72）。

（2）《建设项目经济评价方法与参数》（第三版，2006年）。

第二节　财　务　评　价

一、基础数据与内容

（一）基础数据

（1）项目投入状况，包括项目投资构成、建设期限和工程进度计划、资金来源和使用计划。

(2) 与供水运行成本相关内容，包括年耗电量及其电价，水处理药剂与消毒剂、年用量及其价格，水厂定员及其年收入，水厂管理费用等。

(3) 工程基本情况，包括供水规模、供水人口、水处理及供水方式等。

(4) 农民负担能力，人均纯收入与年用水量，年水费支出。

(5) 行业财务基准收益率，农村供水项目税前取4%，税后按6%计取。根据水利部《水利工程供水价格管理办法》规定，农村供水工程供水可视为农业用水，不计利润和税金。评价时一般按税前4%取。

(二) 财务评价基本内容

(1) 项目计算期，包括建设期和生产期，一般按20年计算。

(2) 财务分析，通过基本财务报表计算各项评价指标。主要包括单位投资、年平均总成本、年平均经营成本、单位运营成本、等额年总成本、投资利润率、财务内部收益率、财务净现值、投资回收期等。

(3) 不确定性分析，主要包括盈亏平衡分析和敏感性分析。

农村供水项目财务分析重点是水费成本分析，确定合理水价。

二、投资估算和项目组成

建设项目总投资为固定资产投资及固定资产投资方向调节税、建设期贷款利息和流动资金之和。农村供水工程项目投资主要由国家、各级地方财政和群众共同筹资，一般无贷款，无建设期贷款利息，不征收固定资产投资方向调节税。因此，农村供水建设项目总投资由固定资产投资和流动资金两部分组成。

固定资产投资由工程费、其他费用、预备费组成。

流动资金也称运营资金，是供水企业生产经营过程中周转使用的资金，估算办法：

流动资金额=年经营成本×经营成本资金率(取1/6～1/12)

三、制水成本和费用

1. 制水总成本费用

在财务分析中，需要划分不同种类的产品成本费用，主要有制水总成本、经营成本、可变成本与固定成本。水价成本计算见表2.18-2。

制水总成本费用是指项目在一定时期内（通常为一年）为生产和销售产品而花费的全部成本和费用。

经营成本是指总成本减去折旧类费用和借款利息后的全部费用。

固定成本是指不随生产能力变化的费用。

可变成本是指随生产产量变化的费用。

注意：有贷款的项目，建设期的利息计入固定资产，运行期的利息进入项目总成本费用。

(1) 电费：

$$耗电量=\gamma QH\times 365/1.02\times 3.6\times K_{日}\eta \quad (2.18-1)$$

电费＝耗电量×电费单价

式中 Q——最高日供水量，m^3/d；

γ——水的容重，t/m^3；

H——工作全扬程（包括供水泵房和加压泵房的全部扬程），m；

η——水泵效率，一般为70%～80%；

$K_日$——日变化系数。

（2）药剂费。水处理工程中各种药剂如混凝剂、消毒剂等用量乘以单价。

（3）工资福利费。工资福利费＝水厂定员×每人年平均工资福利费。

（4）折旧费。根据1993年财政部《国营建设单位会计制度》的补充规定，取消了核销和转出投资科目，从而不再计算固定资产形成率。另外，农村供水项目的无形资产一般很小，不需要单独计算摊销费。所以项目投资基本上都形成了固定资产原值。折旧费率也常用综合费率计算，根据多项工程实际统计，费率为3.5%～4.5%，土建工程量大的项目取低值，设备、管道投资比例大的项目取高值。

（5）大修理费。一般按照固定资产原值取1.0%。

（6）水资源费。根据各省市区《水资源费征收和使用办法》规定执行。

（7）日常维护费。按照固定资产原值取0.5%。

（8）管理费，指供水单位为管理和组织经营活动发生的各项费用。《农村供水设计手册》规定为电费、药剂费、工资福利费三项之和的3%～9%计算。

无形及递延资产的摊销，即从投产之年起，按年摊销率为8%。即无形资产和递延资产值乘以年摊销率。

表2.18-2　　水价成本计算表

序号	费用名称	计 算 方 法
1	水资源费	年取水量×水资源费，元/m^3
2	药剂费	药剂用量×单价
3	电费	用电量×电费单价
4	工资福利费	水厂定员×12×人均每月工资
5	折旧费	固定资产原值×综合折旧率（取3.5%～4.5%）
6	大修理费	固定资产原值×费率（取1.0%）
7	无形及递延资产摊销	资产值×年摊销率，也可按5～10年摊销
8	日常维护费	固定资产原值×百分比（取0.5%）
9	管理及其他费	（1+2+3+4+8）×费率（取3～9%）
10	年总成本	1+2+3+4+5+6+7+8+9
11	年经营成本	1+2+3+4+8+9
12	固定成本	4+5+6+7+8
13	可变成本	1+2+3+9

2. 单位成本计算

单位制水总成本＝年总成本/年供水量

单位制水经营成本＝年经营成本/年供水量

年供水量为年工程平均供水能力，用供水规模除以日变化系数。按下列方法计算：

$$年供水量＝工程设计日供水规模×365/K_日$$

式中 $K_日$——设计日变化系数，一般为1.3～1.5。

单位制水总成本费用反映的是全部成本费用，单位制水经营成本反映维持水厂简单再生产所需要的费用。

3. 水价预测

目前，农村供水工程水价受当地经济发展水平的制约，还不能完全按照成本水价取值，一方面受水源、水质和工程规模的影响，成本较高，另一方面农村居民对水费的承受能力有限。因此，理论水价和实际水价存在差异，在财务评价中，理论水价是建议水价。

以国家投资为主的农村供水工程供水价格应实行政府定价。

固定资产是按现行国家财务制度规定的水利工作管理单位的房屋、建筑物及设备工具等，凡单位价值在200元以上，使用年限一年以上同时具备这两个条件的都包括在内。

在核定水费标准时，计算折旧所依据的水利工程供水部分固定资产原值，农村水费不包括农民投劳折资部分，工业水费应包括农民投劳折资部分。

固定资产折旧按供水工程固定资产原值乘表2.18-3所列的折旧率计算；大修理费按供水工程固定资产原值乘表2.18-3所列的大修理费率计算。

表2.18-3　　供水工程固定资产基本折旧率和大修理费率表

固定资产分类	折旧年限/年	净残值占原值/%	每年基本折旧率/%	每年平均大修理费率/%
一、堤、坝、闸建筑物				
1. 混凝土、钢筋混凝土的堤、坝、闸	50	0	2.00	0.50
2. 土、土石混合等当地材料堤坝	50	0	2.00	0.75
3. 中小型涵洞	40	0	2.50	1.50
二、溢洪设施				
1. 中小型混凝土、钢筋混凝土溢洪道	40	0	2.50	0.75
2. 混凝土、钢水混凝土溢洪道	30	0	3.33	1.00
3. 浆砌块石溢洪设施	20	0	5.00	2.00
三、泄洪、放水管洞建筑物				
1. 混凝土、钢筋混凝土管、洞	40	0	2.50	1.50
2. 无衬砌管、洞	40	0	2.50	2.00
3. 浆砌石管、洞	30	0	3.33	2.00
4. 砖砌管、洞	20	0	5.00	2.00
四、引水渠道、管网				
1. 一般砌护引水渠道	40	0	2.50	1.50
2. 混凝土等护砌防渗渠道	30	0	3.33	2.00
3. 跌水、渡槽、倒虹吸、节制闸、分水闸等建筑物	30	0	3.33	2.00

续表

固定资产分类	折旧年限/年	净残值占原值/%	每年基本折旧率/%	每年平均大修理费率/%
4. 陶管、混凝土、石棉水泥管网	40	0	2.50	1.00
5. 钢管、铸铁管网	30	0	3.33	1.00
6. 塑料管	20	0	5.00	1.00
五、水井				
1. 深井	20	3	4.85	1.00
2. 浅井	15	3	6.47	1.00
六、房屋建筑				
1. 钢筋混凝土、砖石混合结构	40	4	2.40	1.00
2. 永久性砖木结构	30	4	3.20	1.50
3. 简易砖木结构	15	5	6.33	2.00
七、金属结构				
1. 压力钢管	50	5	1.90	0.80
2. 闸阀、启闭设备	20	5	4.75	1.50
八、机电设备				
1. 小型电力排灌设备	20	5	4.75	2.00
2. 小型机排、机灌设备	10	5	9.50	4.00
3. 小型水泵	10	3	9.70	6.00
九、输配电设备				
1. 变电设备	25	5	3.80	1.50
2. 配电设备	20	4	4.80	0.50

4. 理论水价的计算方法

理论水价采用等额年成本法计算，计算公式如下：

$$d=C_t/W \tag{2.18-2}$$

式中　d——理论水价，元/m³；

C_t——等额年总成本，万元；

W——年供水总量，万 m³。

等额年总成本

$$C_t=C_c+C_o+C_r$$

$$C_c=C_p i(1+i)^n/[(1+i)^n-1] \tag{2.18-3}$$

$$C_o=O_p i(1+i)^n/[(1+i)^n-1] \tag{2.18-4}$$

$$C_r=R_p i(1+i)^n/[(1+i)^n-1] \tag{2.18-5}$$

式中　C_c——等额年投资成本，元；

C_o——等额年经营成本，元；

C_r——等额年贷款利息，元；

C_p——工程投资现值之和；

O_p——服务年限内经营费用现值和；

R_p——服务年限内贷款利息现值和；

n——项目服务年限；

i——收益率，%。农村饮水项目按5%计算。

《中国农村供水设计手册》推荐，在没有确定水价的情况下，可以用理论水价为基础，提出建议水价。制水成本<建议水价<1.5×制水成本，且按照建议水价计算的人均水费负担不超过人均年纯收入的5%。

5. 利润预测

对于农村供水项目，确定了制水总成本、年售水量和水价之后，就可以预测项目某阶段的盈利状况，计算方法见表2.18-4。

表2.18-4　　利润估算表

序号	项目名称	项目代号	计算方法
1	生产负荷	A1	达到设计生产能力的程度
2	售水收入	A2	年售水量×水价×A1
3	总成本	A3	由成本表（表2.18-2）相应年转入
4	营业税	A4	A2×营业税税率，需要计算时一般为3.24%～3.27%
5	利润总额	A5	A2－A3—A4

$$生产负荷=实际供水能力/设计供水能力$$

农村供水工程中大部分供水成本偏高，在水价制定上不考虑利润和税金，进行财务效益费用计算时所产生的费用结余实际上是固定资产的提留值；对于工程水价包含利润和税金，表2.18-4所计算出的利润总额才有实际意义，表2.18-6中的投资利润率才是真实的。

四、财务分析与评价方法

1. 财务评价指标

财务评价指标分为静态指标和动态指标。静态指标包括投资利润率、投资利税率、投资回收期；动态指标包括财务内部收益率和财务净现值。可通过基本报表计算。财务评价指标与基本报表的对应关系见表2.18-5。

2. 计算方法

（1）财务内部收益率（FIRR），是反映项目盈利能力的动态指标，是项目在整个计算期内各年净现金流量累计等于零的折现率。其表达式为

$$\sum_{t=1}^{n}(CI-CO)_t(1+\mathrm{FIRR})^{-t}=0 \tag{2.18-6}$$

计算时一般采用试算方法，分别选定两个折现率α_1、α_2，计算出累计净现金流量β_1、β_2。当一个大于零，一个小于零时，采用内差方法计算净现金流量β累计等于零的折现率。内差公式为

表 2.18-5　　财务评价指标与基本报表的对应关系

评价内容	基本报表	静态指标	动态指标
盈利能力分析	项目投资现金流量表	全部投资回收期	财务内部收益率，财务净现值、全部投资回收期
	利润与利润分配表	投资利润率，投资利税率，资本金利用率	
制水成本	成本表		

$$FIRR=\alpha_1+(\alpha_2-\alpha_1)(\beta-\beta_1)/(\beta_2-\beta_1) \quad (2.18-7)$$

(2) 静态投资回收期 P_t 是考察项目在财务上投资回收能力的主要静态指标。投资回收期一般从建设开始年算起。其表达式为

$$\sum_{t=1}^{P_t}(CI-CO)_t=0 \quad (2.18-8)$$

静态投资回收期可根据财务现金流量表中累计净现金流量计算求得

投资回收期(P_t)=[累计净现金流量出现正值年份数]-1

+[上年累计净现金流量的绝对值/当年净现金流量]

(3) 财务净现值（FNPV），系指按设定的行业基准收益率 i_c 计算的项目计算期内净现金流量的现值之和，其表达式为

$$FNPV=\sum_{t=1}^{n}(CI-CO)_t(1+i_c)^{-t} \quad (2.18-9)$$

(4) 投资利润率，是指项目达到设计生产能力后的一个正常年份的利润总额与项目总投资的比率，其表达式为

投资利润率=年平均利润总额或年平均利润总额/项目总投资×100%　　(2.18-10)

(5) 投资利税率，是指项目达到设计生产能力后的一个正常年份的利税总额或生产期内的年平均利税总额与项目总投资的比率，其表达式为

投资利税率=年平均利税总额/总项目投资×100%　　(2.18-11)

在不计税的情况下，投资利润率和投资利税率一致。财务分析主要指标见表 2.18-6。

表 2.18-6　　财务分析主要指标汇总表

序号	项目名称	计算方法	计算结果
1	吨水工程投资	总投资/供水规模	
2	等额年总成本	$C_t=C_c[i(1+i)n]/[(1+i)n-1]+C_o$ C_c—工程投资现值之和 i—财务基准收益率 4.0% n—设计使用年限　20 年 C_o—等额年经营成本	

续表

序 号	项目名称	计 算 方 法	计算结果
3	人均投资	总投资/设计用水人口	
4	理论水价	等额年总成本/年供水总量	
5	制水成本	年总成本/年供水总量	
6	运营水价	年经营成本/年供水总量	
7	人均水费负担	人均年用水费用/人均年收入	
8	财务内部收益率	按公式(2.18-6)计算	
9	财务净现值(FNPV)	按公式(2.18-9)计算	
10	静态投资回收期	按公式(2.18-8)计算	
11	投资利润率	按公式(2.18-10)计算	

五、财务评价结论

同一个供水项目可能有两个或多个技术方案,从财务角度比较方案的优先次序,可根据不同方案的理论水价或等额年总成本高低来排序,理论水价或等额年总成本低的方案为优选方案。

农村供水项目为社会公益性项目,不以盈利为目的,从财务角度分析,只要有财务生存能力即可以认为是可行的。

六、不确定性分析

1. 内容和作用

由于经济评价所采用的参数指标有一部分属于预测和估计,有一定的不确定性,需要进行分析,估计项目可能承担的风险。内容包括敏感性分析、盈亏平衡分析和概率分析。盈亏平衡分析只适用于财务评价,敏感性分析和概率分析既适用于财务评价又适用于国民经济评价,一般情况只进行财务敏感性分析和盈亏平衡分析。

2. 盈亏平衡分析

盈亏平衡分析是在一定的市场、生产能力条件下,研究拟建项目成本与收益的平衡关系的方法。项目盈利与亏损的转折点,称为盈亏平衡点(BEP),这一点的销售收入等于生产成本。盈亏平衡点越低,项目盈利可能性就越大。

农村供水项目收入与供水量呈线性关系,以供水能力利用率表示盈亏平衡点。

盈亏平衡点 BEP=年总固定成本/(水费收入-销售税-可变成本)×100% (2.18-12)

3. 敏感性分析

敏感性分析是通过分析预测项目的主要因素变化时对经济评价指标的影响,从中找出敏感因素。农村供水项目普遍用工程投资和水价作为分析的因子。常采用因子±10%或±20%来分析财务评价指标,找出变幅最大和最小的指标因子。分析的财务指标主要是财务内部收益率、投资回收期、财务净现值、投资利润率等,见表2.18-7。在经济效益相似的情况下，选择敏感性小的方案。

表 2.18-7　　敏感性分析表

指标	基本方案	工程投资		水费收入	
		+10%	-10%	+10%	-10%
财务内部收益率/%					
财务净现值/万元					
投资回收期/年					
投资利润率/%					

第三节　国民经济评价

一、国民经济评价方法与步骤

国民经济评价可在财务评价基础上进行，也可以直接进行。

1. 在财务评价基础上进行评价的方法与步骤

(1) 效益和费用范围调整：

1) 剔除已经计入财务效益和费用的转移支付。

2) 增加财务评价中未反映间接效益和费用，不能作定量分析时应作定性分析。

3) 农村供水项目效益主要有：节省运水劳力、畜力、机械和相应燃料、材料等费用；改善水质，减少疾病可节省的医疗、保健费用；增加畜产品可获得的效益。

(2) 效益和费用数值调整。投资调整，包括调整固定资产和流动资金。调整固定资产投资，剔除属于国民经济内部转移支付的税收，并用影子价格计算设备价值和运输费用和调整三材（钢材、木材、水泥）费用或可直接采用换算系数进行调整，剔除涨价预备费；流动资金由于固定资产原值变化引起经营成本变化。必须注意的是贷款利息在计算固定资产时不应计入。

2. 直接评价的方法与步骤

(1) 识别和计算项目的直接效益，对于农村供水项目，计算水费收入。

(2) 用影子价格调整工程投资。

(3) 计算经营成本，并计算流动资金。

(4) 识别间接效益和费用，根据 SL 72—94 规范，农村供水提供了合格的饮用水，其间接效益主要有：节省运水的人财物；改善水质条件而减少的医疗费用；增加的畜产品获得的效益。

3. 项目效益费用分析法

为了简化计算，农村供水项目可直接进行效益（B）费用（C）分析，得到经济效果指标：年净效益；总净效益；效益费用比；经济内部收益率；经济净现值。

二、国民经济评价指标

国民经济评价是通过经济内部收益率（EIRR）、经济净现值（ENPV）、效益费用比

(EBCR) 作为评价指标。按照《建设项目经济评价方法与参数》第三版（中国计划出版社，2006 年）规定，社会折现率 $i_s=8\%$，最低不低于 6%。国民经济效益费用流量见表 2.18-8。

表 2.18-8　　国民经济效益费用流量表

序号	项　目	建设期	运　行　期					合计
		1	2	3	4	5～18	19	
1	增量效益流量 B							
1.1	项目各项功能的增量效益							
1.1.1	节约劳力、畜力效益							
1.1.2	节约医疗费用							
1.2	回收固定资产余值							
1.3	回收流动资金							
2	增量费用流量 C							
2.1	固定资产投资							
2.2	流动资金							
2.3	年运行费							
2.4	项目间接费用							
3	增量净效益流量 $(B-C)$							
4	累计增量净效益流量							
折现系数 $(i_s=8\%)=ai$								
增量效益现值 $B*ai$								
增量费用现值 $C*ai$								
评价指标　当 $i_s=8\%$ 时								
一、内部回收率 EIRR (%)								
二、净现值 ENPV=增量效益现值 B－增量费用现值 C（万元）								
三、效益费用比 EBCR=增量效益现值 B/增量费用现值 C								

1. 经济内部收益率 (EIRR)

经济内部收益率是使项目在计算期内各年经济净效益现值累计等于零的社会折现率。计算表达式为

$$\sum_{t=1}^{N}(B-C)_t(1+\text{EIRR})^{-t}=0 \qquad (2.18-13)$$

式中　B——效益流入量；

C——费用流出量；

$(B-C)_t$——第 t 年的净效益流量；

N——为计算期。

EIRR 通过试算内插的办法求得。评价结果 $\text{EIRR}\geqslant i_s$ 时则项目可行，否则不可行。

2. 经济净现值（ENPV）

经济净现值（ENPV）是用社会折现率将项目计算期内各年的净效益流量折算到项目建设初期的现值之和。计算表达式为

$$ENPV=\sum_{t=1}^{n}(B-C)_t(1+i_s)^{-t} \tag{2.18-14}$$

式中 i_s——社会折现率。

评价结果 ENPV≥0 时，项目可行，否则不可行。

3. 经济效益费用比（EBCR）

经济效益费用比（EBCR）是以项目的效益与费用的现值之和比率。计算表达式为

$$EBCR=\sum_{t=1}^{n}B_t(1+i_s)^{-t}/\sum_{t=1}^{n}C_t(1+i_s)^{-t} \tag{2.18-15}$$

评价结果 EBCR≥1.0 表示项目可行。

三、经济评价计算时应注意的问题

(1) 国民经济评价通常采用国民经济效益费用流量表进行计算，比较简单明了。

(2) 国民经济评价费用计算时采用和财务评价相同的费率及标准，基准年选择项目建设初期。

(3) 项目分为建设期、投产期、达产期三阶段，根据各项目的实际情况确定，投产期按照项目建设进度和效益发挥比例定，建设期和生产期总年限为 20 年。

(4) 农村供水项目一般建设期比较短，国民经济评价时可不按照影子价格调整投资；资金由国家、地方财政和群众共同投资，投资不包括贷款利息。

(5) 对规模较小，措施单一的项目可不进行国民经济定量分析评价，只作定性分析（主要是社会间接效益无法准确定量取值，如节约医疗费用是一个复杂的因素，也没有确定的值），但要进行农民水费负担能力分析，主要考察水费征收标准是否适宜，负担不能超过 5%。通过分析评价项目运行状况，提出需要解决的问题，如补贴等。

(6) 按照一般的考核要求，水费负担确定 3%左右，进行财务评价时应同时计算单位制水成本和理论水价，分析确定工程财务评价时所用的建议水价，依此评价管理单位财务能力。如果确定的水价即不能满足财务要求，又超过农民负担能力，应考虑降低执行水价标准，缺口费用从其他渠道解决。

(7) 运营成本计算方法不统一，有的规定包括总成本费用减去固定资产折旧类费用和无形递延资产折算值，有的规定还包括大修理费用。对于农村供水工程，其特点和属性决定了工程的特殊性，虽不以盈利为目的，但维持正常运行有困难。所以，在计算运营成本时包括大修理费用对于水价成本高的项目有很大的意义。

(8) 经济评价指标的选取：国民经济评价时社会折现率取 6%～8%，财务评价时基准收益率取 4%，静态投资回收年限参考依据为 10～15 年，项目完成后投产期按 2～3 年计。建设期内的一定年份有效益的可计算效益和费用，总评价年限为 20 年。一般项目不计税，不计水资源费。

(9) 财务评价时群众投劳折资可不计入固定资产，不计运行费用。

第四节　工　程　实　例

一、经济分析与评价

(一) 项目概况

某地规划建设农村供水工程1处，供水人口包括3乡15村73个社及区内企事业单位共20503人。

项目规划新建取水构筑物1座，泵站6座，旧泵站改造2座；建净水厂1座，铺设输水管1条23.25km，配水干管1条7.25km，分干管2条39.03km，配水支管、分支管总长度150.67km，改造、新架设10kV高压输电线31.7km。

(二) 项目经济评价依据

(1)《水利建设项目经济评价规范》(SL 72—94)。

(2)《建设项目经济评价方法与参数》(第三版)，项目国民经济评价社会折现率采用8%，财务基准收益率取5%。

(3) 其他有关建设项目文件。

(三) 财务评价基础数据

(1) 供水规模：1050m^3/d。

(2) 项目财务评价计算期按21年计，其中建设期为1年。

(3) 项目投资：建设投资1632.62万元，其中群众投工投劳折资338.50万元，无形及递延资产107.81万元。在本次财务评价中扣除群众投工投劳折资，项目固定资产投资为1186.31万元，流动资金4.69万元。

(4) 实施进度：本项目实施年限确定为1年，从2006年7月开工至2007年5月底全部竣工，2007年投入运行，第一年投产时生产负荷达到设计生产能力的50%，第二年达到75%，第三年及以后达到100%。

(5) 资金来源及使用计划：工程建设投资1632.62万元，其中利用国债及省级资金1300万元，占建设投资的79.62%，地方自筹资金332.62万元，占建设投资的20.38%。流动资金4.69万元，为地方自筹。

(6) 制水成本：

1) 折旧费：工程形成固定资产原值1186.31万元，综合折旧率为3.6%，年折旧费为42.71万元，折旧费计算见表2.18-11。

2) 大修理费：按固定资产原值的1.0%计算，年维修费11.86万元。

3) 日常检修维护费：按固定资产原值的0.5%计算，年维护费5.93万元。

4) 无形及递延资产摊销：分10年摊销，年摊销费为：107.81/10=10.78万元。

5) 工资福利费：定员24人，人均年工资福利按6000元计，共14.4万元/年。

6) 电费：年用电量为12.30万kW·h，电价为0.55元/(kW·h)，年电费为6.76万元。

7) 药剂费：经计算年药剂费为0.22万元。

8）管理费及其他费：在计算期内年平均为1.11万元。

9）水资源费：水资源费暂不计。

10）单位成本计算：总成本估算见表2.18-13。

（7）财务分析主要指标。全部投产后，20年计算期内，年供水量29.48万m^3，则：年均总成本88.12万元，年平均经营成本28.16万元，见表2.18-13。

单位制水总成本2.99元/m^3，单位运营水价0.95元/m^3，理论水价4.20元/m^3，见表2.18-9。

表2.18-9 财务分析主要指标

序号	项目名称	计算方法	结果
1	吨水工程投资	总投资÷供水规模	15548.76元/m^3
2	等额年总成本	$C_t=P[i\times(1+i)^n]/[(1+i)^n-1]+C_o$ i 内部收益率4.00%. n 设计计算年限20年 C_o 经营成本28.16万元/年	123.76万元/年
3	人均投资	总投资÷设计用水人口	719.3元/人
4	制水成本	年总成本/年供水量	2.99元/m^3
5	运营水价	年经营成本/年供水量	0.95元/m^3
6	理论水价	等额年成本/年供水量	4.20元/m^3
7	人均水费负担	人均年用水费用/人均年收入	5.21%
8	财务内部收益率		5.36%
9	财务净现值		134.33万元
10	投资回收期		14.41年（含1年建设期）

（四）财务分析

1. 利润预测

本项目为社会事业项目，主要收入为水费。由于项目所在地区经济比较落后，居民收入较低，水费收入用来维持运营，经计算理论水价为4.20元/m^3，对于全部投资保持较低的收益率。项目建成后，年售水量29.48万t，年均收水费121.81万元，在计算期内，平均投资利润率为1.9%。利润计算见表2.18-12。

2. 财务内部收益率

全部投资通过现金流量表2.18-14分析得：

财务内部收益率FIRR=5.36%

净现值NPV(I=4%)=134.33（万元）

投资回收期：14.41年（含建设期1年）

3. 财务平衡分析

在计算期内，水费按4.20元/m^3计，在计算期内共收水费2383.16万元，经营成本

563.17万元，提留折旧854.2万元，盈余资金620.79万元。详见表2.18-15、表2.18-16。

4. 盈亏平衡分析

年固定总成本按计算期内平均总成本计算，盈亏平衡点计算如下：

年固定总成本/(年水费收入－年可变总成本)

=80.29/(123.82－7.83)×100%=69.22%

说明年供水量达到设计能力的69.22%，水厂就能维持运行，年供水能力提高到70%以上，就会有结余。

5. 敏感性分析

为检验项目的抗风险能力，需要对影响经财务评价指标的主要因素（投资及收益等）的可能变化幅度进行分析研究，并鉴定其对主要评价指标的影响程度。当投资单项浮动增减10%或年水费收益单项浮动增减10%时，对本项目财务评价指标的影响程度进行敏感性分析，其分析计算结果见表2.18-10。

表2.18-10　财务经济评价敏感性分析表

序号	指标项目	财务内部收益率/%	财务净现值/万元	投资回收期/年
1	基本方案	5.36	134.33	14.41
2	投资增加10%	4.26	24.23	15.74
3	投资减少10%	6.47	274.3	13.1
4	年收益增加10%	6.61	294.53	12.9
5	年收益减少10%	3.48	－19.31	16.3

从敏感性分析计算结果看，本工程具有一定的抗风险能力，各种不确定因素在一定范围内变化时，财务评价各项指标变化不大，项目在经济上是合理可行的。但收入多少对项目运行影响较大，同时，水厂生产能力盈亏平衡点高达69.2%，维持安全运行和足量供水是项目管理的难点。建议管理单位加强工程维护，不断开发用水户，扩大供水量。

6. 居民负担能力分析

本项目建成以后，年售水量29.48万m^3，服务人口20503人，年人均用水量14.38t。根据有关统计资料，项目区人均年收入为1160元，则居民负担能力为：4.20×14.38/1160×100%=5.21%。

居民负担能力为5.21%，超过规定5%，建议水价应予调整。

按照高于制水成本核定水价原则，建议水价确定为3.00元/t，负担能力达到3.72%，可满足要求。

二、国民经济评价

1. 费用计算

(1) 固定资产投资。项目建设投资1632.62万元，固定资产投资1524.81万元。

(2) 年运行费。本项目年运行费包括动力费、药剂费、工资福利费、大修理费、日常检修维护费、管理费及其他费用等。经计算年运行费为 40.02 万元。

(3) 流动资金。流动资金取年经营成本的 1/6 为 6.67 万元。

(4) 经济效益计算。本工程实施后可解决或改善当地人畜饮水问题，到设计水平年可提供供水量 29.48 万 m^3。其效益按每年可节省运水费用、畜力、机械和相应燃料、材料等费用，改善水质，减少疾病，节约医疗、保健费用等项目估算。年效益共计 256.34 万元。其中：

1) 节约劳力、畜力效益。根据调查估算，每立方米水的运水费用为 8 元，年节约劳力、畜力效益为 235.84 万元。

2) 改善水质，减少疾病，节约医疗、保健费用效益：当地群众因缺水、卫生条件差及饮用水质问题人均每年支出的医疗费用为 10 元。供水人口 20503 人，每年节约医疗费 20.50 万元。

2. 国民经济评价指标计算

依据国民经济评价规范有关规定，通过计算运行费用和效益，分析国民经济评价主要指标，见表 2.18-16 计算结果，项目经济效益费用比 1.27，大于 1；经济内部收益率 11.71%，大于社会折现率 8%；经济净现值为 474.35 万元，大于 0；静态投资回收年限 8.97 年（含建设期 1 年），小于 10 年。各项指标均满足规范要求，本项目国民经济评价合理。

三、经济评价结论

(1) 财务评价指标与水费密切相关，对于本项目，按建议水价 4.29 元/m^3 计算，其全部投资财务基准收益率为 5.36%，大于 4%，财务净现值为 134.33 万元，大于 0，投资回收期为 14.41 年，小于设计年限 15 年，各项指标满足财务评价的要求，项目是可行的。农民的年水费负担能力达到 5.21%，超过了国家规定标准，应采取措施调整。本地区经济不发达，水价不能确定太高，维持水厂运行是基本目标。

(2) 项目区人均年纯收入 1160 元，刚刚解决温饱，水费支出负担较重，但要维持工程正常运行必须满足财务要求。本项目经营水价为 0.95 元/m^3，制水成本为 2.99 元/m^3，理论水价为 4.20 元/m^3，建议执行水价定为 3.0 元/m^3，农民水费负担为 3.72%。由此产生的 1.20 元/m^3 缺口费用建议由财政负担，年总计 35.4 万元。

(3) 从国民经济角度看，本项目实施，将解决本地区 20503 人的饮水安全问题，对减少疾病、推动社会发展具有良好的社会经济效益。通过计算运行费用和效益，项目经济效益费用比为 1.27，大于 1；经济内部收益率 11.71%，大于社会折现率 8%；经济净现值为 474.35 万元，大于 0；静态投资回收年限 8.97 年（含建设期 1 年），小于 10 年。各项指标均满足规范要求，本项目国民经济评价合理。

(4) 通过敏感性分析，工程收入是影响项目评价指标的主要因素。因此，本项目的运行管理重点是提高供水量和水费收缴，尤其在运行初期，设施不能满负荷运行阶段。要通过扩大用户，足额收费，加强管理，降低运行成本等方式提高效益。

表 2.18 - 11　　固定资产折旧计算表　　单位：万元

项　目	折旧率	投产期														
		2008	2009	2010	2011	2012	2013	2014	2015	2016	2017	2018	2019	2020～2025	2026	2027
1. 固定资产折旧	3.60%															
1.1 原值	1186.31															
1.2 折旧值		42.71	42.71	42.71	42.71	42.71	42.71	42.71	42.71	42.71	42.71	42.71	42.71	256.26	42.71	42.71
1.3 净值	1186.31	1143.60	1100.9	1058.2	1015.5	972.76	930.05	887.34	844.63	801.92	759.21	716.50	673.79	3145.83	374.82	332.11

表 2.18 - 12　　利润估算表　　单位：万元

项　目	年份															总计
	2008	2009	2010	2011	2012	2013	2014	2015	2016	2017	2018	2019	2020—2025	2026	2027	
生产负荷	50%	75%	100%													
1. 总收入	61.9	92.86	123.8	123.8	123.8	123.8	123.8	123.8	123.8	123.8	123.8	123.8	742.8	123.8	123.8	2383.16
1.1 水费	61.9	92.86	123.8	123.8	123.8	123.8	123.8	123.8	123.8	123.8	123.8	123.8	742.8	123.8	123.8	2383.16
2. 总成本	90.28	92.03	93.77	93.77	93.77	93.77	93.77	93.77	93.77	93.77	82.99	82.99	497.94	82.99	82.99	1762.37
3. 利润总额	−28.38	0.83	30.03	30.03	30.03	30.03	30.03	30.03	30.03	30.03	40.81	40.81	244.86	40.81	40.81	620.79

表 2.18 - 13　　总成本估算表　　单位：万元

项　目	投产期														平均
	2008	2009	2010	2011	2012	2013	2014	2015	2016	2017	2018	2019—2025	2026	2027	
生产负荷	50%	75%	100%												
1. 电费及燃料费	3.38	5.07	6.76	6.76	6.76	6.76	6.76	6.76	6.76	6.76	6.76	47.32	6.76	6.76	6.51
2. 药剂费	0.11	0.17	0.22	0.22	0.22	0.22	0.22	0.22	0.22	0.22	0.22	1.54	0.22	0.22	0.21
3. 工资福利	14.4	14.4	14.4	14.4	14.4	14.4	14.4	14.4	14.4	14.4	14.4	100.8	14.4	14.4	14.40
4. 无形及递延资产摊销	10.78	10.78	10.78	10.78	10.78	10.78	10.78	10.78	10.78	10.78		0			5.39
5. 管理费及其他费用	1.11	1.11	1.11	1.11	1.11	1.11	1.11	1.11	1.11	1.11	1.11	7.77	1.11	1.11	1.11
6. 水资源费	0	0	0	0	0	0	0	0	0	0	0	0	0	0	0.00
7. 折旧费	42.71	42.71	42.71	42.71	42.71	42.71	42.71	42.71	42.71	42.71	42.71	298.97	42.71	42.71	42.71
8. 大维修费	11.86	11.86	11.86	11.86	11.86	11.86	11.86	11.86	11.86	11.86	11.86	83.02	11.86	11.86	11.86
9. 日常维修费	5.93	5.93	5.93	5.93	5.93	5.93	5.93	5.93	5.93	5.93	5.93	41.51	5.93	5.93	5.93
10. 总成本（1+2+…+8+9）	90.28	92.03	93.77	93.77	93.77	93.77	93.77	93.77	93.77	93.77	82.99	580.93	82.99	82.99	88.12

续表

项目	投产期													平均
	2008	2009	2010	2011	2012	2013	2014	2015	2016	2017	2018	2019—2025	2026	2027	
11. 固定成本（3+4+7+8+9）	85.68	85.68	85.68	85.68	85.68	85.68	85.68	85.68	85.68	85.68	74.9	524.3	74.9	74.9	80.29
12. 可变成本（1+2+5+6）	4.6	6.35	8.09	8.09	8.09	8.09	8.09	8.09	8.09	8.09	8.09	56.63	8.09	8.09	7.83
13. 经营成本（1+2+3+5+6+9）	24.93	26.68	28.42	28.42	28.42	28.42	28.42	28.42	28.42	28.42	28.42	198.94	28.42	28.42	28.16

表 2.18-14　　财务评价现金流量表

项目	建设期	投产期（年份）												合计
	2007	2008	2009	2010	2011—2018	2019	2020	2021	2022	2023	2024	2025	2026	2027	
1. 现金流入	0	61.9	92.86	123.8	990.4	123.8	123.8	123.8	123.8	123.8	123.8	123.8	123.8	455.91	2715.27
1.1 收水费	0	61.9	92.86	123.8	990.4	123.8	123.8	123.8	123.8	123.8	123.8	123.8	123.8	123.8	2383.16
1.2 回收固定资产余值					0									332.11	332.11
1.3 回收流动资金					0				2.69	2.69					5.38
2. 现金流出	1186.31	29.62	26.68	28.42	227.36	28.42	28.42	28.42	28.42	28.42	28.42	28.42	28.42	28.42	1754.17
2.1 建设投资	1186.31				0										1186.31
2.2 建设期利息	0	0			0										0.00
2.3 流动资金		4.69			0										4.69
2.4 经营成本		24.93	26.68	28.42	227.36	28.42	28.42	28.42	28.42	28.42	28.42	28.42	28.42	28.42	563.17
3. 净现金流量	−1186.31	32.28	66.18	95.38	763.04	95.38	95.38	95.38	95.38	95.38	95.38	95.38	95.38	427.49	961.10
4. 累计净现金流量	−1186.31	−1154.03	−1087.85	−992.47		−134.05	−38.67	56.71	152.09	247.47	342.85	438.23	533.61	961.1	
折现系数 $i_s=4\%$	0.9900	0.9245	0.889	0.8548		0.6006	0.5775	0.5553	0.5339	0.5134	0.4936	0.4746	0.4564	0.4388	
净现值	−1174.45	29.84	58.83	81.53	549.88	57.29	55.08	52.96	50.92	48.97	47.08	45.27	43.53	187.58	134.33
折现系数 $i_s=5\%$	0.9524	0.9070	0.8638	0.8227		0.5303	0.5051	0.4810	0.4581	0.4363	0.4155	0.3957	0.3769	0.3589	
净现值	−1129.84	29.28	57.17	78.47	507.15	50.58	48.18	45.88	43.69	41.61	39.63	37.74	35.95	153.43	38.92
折现系数 $i_s=6\%$	0.9434	0.8890	0.8396	0.7921		0.4688	0.4423	0.4173	0.3936	0.3714	0.3503	0.3305	0.3118	0.2942	
净现值	−1119.16	28.70	55.56	75.55	469.16	44.71	42.19	39.80	37.54	35.42	33.41	31.52	29.74	125.77	−70.08

计算指标：财务内部回收率（FIRR）=5.36%

财务净现值（FNPV，$i=4\%$）=134.33 万元

投资回收期=14.41 年（含 1 年建设期）

表 2.18－15　　资金来源与运用

项　目	建设期	投　产　期												合计
	2007	2008	2009	2010	2011	2012	2013	2014	2015	2016	2017	2018～2025	2026	2027	
1. 资金来源	1300	19.02	43.54	72.74	72.74	72.74	72.74	72.74	72.74	72.74	72.74	668.16	83.52	420.32	3116.48
1.1 利润总额		−28.38	0.83	30.03	30.03	30.03	30.03	30.03	30.03	30.03	30.03	326.48	40.81	40.81	620.79
1.2 折旧费		42.71	42.71	42.71	42.71	42.71	42.71	42.71	42.71	42.71	42.71	341.68	42.71	42.71	854.2
1.3 国家投资	1300											0			1300
1.4 流动资金借款												0			0
1.5 自有资金		4.69										0			4.69
1.5.1 固定资产投资												0			0
1.5.2 用于流动资金		4.69										0			4.69
1.6 回收固定资金余值												0		332.11	332.11
1.7 回收流动资金												0		4.69	4.69
2. 资金运用	1300	19.02	43.54	72.74	72.74	72.74	72.74	72.74	72.74	72.74	72.74	668.16	83.52	420.32	2779.68
2.1 建设投资	1300											0			1300
2.2 流动资金		4.69										0			4.69
2.3 长期借款本金偿还												0			0
2.4 留用折旧		42.71	42.71	42.71	42.71	42.71	42.71	42.71	42.71	42.71	42.71	341.68	42.71	379.51	854.2
2.5 盈余资金		−28.38	0.83	30.03	30.03	30.03	30.03	30.03	30.03	30.03	30.03	326.48	40.81	40.81	620.79
2.6 累计盈余资金		−28.38	−27.55	2.48	32.51	62.54	92.57	122.6	152.63	182.66	212.69	253.5	579.98	620.79	

表 2.18-16　　国民经济评价现金流量表

	年　份	2007	2008	2009	2010	2011	2012	2013	2014	2015	2016	2017—2025	2026	2027	合计
1	年费用 C	1524.81	46.69	40.02	40.02	40.02	40.02	40.02	40.02	40.02	40.02	360.18	40.02	40.02	2331.88
1.1	固定资产投资	1524.81	0.00	0.00	0.00	0.00	0.00	0.00	0.00	0.00	0.00	0.00	0.00	0.00	1524.81
1.2	年运行费		40.02	40.02	40.02	40.02	40.02	40.02	40.02	40.02	40.02	360.18	40.02	40.02	800.40
1.3	流动资金		6.67									0.00			6.67
1.4	项目间接费用											0.00			0.00
2	年效益 B	0.00	128.17	192.25	256.34	256.34	256.34	256.34	256.34	256.34	256.34	2307.06	256.34	690.02	5368.22
2.1	节约劳力、医疗等费用		128.17	192.25	256.34	256.34	256.34	256.34	256.34	256.34	256.34	2307.06	256.34	256.34	4934.54
2.2	收回固定资产余值											0		427.01	427.01
2.3	收回流动资金											0		6.67	6.67
3	增量净效益流量 $B-C$	−1524.81	81.48	152.23	216.32	216.32	216.32	216.32	216.32	216.32	216.32	1946.88	216.32	650.00	3036.34
4	累计增量净效益流量	−1524.81	−1443.33	−1291.10	−1074.78	−858.46	−642.14	−425.82	−209.50	6.82	223.14	11742.66	2386.34	3036.34	
	折现系数 $i_s=8\%$	0.9259	0.8573	0.7938	0.7350	0.6806	0.6302	0.5835	0.5403	0.5002	0.4632	2.8935	0.2145	0.1987	10.02
	增量费用现值 C	1411.86	40.03	31.77	29.42	27.24	25.22	23.35	21.62	20.02	18.54	115.80	8.59	7.95	1781.40
	增量效益现值 B	0.00	109.89	152.61	188.42	174.46	161.54	149.57	138.49	128.23	118.74	741.72	55.00	137.08	2255.75
	增量净效益流量 $B-C$ 现值	−1411.86	69.86	120.85	159.00	147.22	136.32	126.22	116.87	108.21	100.20	625.93	46.41	129.13	474.35
	累计增量净效益流量现值	−1411.86	−1342.01	−1221.16	−1062.16	−914.93	−778.62	−652.40	−535.52	−427.31	−327.11	504.19	345.22	474.35	
	折现系数 $i_s=10\%$	0.9091	0.8264	0.7513	0.6830	0.6209	0.5645	0.5132	0.4665	0.4241	0.3855	2.2204	0.1486	0.1351	
	增量净效益流量 $B-C$ 现值	−1386.19	67.34	114.37	147.75	134.32	122.11	111.01	100.91	91.74	83.40	480.31	32.15	87.83	187.05
	折现系数 $i_s=12\%$	0.8929	0.7972	0.7118	0.6355	0.5674	0.5066	0.4523	0.4039	0.3606	0.3220	1.7156	0.1037	0.0926	
	增量净效益流量 $B-C$ 现值	−1361.44	64.96	108.35	137.48	122.75	109.59	97.85	87.37	78.01	69.65	371.11	22.43	60.16	−31.74

指标：

一、内部回收率 EIRR（%）=11.71%

二、净现值 ENPV=增量效益现值 B－增量费用现值 C=474.35（万元）

三、效益费用比 EBCR=增量效益现值 B/增量费用现值 C=1.27

四、静态投资回收年限（含建设期）8.97 年

第十九章

施工组织设计

第一节　编制依据和程序

一、编制依据

(1) 建设项目可行性研究报告或计划任务书批准文件。

(2) 建设项目规划红线范围或用地批准文件。

(3) 设计图纸和说明书。

(4) 建设项目总概算或修正总概算。

(5) 建设项目施工投标文件或工程承建合同文件。

(6) 国家现行的工程建设政策，法规和规范、验收标准等。

(7) 建设地区的调查资料。

(8) 类似项目的经验资料等。

二、编制程序

在熟悉设计资料及调查研究基础上确定施工部署、施工方案、估算工程量、施工进度计划。

编制施工机具、设备需要量计划，材料预制加工需要计划，劳动需要量计划。确定临时生产、生活设施、临时供水、电、热力计划，运输计划，编制施工准备工作计划；设计施工平面图、主要技术组织措施、主要技术经济指标等。

三、施工条件

(1) 自然条件：工程所在地地形、地质、水文、气象条件。

(2) 地理位置及交通：工程所在地地理位置及工程建设所必需的对外交通条件。

(3) 天然建筑材料：天然砂砾料、石料、土料料场范围大小、位置、总贮量以及其岩性、岩石抗压强度、软化系数、风化程度、物理力学指标和防渗性能等必须符合用料要求。

(4) 水泥、钢材、木材、油料等材料的质量、运输距离及供应可靠等情况；施工机械修配加工能力的调查资料；施工供电和供水情况。

四、施工组织和程序

1. 建立施工组织，明确任务分工

确定综合的、专业化的施工组织，划分施工阶段，明确各单位分期分批主攻项目和穿插配合项目等。

2. 确定项目建设程序

(1) 在满足项目建设要求下，组织分期分批施工。

(2) 确定施工程序，首先安排需先期投产或起主导作用的工程项目，如运输系统、动力系统、工程量大且施工难度大、施工周期长的项目，适当安排部分拟建的次要项目。

(3) 安排项目的开展程序，考虑季节性影响。

3. 制定施工方案

根据施工图纸、项目承包合同和施工部署要求，分别选择主要构筑物并确定施工方案。主要内容包括施工工艺与方法、施工程序、施工机械和施工进展。

第二节 施 工 布 置

一、施工平面布置原则

(1) 在满足施工要求的前提下，尽可能节约施工用地，尽可能利用原有设施，减少临时设施建设投资。

(2) 满足安全生产、文明施工场地尺寸的要求，生活区和生产区隔离布置用围墙作为分隔带，生活区占用独立地块。

(3) 合理布置场内交通运输，最大限度地减少场内二次搬运，避免各工种、各单位之间的相互干扰。

(4) 按要求布置现场，如在大门一侧布置工程概况及有关安全标识和宣传画，大门口设置花坛、旗杆等。

二、施工平面布置

施工现场平面布置可分为生活区、加工及堆场区、施工区。

(1) 垂直运输机械位置及数量。根据工程单体建筑的特点布置垂直运输机械，结合工地现场实际状况，设置提升井架，提高垂直运输能力。

(2) 搅拌站、材料堆场、仓库和加工场地位置。根据工程具体特点和要求布设混凝土搅拌站，周转材料堆场、加工车间场地、钢筋车间、木工车间及仓库设置，根据现场场地条件按照平面布置合理的原则进行布置。

(3) 场地道路。施工便道的宽度应满足车辆运输要求，一般宽 4～6m。施工便道尽量布置在设计道路位置上，之后可作为道路路基使用。

(4) 临时设施。临时设施包括项目办公用房及宿舍，应集中布置在交通及用水方便的位置上，一般采用简易砖房。

三、施工用水、用电及热力计划与布置

编制施工用水、用电、热力计划、管道铺设等情况，概述临时配电系统线路布置及满足工程施工参数等。

四、材料用量计划

1. 材料采购

根据施工图纸和施工进度计划，编制材料采购和预制加工计划表及进场时间计划。大件、批量材料采购前，应对生产厂家的企业性质、规模、信誉、产品质量、供货能力、质量保证能力进行具体调查评价，择优选择。

2. 运输计划

由于各工程所处地理位置不相同，合理安排运输计划对工程能否顺利进行有重要的影响。首先合理安排车辆进出时间，尽可能避免在上下班及学生上学、放学高峰时期出入现场。其次注意安全，进出现场的车辆必须性能完好，以防止出现安全事故或在主要通道上抛锚。

第三节　工程施工方案

一、工程测量

根据业主单位和设计单位提供的坐标控制点及标高基准点，依据相关规范要求，在施工准备期派测量技术人员进场，对布置在施工现场内的轴线及标高进行复测，以确保轴线、标高无误；然后根据施工要求新设或以此为依据，进行轴线定位测放及标高测放控制。

二、土方开挖施工方案

根据结构深度及基坑大小不同，制订开挖方案。开挖深度小于5m及面积不大的基坑，应一次性开挖到位，人工整修基底；对于开挖深度超过5m的基坑采用二级放坡。为避免雨水冲刷，坡面可根据具体情况进行防护处理，防止边坡失稳。

三、主体工程施工方案

（一）取水构筑物施工

由于取水构筑物种类形式多样，具体施工方案参照相关规范设计。

（二）净水工程施工

1. 模板工程

由于主体工程结构复杂，施工精度高，因此模板质量要求很高。根据工程具体情况可

投入一定数量定型大模板（钢模板）。

（1）絮凝池、沉淀池、滤池、清水池等外围周边模板采用定型大模板制作，并配合新的定型标准钢模板制作。

（2）模板支撑系统：模板竖向支撑采用 $\phi 48$ 钢管，每隔 60cm 一道；横向模板支撑采用 $\phi 48$ 的钢管，间距 60cm 设置一道，并用对拉螺栓固定。为消除模板拼缝和漏浆现象，两块模板间夹 1～2mm 的塑料软垫，防止出现渗水现象。

（3）模板组装前，应在模板安置处用 1：2 水泥砂浆做通长灰饼，用水准仪测灰饼，从而保证模板安装的水平度。

（4）顶板模板安装在支架上，弹出标高水平线，水平线的标高等于顶板底标高减去项板底模板厚度及楞木高度，然后按水平线钉上竹胶板，铺好清扫干净后进行多部位技术复核，若有不符要求处，应及时进行调整。

（5）顶板模板接缝处用双面胶贴缝严密，不得漏浆。模板检查是混凝土浇筑前的重要环节，无论是墙板还是现浇模板，应仔细检查模板的薄弱环节，特别是池壁的下端部和节点较为复杂的部位应严格检查，发现问题，及时进行纠正。

（6）为有效防止模板支撑系统出现位移现象，应通过墙板及现浇板荷载计算确定支撑间距。

（7）模板拆除要求：不承重模板，应在混凝土强度达到其表面及棱角不受破坏条件下才可拆除；承重模板拆除时混凝土强度必须达到如下要求：

1）梁：跨度≤8m 时，$R \geqslant 75\%$，跨度>8m 时，$R=100\%$，跨度≤2m 时，$R \geqslant 50\%$。

2）板：跨度<6m 时，$R \geqslant 75\%$。

（8）已拆除模板及支架的结构，应在混凝土达到设计要求后，才能允许承受全部设计荷载。

（9）钢模板翻用前要进行清理，并刷脱模油，严格控制拼缝宽度，梁板支撑横杆不得小于 2 道。

（10）为保证混凝土拆模后，混凝土表面平直、光滑且轴线正确，特制定控制偏差及检验方法详见表 2.19－1。

表 2.19－1　　模板安装允许偏差及检验方法

项　目	允许偏差/mm		检验方法
	国家标准	内控标准	
轴线位移	5	3	尺量检查
标　高	±5	±3	水准仪检查
截面尺寸	+4 −5	2	尺量检查
垂直度	6	2	2M 托线板检查
相邻两板面高低差	2	2	直尺和尺量检查
表面平整度	5	2	2M 靠尺和塞尺检查

（11）滤池各构件截面尺寸只能出现负误差，不得胀模，否则会给滤板安装造成困难。

（12）框架梁与柱子模板拼装应满足下列要求：

1）框架梁侧模及底模采用组合式钢模板拼装，侧模和底模采用连接角模，梁用双排顶撑，当梁高 $H \leqslant 700$mm 时其间距为 900mm，$H > 700$mm 时为 600～800mm。为确保顶撑两个方向的稳定，用直径 48mm 钢管搭设水平支撑和斜支撑。

2）方柱模采用组合式钢模板拼装，安装柱模时先要求基础面或楼面上弹出纵横轴线，以轴线边线进行柱模就位、拼装。柱断面小于等于 600mm×600mm 用钢管作包箍，大于 600mm×600mm 断面用柱箍外增贯穿柱中的对拉螺杆加固。

（13）现浇板模板，采用覆面竹胶合板，支撑方式采用碗扣钢管支撑，上设 60mm×80mm 的方木，间距 600mm 设置一道。

（14）楼梯模板，应与框架结构同时进行，除上人梯可待主体完毕后，先预留预埋钢筋再待主体混凝土强度符合设计要求后才可二次支模。

（15）预埋件安装，安装前，工程技术负责人要仔细核对图纸上各种管件安装中心标高及平面位置尺寸，做好安装、土建的协调工作，对不符合要求的管件应及时调整。

2. 钢筋工程

（1）钢筋制作。

1）制作加工前，先检查钢筋表面洁净情况，凡粘着的油污、泥土、浮锈，使用前必须清理干净。

2）钢筋切断应根据钢筋号、直径、长度和数量长短搭配，先断长料后断短料，尽量减少和缩短钢筋接头，节约钢材。

3）钢筋的弯曲和弯钩：Ⅰ级钢筋端部做 180°的弯钩，弯心直径为 $2.5d$，平直部分长度 $\geqslant 3d$；箍筋端部做 135°的弯钩，弯心直径 $2.5d$，平直部分长度 $\geqslant 10d$。弯起钢筋中间部分弯折处的弯曲直径 D 不少于 $5d$。

4）钢筋的焊接：根据设计要求，可采用闪光对焊或电渣压力焊等。焊接后钢筋表面不得有水锈、油渍，焊缝处不得有裂缝夹渣，焊渣皮应敲除干净，焊接试验合格后方可投入施工。

（2）钢筋绑扎。钢筋绑扎必须严格按施工图要求进行。钢筋绑扎尺寸、间距、位置应准确，所有钢筋搭接和锚固长度必须满足设计和施工规范的要求。钢筋绑扎完后，必须垫好混凝土保护层垫块，保证钢筋位置准确。在混凝土浇筑时特别注意柱、梁节点、钢筋密集处的钢筋分布情况及悬挑梁板结构的受力筋位置，纠正因踩踏而变形、移位或塌陷的钢筋。

3. 混凝土工程

池体混凝土为防水抗渗混凝土，所用材料应符合下列规定：

（1）混凝土用砂宜为中粗砂，含泥量不大于 3%，石子含泥量不大于 1%。石子粒径应小于 40mm，一般为 5～25mm，吸水率不大于 1.5%，碎石针片状含量不大于 15%。

（2）配合比根据使用的材料由试验室通过试配确定，控制混凝土中的水灰比不大于 0.5，混凝土的坍落度根据施工规范选择 10～14cm，现场应每 12h 检测 1 次砂石的含水率，根据测定的含水率调整施工配合比。

（3）外加剂的用量应根据生产厂家及试验室试配确定。

（4）底板混凝土按伸缩缝（或施工缝）分段浇筑，在一段内应连续，不得留设施工缝，不得出现裂缝。防水混凝土搅拌机搅拌时间不宜小于 2min，掺外加剂时，应延长 1～1.5min。

（5）混凝土采用机械振捣时应快插慢拔，振动时间应为 20～30s，在浇筑点和坡底均布置两个振动棒，采用两次振捣，上层振捣要伸入下层 5cm。

（6）浇筑结束 12h 后，应及时采取浇水养护措施，养护时间不小于 14 昼夜。池壁两侧应刷混凝土养护液，以免混凝土表面产生干缩裂缝。气温在 30℃以上时，表面护盖草垫，洒水养护不少于 14d，冬季应在表面护盖塑料薄膜、草垫进行保温养护。

4. 满水试验

（1）结构达到设计强度 100%后进行充水试验，充水试验申请批准后立即开始灌水工作，进行满水试验。

（2）水池试水时将水充至设计水位，待满水后 3d 再进行测定及检查，并应满足下列要求：

1）除去蒸发，24h 渗水量不超过 0.12%。

2）外部表面仅允许局部表面发暗。

（3）充水时，必须控制进水速度，充水水位上升速度不宜超过 2m/h，使水荷载缓慢地增加至设计水位，装满水后静置 3d，第四天开始观察，连续观察 3d，要求一昼夜水的减少量除去蒸发后不超过 $2L/m^3$，要求接缝处（结构缝和施工缝）无渗漏现象。

（4）满水试验观察记录，从装水开始，前后观察共历时 12d，包括天气情况、充水速度、进出管洞渗漏情况、接缝处渗漏情况、池外壁面情况、池内水位变化以及沉降观测点记录。

每天必须仔细观察，详细记录，直至试验完毕。

5. 砌体工程施工

砌筑用砖和砂浆应符合设计及施工验收规范要求，灰浆按设计强度要求由试验室提供配合比，砌筑用砖要提前浇水湿润，以免在砌筑时砖吸收砂浆中的大量水分，降低砂浆的流动性，但水也不能浇得过湿，影响砖与砂浆的黏结强度。

墙体砌筑应随时检查墙体的垂直度，墙体应做到横平竖直，接搓可靠，搭接合理，灰缝饱满。其水平灰缝的砂浆饱满度不得低于 80%，竖向灰缝采用挤浆法砌筑，提高外墙抗渗能力。

墙体砌筑所用的砂浆配合比中，其水泥的偏差控制为±2%，黄砂灰膏应控制为±5%。砌筑砂浆应随搅拌随使用，水泥砂浆必须在 3h 内用完，混合砂浆应在 4h 内用完。

墙体砌筑时必须做好砌体与墙柱的拉结。

（三）管道施工方案

1. 测量放样

对已布控制网，分别在管线每施工段的起点、转折点、终点处定出管线中线控制点，在管线中线两侧避开沟槽，每隔 5m 放设一标高控制桩，并经常对已放控制桩进行复检，确保万无一失。

2. 沟槽开挖

沟槽开挖采用机械与人工结合的方法，开挖采用液压挖掘机时，当挖至离沟底30cm时，人工修土至沟底。

3. 基础和管道铺设施工

（1）基础施工。管严格按照设计要求施工，对于地下水位较高的地区，沟槽开挖后马上开设排水沟槽，抽除积水后进行基础施工。

（2）管道铺设。主要管道的安装和调试宜要求生产厂家派技术人员进行现场指导。构（建）筑物中管道安装位置允许偏差为±10mm，管道安装前，应逐一进行质量检查，并清除其内部杂物和表面污物。管道安装应根据管材的特性采取合理的连接方式，接头部位应不漏水、不破坏其强度。

4. 水压试验

输配水管道安装完成后，应根据以下要求进行水压试验：

（1）长距离管道试压应分段进行，分段长度不宜大于1000m。

（2）试验段管道灌满水后，应在不大于工作压力条件下浸泡，金属管和塑料管的浸泡时间不少于24h，混凝土管及其有水泥砂浆衬里金属管的浸泡时间不少于48h。

（3）试验压力应不低于《村镇供水工程技术规范》（SL 310—2019）中规定的设计内水压力；当水压升到试验压力时，保持恒压10min，检查接口、管身无破损及渗漏现象，实测渗水量不大于允许渗水量时，可认为管道安装合格。

5. 回填土

（1）填土质量要求。沟槽内填土不得使用含有腐殖土、生活垃圾土、淤泥、淤泥质土，不得含草皮及树根等杂物，不得含木材、塑料等有机物质，超过10cm粒径的土块和其他块状物均应打碎填入。

（2）填土厚度选择。由于沟槽回填，不能采用压路机，可以采用蛙式打夯机夯实，夯实厚度≤20cm；在蛙式打夯机不易夯到之处，采用蒸汽锤加振，保证密实度。

四、道路工程施工方案

1. 土路基施工

土路基施工前，按照先地下，后地上的原则，要及时埋好各种地下管线。在填筑路基前必须先清除道路路基范围内所有地表腐殖物及所遗留或倾倒的建筑垃圾。做好临时排水工作，在两侧（路基坡角）开挖临时引水沟与就近河流或积水坑接通，排水沟沟底纵坡不小于0.3%。

2. 水泥稳定碎石基层施工

水泥稳定碎石基层水泥含量为5%，最大粒径不大于4cm，厚度为20cm，一次施工。水泥稳定碎石基层施工完毕后，洒水养护14d。

3. 混凝土路面施工

施工前应根据设计图纸进行施工放样。摊铺混凝土前，根据设计板宽度先安装好两边模板。拌和混凝土时，要准确掌握配合比，特别是要严格控制用水量。混凝土用车辆直接卸入模板内时，应保持基层的稳定平整。

混凝土摊铺路面厚大于20cm时分两次进行，先铺板厚的一半，铺后用平板振捣器振捣一遍，随即加铺混凝土到模板顶。7d后对混凝土表面用拉槽机进行表面拉槽，以增加表面粗糙度，平均纹深控制在1～2mm。

当混凝土表面结硬（手指按上去无痕迹），即用湿麻袋覆盖，每天浇水2～3次，使覆盖物经常保持潮湿状态，一般养护21d，养护期间，禁止车辆及行人通行。

五、工程设备安装方案

工程设备安装主要包括各单位工程中的泵、单梁悬挂吊车、轨道、风机等，应严格按照工程设计及设备安装要求进行。

六、电气工程安装方案

电气工程安装主要包括各单体内的配电、室外照明安装及总图中低压电缆敷设。

电控柜通常装在槽钢制成的基础上。基础施工时要与土建配合施工，按图纸要求埋入或部分埋设在基础的混凝土中。埋设前应将其调直除锈，按施工图下料钻孔，再按规定的标高固定，并进行水平校正，水平误差要求每米不大于1mm，累计误差不超过5mm。

应将基础型钢与接地网相接，且接地点不应少于两处，通常在基础2端各引出接地母线，外露部分应涂防锈漆及面漆。

照明配电箱一般以暗装为主，暗装前将箱门、箱底板衬板及元件拆下保管好，将箱体嵌入墙内装平，进出线管要顺进箱体上、下侧，露出部分不大于5mm，安装牢固接地。

工程电源干线大多采用电缆沿线槽敷设或直埋，支线采用导线穿黑铁管、电线管或穿管在砖墙、混凝土地面内。预埋在地坪下、砖墙内、基础内的管线要求较高，要求位置正确，规格符合设计。管线敷设时不堵不漏，且装饰面、地面、墙面的保护层不少于20mm。

工程防雷接地要求控制接地电阻小于1Ω，设计采用预埋钢板与基础钢筋连通办法，这就要求施工人员密切配合土建，严格按设计图精心施工，确保接地系统的可靠性，如果防雷接地值测试大于1Ω，可以补充接地，直到小于1Ω为止。

第四节　施　工　管　理

一、施工总进度

（1）提出施工总进度并说明安排原则。

（2）提出施工总工期。说明各阶段施工控制性进度和相应的施工强度，进行施工强度及土石方平衡，估列工程所需三材数量和劳动力。

二、施工准备工作

1. 技术准备

组织工程技术人员进行施工图学习、会审，进行设计及施工技术交底。针对工程特点，主要材料（如各种钢材、水泥、砂石等）供应计划，详细明确材料的质量、规格、要求、进场时间等。

2. 施工准备

平整场地，连接施工用水、用电，搭建办公用房、材料仓库、混凝土搅拌棚、木工棚。

3. 材料准备

按照施工进度制订主要材料采购计划，明确质量、规格、要求、进场数量和时间。所有进场材料投入使用前，均应进行相应试验，试验应由质检和监理认可的试验室进行。试验合格后方可投入使用。

4. 施工机械设备

按照施工内容配置工程施工机械。对于工程结构复杂、施工精度要求高的项目，加大施工机械等工器具投入，以保证工程质量和工期。

三、施工组织与顺序

1. 施工用电用水

工程施工用电由业主接入施工现场总配电箱，进场后由总配电箱用电缆线接引线至施工现场，配电线路干线全部采用橡胶皮线，架空敷设，到各用电设备的分支线采用电缆。

施工用水由业主接至施工现场，进场后根据实际需要接至各用水点。

2. 现场定位及标高控制

建立工程四级测量水准网。根据业主提供的控制坐标和水准点，按建筑物总平面要求，引至现场，设置场区内永久性控制坐标桩和水平基桩，并用砌砖加盖保护。

3. 资源进场

根据资源需要量计划，及时组织机具、材料进场，认真做好施工生产准备。根据工程施工实际情况及具体施工工艺流程，安排技工和普工，确定各工种投入人数，按进度计划进行施工。

第二十章

工程建设管理与保障措施

第一节 工程建设管理

一、成立项目管理机构

根据农村供水工程规模和特点，成立项目管理办公室，在现场建立以项目经理为首的项目管理机构，负责工程组织协调和管理，组织施工生产诸要素，对工程项目的质量、安全、工期、成本等进行高效、有计划的组织协调和管理。

项目建设管理机构，下设五个职能部门：

（1）行政管理：负责日常行政工作及项目履行单位的接待，联络等工作。

（2）计划财务：负责财务计划、招投标与实施计划安排，与项目履行单位办理合同协作手续，以及资金的使用安排与收支手续。

（3）技术管理：负责项目技术文件、技术档案的管理工作，主持设计图纸会审，设计变更，处理有关技术问题以及组织职工的专业技术培训等工作。

（4）施工管理：负责项目土建施工及安装协调与指挥，施工进度与计划安排，施工质量与施工安全监督检查及工程验收工作。

（5）设备材料管理：负责项目设备材料招投标订货、采购、保管、调拨等验收工作。

二、选择主要工程建设单位

一般采用公开招标方式选择工程建设单位，具体程序按照相关规定执行。

对参与项目供货与安装、设计、施工的单位均应进行严格资格审查，并将审查程序和结果以书面形式报告各有关部门，存档备案。

为确保工程项目顺利进行，建议选择做过类似项目、具有资质的单位承担工程设计与施工。经过资格审查后，通过招投标方式确定。

设备供货与安装一般采用招标方式确定，并且要具备专业能力。

三、工程设计与施工

工程设计、施工及安装必须按照国家有关技术规范和标准执行。

在项目建设单位主持下与相关方进行设计联络和技术谈判，承担项目设计单位会同项目建设单位参加，在商务合同中明确设计联络安排及设计资料的提供。

设备安装与调试必须在厂家技术人员的指导下进行，有关设备安装与调试的详细资料与供货清单应在设备到货前提供，有关细节在商务合同中明确。

所有项目设计、施工、安装等方面技术文件都应存入技术档案，以备查用。

四、工程调试与试运转

（1）国内配套设备调试可按有关技术标准进行或由供货单位派人进行技术指导。

（2）进口设备调试必须由外方技术专家或委派人员指导进行。

（3）试运转工作应邀请供货方、设计单位、安装单位共同参加，试运转操作人员上岗前必须通过专业技术培训。

（4）有关设备调试、通水试运转以及验收等项工作的技术文件必须存档备案。

五、工程建设计划

为使有关单位了解项目计划安排，应先列出项目实施进度计划表（见表2.20-1），但该计划只是原则性的，仅供参考，最终实施计划将由项目建设单位根据工程进展要求确定。

表2.20-1　　项目实施进度计划表

序　号	名　　称	计划时间	持　续　时　间
1	项目建议书编制及批复		30天
2	初步设计及评审、批复		30天
3	土建及设备指标		30天
4	施工图设计		30天
5	工程施工		3个月～1年（视工程规模与施工条件定）
6	设备供货及安装		2～6个月
7	调试		15～30天
8	试运行及验收投产		30～90天

第二节　工程保障措施

一、季节性施工措施

主要是雨期、夏季、冬季、台风季等气候的无常变化给施工带来很大的影响，常规施工方法不能适应。为保证工程进度和全年不间断施工，在冬季和雨期，从具体条件出发选择合理施工方法，保证工程质量，降低施工费用。

1. 雨期施工

应采取确实可靠的排水措施，保证整个地下结构顺利施工。编制施工组织计划时，要根据雨期施工的特点，不宜在雨期施工的分项工程提前或错后安排。对必须在雨期施工的工程制定有效措施，进行突击施工，并做好建筑材料防雨防潮工作。

2. 夏季施工

夏季混凝土浇捣后水分易蒸发，施工期间安排专人做好混凝土构件及砌体抹灰等洒水养护工作；混凝土施工应根据具体情况增加缓凝剂，合理组织劳动力和机械设备；砌筑工程施工时，砌块隔夜浇水，充分湿润；粉刷砂浆严禁倒在楼板储存，做到随拌随用。

夏季施工期间，做好后勤工作，采取有效防暑降温措施，防止中暑和中毒以及疾病发生。

3. 冬季施工

（1）混凝土结构工程。混凝土在受冻前的抗压强度不得低于下列规定：普通水泥配制的混凝土，为设计混凝土强度标准值的30%；掺外加剂混凝土，其受冻前临界强度应大于或等于4.0MPa。

（2）砌体工程。所用砖砌块应清除冰霜，袋灰应防止受冻结块。空心砖，混凝土砌块利用每天中午温度较高时浇水冲掉灰尘湿润并及时转运到操作地点，以免受冻结冰。砌筑时做到随铺随砌，砂浆要随拌随用，以防冻结。

4. 台风季节施工

加强台风季节施工时的信息反馈工作，收听天气预报，并及时做好防范措施。台风到来前进行全面检查。台风来到时．各机械停止操作，人员停止施工。台风过后应对各类机械和安全设施进行全面检查，确无安全隐患时才可恢复施工作业。

二、施工期保证措施

1. 组织措施

严格按网络计划控制总工期。以控制关键工序准点到达为主干，确保计划的衔接、稳定与均衡，使施工进度按计划有序地向前滚动。实行项目经理责任制，组织和健全施工生产管理班子，在抓好质量、安全和材料供应的基础上，抓好施工进度，做到进度和质量并进。配备足够劳动力，特别加强木工、钢筋工、泥工、混凝土、焊工、安装工等主要工种力量。

2. 进度计划保证措施

（1）钢筋工程措施。根据工程钢筋工程量，配备足够钢筋加工机械，同时根据工程的施工总平面布置要求，选择最佳的钢筋加工场地，减少钢筋成品的搬运次数。根据施工图及工程进度，优化钢筋施工方案，减少现场接头作业量，使钢筋工程和其他施工工序能够顺利搭接。

（2）模板工程措施。合理运用新技术、新工艺、新材料，如混凝土掺用早强剂，减水剂，以提前拆模，加快模板及脚手管的周转。模板分区分段施工，配备足够的周转材料及模板、人工，确保工程连续进行。优化模板施工工艺，使上下工序顺利搭接。

（3）混凝土工程措施。在混凝土浇筑前，对混凝土机械作一次全面检查，确保机械的正常运转。优化混凝土施工方案，确定合理的浇捣顺序，配足混凝土浇捣机械。配备足够的混凝土操作人员，确保每一施工段施工时的连续进行。混凝土浇筑实行24h三班制，确保每一施工段混凝土浇筑一次成型。

（4）安装工程控制。优化安装专业工程施工方案，使各工序顺利搭接，为各专业安装单位提供相应的工作面，确保工程顺利进行。各安装工程所用材料、设备加强计划管理，编制设备、材料进场时间，确保供应的及时性，减少浪费和延误工期。

3. 交叉作业措施

土建工程中各工种及机具、周转材料的管理协调配合非常重要。在实施平面流水立体交叉作业过程中必然会有诸多的矛盾，因此必须做好事先控制，计划准备工作；事中控制，管理人员深入现场及时协调解决矛盾；事后总结经验教训，及时调整部署。

4. 生产制度

（1）工程指挥部对工程实行不定期检查，组织中间验收和隐检验收，每月检查一次工程进度，及时召开施工进度协调会。

（2）项目负责人，管理班子（包括各班组长及分包队伍），每周召开不少于一次的生产协调会，协调理顺各工种、工序之间衔接，确保工程进度不发生窝工现象。

（3）对各生产班组实行产值考核制度，推行施工任务单和分工责任制，对按计划完成，提前或推迟者实行奖罚制度，促使工期按计划完工或竣工。

5. 施工方案及材料进场

（1）选择科学合理的施工方案，安排切实可行的施工顺序。根据工程结构特点，土建与安装应密切配合，保证土建与安装同步进行。

（2）材料采购采用多渠道，提早联系，各种材料必须符合工程的质量要求。

三、安全生产措施

（1）建立安全生产管理网络。

（2）建立安全生产制度。

1）安全生产责任制。建立健全各级各部门安全生产责任制，责任落实到人，各项经济承包有明确的安全指标和包括奖惩罚在内的保证措施。

2）新进企业工人须进行安全技术教育，工人应掌握本工种操作技能，熟悉本工种安全技术操作规程。认真建立“职工劳动保护记录卡”，及时做好记录。

3）进行全面的、针对性的安全技术交底，受交底者履行签字手续。

4）特种作业人员必须经培训考试合格持证上岗，操作证必须复审，不得超期使用，名册齐全。

5）建立定期安全检查制度，有时间、有要求、明确重点部位、危险岗位。安全检查有记录。对查出的隐患应及时整改，做到定人、定时间、定措施。塔吊、井架和脚手架，认真做好验收合格挂牌制度。

6）施工现场必须有“五牌一图”，即施工单位及项目名称牌、安全生产6大纪律宣传牌、防火须知牌、安全无重大事故计数牌、工地主要管理人员名单牌和总平面图。

宣传安全生产，在主要施工部位、作业点、危险区、主要道路口必须挂有宣传安全标语或安全警告牌。

(3) 施工用电安全。

1) 建立健全施工现场安全管理制度及现场临时用电责任制和安全操作规程。

2) 建立健全施工现场临时用电安全技术档案。该档案包括：临时用电施工组织设计及修改资料，安全技术交底资料，临时用电工程检验表，电气设备的测试、检验凭单和调度记录，接地电阻测试记录，定期检查表，电工维修工作记录等。

3) 施工现场临时用电的设备必须规范化，必须严格按照设计要求设置。

4) 配电系统实施一级或二级以上漏电保护系统；总配电箱及开关箱内必须设置漏电保护器；开关箱必须遵循"一机、一闸、一触保"原则；漏电保护器参数的选择要符合规范要求。

5) 导线、开关应根据施工现场实际所需用电负荷的多少来选择；配电箱及开关箱的设置、线路的敷设要根据施工现场施工用电设备的地理位置进行科学、合理的布置；供电系统一般实行三级配电方式、二级漏电保护系统。

6) 加强对施工现场临时用电系统检查和维修。所有配电箱及开关箱应有门、锁，凡是有箱的原理图都贴在对应箱的内表面；所有箱、线路至少每月进行检查和维修一次；检修时必须将其一级相应的电源开关分闸断电，并悬挂停电标志牌，严禁带电作业。

(4) 施工机械安全。塔式起重机、中小型机具等安全技术措施。

(5) 防火安全。

1) 工地建立防火责任制，职责明确。按规定设专职防火人员和专职消防员，建立防火档案并正确填写。

2) 按规定建立义务消防队，有专人负责，订出教育训练计划和管理办法。

3) 重点部位（危险品仓库、油漆间、木库、木工间等）必须建立有关规定，有专人管理，落实责任。按需要设置警告标志，配置相应的消防器材。

4) 建立动用明火审批制，按规定划分级别，明确审批手续，并有监护措施。

5) 一般建筑各楼层、非重点仓库及宿舍、明确审批手续，并有监护措施。

6) 焊割作业应严格执行压力容器使用等规定。

7) 危险品押运人员、仓库管理人员和特殊工种必须经培训和审证，做到持有效证件上岗。

四、文明施工与环境保护措施

（一）确保文明施工措施

(1) 项目经理抓工程施工管理的同时，抓好工地范围内的综合治理、四防一保、安全管理，设立以项目经理为主的各方面管理网络，并切实制订落实具体措施。

(2) 在建设工程工地的主要出入口或工程师指定的位置设置施工标志牌，每个施工点至少一块，标志牌在整个施工期间保持完好、醒目，并在工程竣工后拆除。

(3) 生活区卫生工作必须做到"五小"设施齐全，食堂和厕所要有一定距离，浴室、厕所和公共场所每天专人经常打扫，搞好室内外环境卫生。

(4) 施工中产生的各类废弃物堆置在规定地点，决不倒入居民生活垃圾容器内，施工中不随意抛掷建筑材料、残土旧料和其他杂物，运输废物的车辆采取有效措施，防止运输途中飞物、洒落和流溢。

(5) 沿线施工区域设置安全护栏，施工区域和交通道路隔离开来。

(6) 在施工中做好排水工作，严禁将施工废水排放到道路上，遇汛期或遇暴雨时加强值班，积极配合周围居民做好防汛排水工作。

(7) 严格按有关“文明施工若干规定”要求进行施工和管理，做好挂牌施工，公开工程项目名称、范围、开竣工期限、工地负责人，明确监督电话，接受社会监督。宣传贯彻“集中、快速、文明施工”的方针。

（二）施工环保措施

1. 施工环保目标

严格执行国家、地方政府及建设单位有关生态环境保护的规定，“三废”按规定排放，确保工程所处环境不受污染，并确保施工中的环境保护监控与监测结果满足业主和设计文件要求及有关规定。

2. 施工对环境的影响

(1) 废气：主要来源于施工扬尘污染和施工机械、运输车辆排放的尾气污染。

(2) 废水：施工临时驻地的生活污水；施工现场钻孔、混凝土预制件的预制及材料场产生的生产废水；施工机械施工时跑、冒、漏、滴产生少量含油废水。

(3) 噪声：主要为施工期各类施工机械和运输车辆等作业中产生的噪音。

(4) 固体废弃物：主要为施工营地产生的生活垃圾、各种施工机械产生的废油、废渣、废物及施工过程中产生的生产垃圾。

3. 现场施工环保措施

(1) 建立健全环境保护管理机构，强化管理。定时开展工作，落实政策，确保生态环保工作层层落实，贯穿到施工的全过程。制定详细生态环境保护管理制度和各项措施，健全施工过程中环境管理规章制度。

(2) 施工准备阶段保护措施。进场前，提交详细的施工期间环境保护方案，包括施工现场所必需的排污系统、照明灯光、护板、围墙、栅栏、警示信号标志和保洁措施等，并使业主和监理工程师满意。

(3) 制定严格奖惩制度，抓好落实工作。加强施工过程中环境管理和检查，实行领导责任制和环境质量保护、预防制度。

根据建设单位、设计单位提出的环境保护目标和具体要求，制定环境保护方案，实行环境保护工作月报、季报、年报制度，及时解决和反馈施工过程中的环境保护问题；根据国家、地方政府有关法律、法规，结合当地实际情况制定详细的、可操作的实施细则和管理制度。

4. 施工阶段环保措施

(1) 工程施工现场严格执行《建筑施工场界噪声限值》(GB 12523—90) 有关规定和要求，避免夜间施工扰民，在施工前向环保部门申报并通知施工点周围的单位和居民，施工作业尽量安排在白天进行，严禁在规定的夜间时间段进行施工。

(2) 对于来自施工机械和运输车辆的施工噪声，为保护施工人员健康，遵守《中华人民共和国环境噪声污染防治法》并依据《工业企业噪声卫生标准》的规定，合理安排工作人员轮流操作机械，减少接触高噪声的时间，或穿插安排高噪声的工作。对距噪声源较近的施工人员，除采取防护耳塞或头盔等有效措施外，还应缩短其劳动时间。同时注意对机械的经常性保养，尽量使其噪声降低到最低水平。

（3）拌和设备应有较好的密封，或有防尘设施；施工通道、混凝土拌和站经常进行洒水处理。

（4）采取可靠措施保证原有交通的正常通行和维持沿线村镇居民饮水、农田灌溉、生产生活用电及通讯等管线的正常使用。

（5）在施工中，严格遵守国家环境保护部门的有关规定，采取有效措施预防和消除因施工造成的环境污染，对工程范围以外的工地及植被注意保护，并严禁乱倒污泥、垃圾等。

5. 竣工后环境保护措施

（1）根据设计文件和环境保护要求，对施工环境（包括施工现场、临时设施、植被等）采取恢复性措施。

（2）组织施工人员清理施工现场剩余的材料和废弃物，并依据建设方的要求，将废弃物运至指定地点。

（3）施工人员撤离生活居住区后，对场地进行平整清扫，尽量恢复原貌，不得有任何遗留物。

（4）取弃土（石）场、石料场等施工完毕后，及时进行清理、平整、恢复植被。

参 考 文 献

[1] 上海市政工程设计研究院.给水排水设计手册——城镇给水[M].2版.北京：中国建筑工业出版社，2004.

[2] 全国爱卫会办公室.中国农村给水工程规划设计手册[M].北京：化学工业出版社，1998.

[3] 崔招女.农村供水处理技术与水厂设计[M].北京：中国水利水电出版社，2010.

[4] 严煦世，范瑾初.给水工程[M].4版.北京：中国建筑工业出版社，1999.

[5] 李圭白，张杰.水质工程学[M].北京：中国建筑工业出版社，2005.

[6] 杨继富.农村安全供水技术研究[M].北京：中国水利水电出版社，2015.

[7] 杨继富，贾燕南，等.农村供水消毒技术及设备选择与应用[M].北京：中国水利水电出版社，2016.

[8] 李冬，曾辉平.高铁锰地下水生物净化技术[M].北京：中国建筑工业出版社，2015.

[9] 国家发改委，水利部.县级农村饮水安全工程“十一五”规划指南——技术要求[R].2007.

[10] 刘文君，施周主，译.美国自来水厂协会，编.水质与水处理公共供水技术手册[M].北京：中国建筑工业出版社，2008.

[11] 日本水道协会.水道设施设计指针（日文版）[M].2000.

[12] 藤田贤二监修.水道工学（日文版），技报堂，2006.

[13] SL 310—2019 村镇供水工程技术规范[S].北京：中国水利水电出版社，2019.

[14] GB 50282—98 城市给水工程规划规范[S].北京：中国建筑工业出版社，1999.

[15] TCECS 493—2017 村镇供水工程自动化监控技术规程[S].北京：中国计划出版社，2017.